Radio
Communications

무선통신 기본 원리

Fundamental
Principle

홍완표 · 나극환 공저

홍릉과학출판사

머리말

본서를 집필하는데 필요한 지혜와 지식, 그리고 건강과 환경을 허락하여 주신 성부, 성자 예수 그리스도, 성령님께 감사와 찬양과 영광을 올려드립니다.

오늘날 전파통신기술은 가정에서 사용하는 무선전화기로부터 시작하여 휴대 스마트폰, 위성전화, GPS에 이르기 까지 비약적으로 발전하여 오고 있다. 전파통신은 통신하고자 하는 신호를 전자기파의 형태로 공간을 매체로 하여 전송하는 것이다. 이러한 전자기파의 성질을 규명하는 기본적인 지식이 맥스웰방정식이다. 이러한 전자기파가 공간을 통하여 퍼저나가는 것을 규명하는 것을 파동방정식이라고 한다. 통신하고자하는 신호의 형태는 아날로그와 디지틀 신호가 있다. 이러한 신호들은 신호를 송신하고 수신하는 송신기와 수신기에서 전기적인 신호로 처리된다. 이러한 전기적인 신호는 전자기파(전파)로 변환되어 송신기의 안테나를 통하여 공간으로 방사된다. 한편 수신기의 안테나에서 수신된 전파는 수신장치에서 전기적인 신호로 변환되어 처리된다. 전파통신에서는 통신신호가 다양한 주파수에 의하여 공간을 전파한다. 전파통신에 사용되는 주파수의 범위는 ~3000GHz까지 규정하고 있다. 전파통신에서는 통신에 사용되는 주파수 대역에 따라서 다양한 유형의 공간을 따라 전파된다. 일반적으로 초단파대이상에서는 가시거리 공간에서 전파된다. 초단파대이하에서는 전리층이나 지표 등의 공간에서 전파된다. 그러므로 전파통신에 사용되는 주파수와 그로 인한 전파의 전달 공간에 따라 다양한 통신품질을 갖게 된다. 전파통신은 전송하고자 하는 신호의 종류 또는 변조방법에 따라 아날로그 시스템과 디지틀 시스템으로 구분된다. 전파통신 송신기는 전송하고자 하는 정보 신호를 처리하는 신호처리부, 처리된 신호를 변조하는 변조부, 변조된 신호를 원거리까지 전송하도록 증폭하는 고전력부 그리고 이 신호를 공간으로 방사하는 안테나로 구성된다.

전파통신 수신기는 공간을 전파하여 신호를 수신하는 안테나 부, 이 잡음이 섞인 약한 신호를 처리하는 저잡음증폭부, 변조된 신호로 부터 기저대역신호를 추출해 내는 검파부 또는 디코딩부, 검파된 신호로부터 정보신호를 처리하는 신호처리부 등으로 구성된다. 본서에는 특히 마이크로웨이브신호에 대한 기술을 중심으로 하여 이상에서 언급한 각 부분별로 필요한 이론과 기술에 대하여 설명하였다. 본서가 나오기 까지 많은 도움과 협조를 해 주신 홍릉과학출판사 우명찬사장님, 편집부 박찬혁선생님과 관계자 분들, 사랑하는 한세대학교 선후배 동료교수님들과 제자들에게 진심으로 감사를 드립니다. 아울러 늘 소자를 위해 기도에 힘을 아끼시지 않으시는 부모님, 항상 기쁨으로 내조해 주는 사모, 그리고 언제나 인생길의 발걸음을 기쁘게 하여 주는 하나님의 선물, 승미 정미 성우와 함께 출간의 기쁨을 나누고자 합니다. 부족하나마 본서가 많은 분들께 도움이 되기를 바라며, 본서를 읽는 모든 분들에게 하나님께서 주시는 은혜와 지혜가 항상 가득하시길 예수그리스도 이름으로 축원합니다.

2011년 성탄절 주일에

오봉산을 바라보며 연구실에서

진현 목산 홍 완 표 씀

차 례

제2장 마이크로파 부품과 장치(Microwave Component and Device) 43

제 1 장

무선통신이론(Radiocommunications Theory)

1. 전자장해석
2. Maxwell 방정식
3. 정전계, 유도 전자계, 복사 전자계, 전파의 성질
4. 진행파
5. 정재파
6. 반사계수, 반사손실
7. 진행파와 정재파의 비교
8. 전파의 종류
9. 전파손실
10. 전리층의 전파
11. 도약 거리와 불감지대
12. 전파 경로상에 발생하는 현상
13. 전파 잡음
14. 단파통신의 페이딩
15. VHF대 이상의 페이딩
16. 대류권파의 페이딩
17. 다이버시티 방식의 종류와 결합 방식
18. 대류권 전파
19. 전파모델분석

1 전자장해석

1.1 벡터(vector)의 기본성질

❑ 벡터는 변위, 가속도 및 힘과 같은 크기와 방향을 갖는다. 반면 스칼라(scalar)는 체적, 질량, 밀도와 같이 크기만 갖는다. 등 벡터(equal vector)는 방향과 크기가 같은 것을 말한다. 벡터는 교환법칙과 결합법칙에 의해 다음과 같이 더하기와 빼기를 할 수 있다.

$$\text{교환법칙 ; } A+B=B+A \tag{1.1}$$

$$\text{결합법칙 ; } A+(B+C)=(A+B)+C \tag{1.2}$$

❑ 벡터를 나타낼 때 −부호가 있는 것은 크기는 같은데 방향이 반대인 경우이다.

$$A-B=A+(-B) \tag{1.3}$$

❑ 벡터는 스칼라 곱(dot product)하기와 벡터 곱(cross product)하기의 두 가지 방법으로 곱하기를 할 수 있다. 두개 벡터를 스칼라 곱하기를 하면 스칼라 양이 된다.

$$A \cdot B = AB\cos\theta \tag{1.4}$$

❑ 스칼라 곱하기는 교환법칙과 분배법칙이 적용된다.

$$A \cdot B = B \cdot A \tag{1.5}$$

$$A \cdot (B+C) = A \cdot B + A \cdot C \tag{1.6}$$

❑ 두 벡터의 벡터적(크로스 적)은 × 로 나타낸다.

$$A \times B = C \tag{1.7}$$

❑ 값의 크기는 AB sin θ이다. 이 값이 작용하는 방향은 A와 B좌표계의 평면에 수직이며 A에서 B로 회전하는 방향이 된다. θ는 A와 B간의 내각이다.

❑ 두 벡터의 크로스 곱하기는 분배법칙만 적용되고 교환법칙은 적용되지 않는다.

$$A \times B \neq B \times A \tag{1.8}$$

$$A \times (B + C) = A \times B + A \times C \tag{1.9}$$

1.2 각 좌표계의 벡터

❑ 직각좌표계

벡터장 A가 x, y, z의 함수라면 직각좌표계의 벡터는 다음과 같다.

$$A(x, y, z) = Ax(x, y, z)\hat{X} + Ay(x, y, z)\hat{Y} + Az(x, y, z)\hat{Z} \tag{1.10}$$

$$\hat{X} \cdot A = A_x(X,\ Y,\ Z) \tag{1.11}$$

$$\hat{Y} \cdot A = A_y(X,\ Y,\ Z)$$

$$\hat{Z} \cdot A = A_z(X,\ Y,\ Z)$$

❑ 원주좌표계

원주좌표계의 벡터는 다음과 같다.

$$A(r,\varphi,z) = A_r(r,\varphi,z)\hat{r} + A\varphi(r,\varphi,z)\hat{\phi} + A_z(r,\varphi,z)\hat{z} \tag{1.12}$$

원주좌표의 각 방향에 대한 전체호의 미분길이는 다음과 같다.

$$(dl)^2 = (dr)^2 + (d\varphi)^2 + (dz)^2 \tag{1.13}$$

원주좌표의 미분체적은 다음과 같다.

$$dV = dr\, rd\varphi\, dz \tag{1.14}$$

❑ 구좌표계

구좌표계의 벡터는 다음과 같다.

$$A(r,\theta,\varphi) = A_r(r,\theta,\varphi)\hat{r} + A\varphi(r,\theta,\varphi)\hat{\theta} + A_z(r,\theta,\varphi)\hat{\phi} \tag{1.15}$$

구좌표계의 각 방향에 대한 전체호의 미분길이는 다음과 같다.

$$(dl)^2 = (dr)^2 + (rd\theta)^2 + (r\sin\theta\, d\varphi)^2 \tag{1.16}$$

구좌표계의 전체 미분체적은 다음과 같다.

$$\begin{aligned} dV &= dr\, rd\theta\, r\sin\theta\, d\varphi \\ &= r^2 \sin\theta\, dr\, d\theta\, d\varphi \end{aligned} \tag{1.17}$$

1.3 각 좌표계의 일반화

- 직각좌표계 x,y,z, 원주좌표계 r,φ,z 구좌표계 r,θ,φ를 각각 u_1, u_2, u_3라고 정의한다. 이들 각각에 대한 벡터를 $\widehat{u_1}$, $\widehat{u_2}$, $\widehat{u_3}$라고 정의한다.
  이와 같이 정의된 일반화된 벡터는 다음과 같다.

$$A = A_1(u_1, u_2, u_3)\widehat{u_1} + A_2(u_1, u_2, u_3)\widehat{u_2} + A_3(u_1, u_2, u_3)\widehat{u_3} \tag{1.18}$$

- 이와 같이 일반화된 좌표에 대한 전체 미분호의 길이는 다음과 같다.

$$\begin{aligned} (dl)^2 &= (dl_1)^2 + (dl_2)^2 + (dl_3)^2 \\ &= (h_1 du_1)^2 + (h_2 du_2)^2 + (h_3 du_3)^2 \end{aligned} \tag{1.19}$$

여기서 h는 척도계수로서 h_1, h_2, h_3 는 직각좌표계는 각각 1, 원주좌표계는 각각 1, r, 1이다. 구좌표에 대하여는 각각 1, r, $r\sin\theta$이다.

그러므로 일반화된 미분체적은 다음과 같다.

$$dV = h_1 du_1\, h_2 du_2\, h_3 du_3 \tag{1.20}$$

1.4 일반화 좌표의 벡터 더하기와 곱하기

$$A = A_1\widehat{u_1} + A_2\widehat{u_2} + A_3\widehat{u_3} \tag{1.21}$$

$$B = B_1\widehat{u_1} + B_2\widehat{u_2} + B_3\widehat{u_3} \tag{1.22}$$

$$A+B=A_1\hat{u_1}+A_2\hat{u_2}+A_3\hat{u_3}+B_1\hat{u_1}+B_2\hat{u_2}+B_3\hat{u_3} \tag{1.23}$$
$$=A_1\hat{u_1}+B_1\hat{u_1}+A_2\hat{u_2}+B_2\hat{u_2}+A_3\hat{u_3}+B_3\hat{u_3}$$
$$=(A_1+B_1)\hat{u_1}+(A_2+B_2)\hat{u_2}+(A_3+B_3)\hat{u_3}$$

$$A\cdot B=(A_1\hat{u_1}+A_2\hat{u_2}+A_3\hat{u_3})\cdot(B_1\hat{u_1}+B_2\hat{u_2}+B_3\hat{u_3}) \tag{1.24}$$
$$=A_1\hat{u_1}\cdot(B_1\hat{u_1}+B_2\hat{u_2}+B_3\hat{u_3})$$
$$+A_2\hat{u_2}\cdot(B_1\hat{u_1}+B_2\hat{u_2}+B_3\hat{u_3})$$
$$+A_3\hat{u_3}\cdot(B_1\hat{u_1}+B_2\hat{u_2}+B_3\hat{u_3})$$

$$A\times B=(A_1\hat{u_1}+A_2\hat{u_2}+A_3\hat{u_3})\times(B_1\hat{u_1}+B_2\hat{u_2}+B_3\hat{u_3}) \tag{1.25}$$
$$=\begin{vmatrix}\hat{u_1} & \hat{u_2} & \hat{u_3}\\ A_1 & A_2 & A_3\\ B_1 & B_2 & B_3\end{vmatrix}$$
$$=(A_2B_3-B_2A_3)\hat{u_1}+(A_3B_1-B_3A_1)\hat{u_2}+(A_1B_2-B_1A_2)\hat{u_3}$$

1.5 gradient(경도), divergence(발산), curl(rotation)(회전)

❑ 경도

스칼라 점 함수 Φ의 경도는 함수 Φ의 최대방향변화율, 최대크기변화율을 가진 벡터이다.

스칼라 점함수 Φ(x, y, x)의 방향 도함수는 다음과 같다.

$$\frac{\partial\Phi}{\partial n}=\frac{\partial\Phi}{\partial n}\cos\alpha+\frac{\partial\Phi}{\partial n}\cos\beta+\frac{\partial\Phi}{\partial n}\cos\gamma \tag{1.26}$$

$\cos\alpha, \cos\beta, \cos\gamma$; 방향 n의 방향여현

$$\frac{\partial\Phi}{\partial n}=(\frac{\partial\Phi}{\partial n}\hat{x}+\frac{\partial\Phi}{\partial n}\hat{y}+\frac{\partial\Phi}{\partial n}\hat{z})\bullet\hat{n} \tag{1.27}$$

$$grad\,\Phi=\frac{\partial\Phi}{\partial n}\hat{x}+\frac{\partial\Phi}{\partial n}\hat{y}+\frac{\partial\Phi}{\partial n}\hat{z} \tag{1.28}$$

$$\nabla=\hat{x}\frac{\partial}{\partial n}+\hat{y}\frac{\partial}{\partial n}+\hat{z}\frac{\partial}{\partial n} \tag{1.29}$$

그러므로

$$grad\Phi = \nabla \Phi \tag{1.30}$$

❑ 발산

폐곡면 S를 지나는 전속은 다음과 같이 나타낸다.

$$\oint_s A \cdot dS \tag{1.31}$$

단위체적당 전속은 다음과 같다.

$$\frac{\oint_s A \cdot dS}{V}$$

V: S로 둘러쌓인 체적

$V = \triangle x, \triangle y, \triangle z$ 일 때

$$\lim_{V \to 0} \frac{\oint_s A \cdot dS}{V} = \left(\frac{\partial A_x}{\partial x} + \frac{\partial A_y}{\partial y} + \frac{\partial A_z}{\partial z}\right)_{(xo,yo,zo)} \tag{1.32}$$

$$\text{div } A = \frac{\partial A_x}{\partial x} + \frac{\partial A_y}{\partial y} + \frac{\partial A_z}{\partial z} \tag{1.33}$$

$\text{div } A = \nabla \cdot A$라고 표현한다. (1.34)

❑ 회전

임의 곡선 l에 대한 회전은 다음과 같다.

$$\oint_l A \cdot dl \tag{1.35}$$

폐곡면 S를 둘러싼 개환선이 l이고 일반필드(장)이 A일 때 단위면적당 회전은 다음과 같다.

$$\frac{\oint_l A \cdot dl}{S} \tag{1.36}$$

폐곡면 S가 0에 근접할 때의 회전의 극한을 C라하며 다음과 같이 나타낸다.

$$C = \lim_{S \to 0} \frac{\oint_l A \cdot dl}{S} \hat{S} \tag{1.37}$$

$\hat{S}$가 모든 가능한 방향으로 변할 때 벡터 C가 최대치로 되는 벡터 점함수를 curl A라고 하며 다음과 같다.

$$\text{curl} = \begin{vmatrix} \hat{x} & \hat{y} & \hat{z} \\ \frac{\partial}{\partial x} & \frac{\partial}{\partial y} & \frac{\partial}{\partial z} \\ A_x & A_y & A_z \end{vmatrix} \tag{1.38}$$

curl A = $\nabla \times A$ 라고 한다.

❑ 발산정리

미분체적과 미분표면적이 영에 근접하고 이 수가 무한이 되는 극한의 경우에 발산정리는 다음과 같다.

$$\int_V \nabla \cdot A dV = \oint_S A \cdot dS \tag{1.39}$$

1.6 Stokes의 정리

스토크의 정리는 폐곡면 S로 둘러 쌓인 장에서 회전이 발생하지 않으면 장은 보존적인 상태가 된다는 것이다. 이것을 다음과 같이 나타낸다.

$$\int_s \nabla \times A \cdot dS = \oint_l A \cdot dl \tag{1.40}$$

여기서 A가 주어진 한 점에서 입자에 인가된 힘이라고 할 때 이 힘이 회전될 때 그 폐곡면을 둘러쌓고 있는 선에 힘이 가해진다는 것이다. 즉 폐곡선에 에너지가 가해 지지 않는다면 폐곡면상에서 회전이 발생하지 않은 것이고 이렇게 되면 폐곡면내의 에너지는 소실되지 않고 보존상태에 있게 된다는 것이다.

2 Maxwell 방정식

2.1 개요

❑ Maxwell은 Faraday의 전자유도 법칙과 Ampere의 주회적분 법칙을 기초로 하여 전계와 자계와의 관계를 식으로 유도하였다. 이것은 변위 전류도 도전 전류와 마찬가지 성질을 가지고 있다는 데 착안한 것이다.

❑ 전자파의 기본 방정식으로 전자유도 법칙, 주회적분 법칙, 전자계에 관한 Gauss의 정리를 간결한 방정식 모양으로 정리한 것이다.

2.2 Gauss 법칙

❑ 가우스 법칙은 다음과 같은 성질을 가지고 있다.
첫째 전하가 전장선의 원천이 된다.
둘째 시변인 경우에도 그 법칙이 성립된다.
셋째 대칭성을 갖는 경우에 쿨롱의 법칙보다 전장을 구하기가 쉽다

❑ 전속(electric flux) D의 발산(divergence)은

$$divD=\rho \text{ 또는 } \nabla \cdot D=\rho \tag{1.41}$$

즉 $\nabla \cdot E=\dfrac{\rho(r)}{\epsilon_0}$

이 공식은 점형점에서 발생하는 전기력선 수를 나타내는 것으로 가우스 접칙의 점형이다.

가우스 법칙의 직분형은 나음과 같다.

$$\int_V \nabla \cdot E\,dV=\int_V \frac{\rho}{\epsilon_0}dV=\frac{Q}{\epsilon_0} \tag{1.42}$$

이 공식의 결과는 발산의 정리에 적용된다.

$$\oint_S E \cdot dS=\frac{Q}{\epsilon_0} \tag{1.43}$$

2.3 자계원천 법칙

- 자기에서는 반드시 정·부의 자하가 쌍으로 되어서 자기 쌍극자로서만 존재한다. 따라서, 자속 B는 다음과 같이 된다.

$$divD = \rho \text{ 또는 } \nabla \cdot B = 0 \tag{1.44}$$

폐곡면에서의 총자속수는 다음과 같다.

$$\psi = \int B \cdot dS\,(W) \tag{1.45}$$

$\nabla \cdot B = 0$이므로 폐곡면상에서의 총자속은 다음과 같이 나타낸다.

$$\psi = \oint_S B \cdot dS\,(W) = 0 \tag{1.46}$$

2.4 Ampere 주회적분 법칙

Orsted는 실험적으로 자장이 전류에 의해 발생된다는 것을 입증하였다. $\nabla \cdot B = 0$이라는 것은 자장선을 만드는 자기원천이 없다는 것을 의미한다. 자기장을 만들기 위해서는 자기원천점에서 B를 회전시켜야 한다. 즉 $\nabla \times B$의 형태가 되어야 한다.

암페어는 전류가 흐르는 전선주위에 자장이 발생한다는 것을 발견하였다. 이것을 암페어의 주회적분의 법칙이라 한다.

정상전류에 대한 실험에서 다음과 같은 법칙을 알아내었다.

$$\oint_l B \cdot dl = \mu_0 I \tag{1.47}$$

- 도선에 흐르는 전류와 주위에 발생하는 자계 사이에는 다음과 같은 관계가 있다. 이것은 전류가 흐르는 폐곡선 l과 면 S에 대한 것이다.

$$\oint_l B \cdot dl = \mu_0 \int_s J \cdot dS \tag{1.48}$$

- 이 공식에 스토크의 정리인 다음공식을 적용할 수 있다.

$$\int_s \nabla \times A \cdot dS = \oint_l A \cdot dl \tag{1.49}$$

즉, 다음과 같이 나타낼 수 있다.

$$\int_s \nabla \times B \cdot dS = \oint_l B \cdot dl = \mu_0 \int_s J \cdot dS \tag{1.50}$$

이 공식에서 면 S가 극한이 된다면 다음과 같은 암페어주회법칙의 점형을 얻을 수 있다.

$$\nabla \times B = \mu_0 J \tag{1.51}$$

- 자계를 벡터 형식으로 정리하면

$$J = \nabla \times H \tag{1.52}$$

여기서 J는 전류의 면밀도이다.

- 회로의 도중에 콘덴서(용량)가 있으면 회로의 전류가 변화하며 콘덴서의 전극판에 존재하는 전하량이 변화하므로 극판간의 전속 밀도가 변화한다. 따라서 이 공간에도 전속 밀도의 변화분에 상당하는 전류가 흐른다면 이 회로 전체에 걸쳐서 전류 연속의 조건이 만족된다.
- 변위 전류도 도전류와 같은 모양의 자기 작용을 갖는다면

$$\nabla \times H = J + \frac{\delta D}{\delta t} \tag{1.53}$$

과 같이 확장된다. 이것으로 전자파의 존재를 예언했다.

2.5 Faraday 법칙

파라데이법칙은 자장이 전류를 발생시킨다는 것이다. 즉 다음식의 우변과 같이 자장 또는 면이 시간적으로 변하면 전계가 발생한다는 것이다. 즉 자속의 시간변화율은 전기장을 유도한다는 것이다.

$$\oint_l E \cdot dl = -\frac{d}{dt} \int_s B \cdot dS \tag{1.54}$$

2.6 Maxwell 방정식

- 맥스웰방정식은 시변하는 전류 또는 전하와 이에 의해 발생되는 전자계를 해석하는 것이다.
- 다음 공식은 미분형으로 나타내어진 Maxwell 방정식이다. 이 식에는 전속밀도 D, 자속밀도 B 및 전류밀도 J가 매질의 특성을 나타내는 유전율 ϵ, 투자율 μ, 도전율 σ와 전계 E 및 자계 H에 의한 어떤 관계를 갖게 되는 지를 보여준다.

$$\nabla \times E = -\frac{\partial B}{\partial t} \qquad D = \varepsilon E \tag{1.55}$$

$$\nabla \times H = J + \frac{\partial D}{\partial t} \qquad B = \mu H \tag{1.56}$$

$$\nabla \cdot D = \rho \qquad J = \sigma E \tag{1.57}$$

$$\nabla \cdot B = 0 \tag{1.58}$$

만일 E, H, D, B, J 가 정현적일 때 $A(r,t) = Re[A(r)^{j\omega t}e]$로 나타낼 수 있다. 즉 시간미분 $\partial/\partial t$를 $j\omega$로 대치할 수 있다. 복소함수 $A(r)$을 페이저(Phasor)라 하며, 이 페이저를 이용하여 Maxwell 방정식을 아래와 같이 나타낼 수 있다.

$$\nabla \times E = -j\omega\mu H \tag{1.59}$$

$$\nabla \times H = (\sigma + j\omega\varepsilon)E \tag{1.60}$$

$$\nabla \cdot D = \rho \tag{1.61}$$

$$\nabla \cdot B = 0 \tag{1.62}$$

E = 전계의 세기(V/m)
H = 자계의 세기(A/m)
D = 전속밀도(C/m²)
B = 자속밀도(W/m^2 = 1 Tesla = 10^4 Gauss = 3×10^{-6} ESU)
(지자기는 약 0.5 Gauss)
J = 전류밀도(A/m²)
$J = J_c + J_o$
$J_c = \sigma E$ = 전도전류밀도
J_o = 입력전류밀도
ρ = 공간전하밀도(C/m³)

$$\varepsilon = \varepsilon_r \varepsilon_o (\text{자유공간유전율 } \varepsilon = \varepsilon_o ; 8.854 \times 10^{-12} (F/m)) \tag{1.63}$$

$$\mu = \mu_r \mu_o (\text{자유공간투자율 } \mu = \mu_o ; 4\pi \times 10^{-7} (H/m)) \tag{1.64}$$

❑ 맥스웰방정식은 다음과 같이 적분형으로도 나타낼 수 있다.

$$\oint_l B \cdot dl = \mu_0 \int_S (J + \varepsilon_0 \frac{\delta E}{\delta t}) \cdot dS = \int_S \nabla \times B \cdot dS \tag{1.65}$$

$$\oint_l E \cdot dl = -\int_S \frac{\partial B}{\partial t} \cdot dS = \int_S \nabla \cdot E \cdot dS \tag{1.66}$$

$$\oint_l E \cdot dS = -\int_V \frac{\rho}{\epsilon_0} \cdot dV = \int_V \nabla \cdot E \cdot dV \tag{1.67}$$

$$\oint_S B \cdot dS = 0 = \int_V \nabla \cdot B \cdot dV \tag{1.68}$$

다음은 진공중의 전류와 전하매개변수와 관련한 중요한 두개의 방정식이다.

$$\triangle \cdot J = -\frac{\partial \rho}{\partial t} \tag{1.69}$$

$$J = \rho V$$

3 정전계, 유도 전자계, 복사 전자계, 전파의 성질

3.1 정전계, 유도 전자계, 복사 전자계의 개념

전자계는 거리 d에 반비례하는 항, 거리의 자승에 반비례하는 항, 거리의 3승에 반비례하는 항으로 구성된다. 이것을 각각 복사 전자계, 유도 전자계, 정전계라고 한다.

❑ **복사전자계** : 복사전계와 복사자계로 되어 있다. 각각 거리에 반비례하여 감쇠한다. 자유공간 내에서는 항상 전계와 자계는 크기, 위상 및 전파 속도가 같다. 전계에서 각각 직각인 방향으로 전파되면 전자파가 된다.

$$E = \frac{60\pi Il}{\lambda d} \sin\theta \tag{1.70}$$

$$거리\ d = \frac{\lambda}{2\pi} = 0.16\lambda \tag{1.71}$$

에서 정전계, 유도전계, 복사전계는 모두 같아지고 이보다 가까운 거리에서는 "정전계 〉 유도전계 〉 복사전계"가 된다.

- **유도전자계** : 유도전계와 유도자계의 합성이다. 각각 거리 d의 2승에 반비례하여 감쇠한다. 즉 Biot-Savart의 법칙에 따르는 전자계이다. 유도 전자계는 거리 d가 약 $\frac{\lambda}{2}$ 이하인 범위에서는 복사 전자계보다도 세기가 크다.

$$E = \frac{30Il}{d^2}\sin\theta \tag{1.72}$$

- **정전계** : 거리 d의 3승에 반비례하며 자계성분이 없다. 따라서 정전계에서의 에너지 이동은 없다.

$$E = \frac{30Il\lambda}{2\pi d^3}\sin\theta \tag{1.73}$$

- **전파의 성질**
  - 전파는 횡파로 전계나 자계와 직각인 방향으로 진행한다.
  - 전파의 전파 속도는

$$v = \frac{1}{\sqrt{\mu\varepsilon}} = \frac{3\times10^3}{\sqrt{\mu_s\,\varepsilon_s}}\ [\text{m/sec}] \tag{1.74}$$

즉, 투자율 μ_s, 유전율 ε_s이 클수록 전파속도가 늦어진다.

자유공간에서의 전파속도는 $3\times10^8\text{m/s}$가 된다.

- **반사와 굴절** : 전자파는 빛과 마찬가지로 굴절률이 다른 경계면에서 굴절하고 반사한다. 광학에서의 Snell 법칙이 적용된다.
- **회전, 직진** : 전자파는 주파수가 낮을수록 회절 현상이 심하고 주파수가 높을수록 직진성을 가진다.
- **편파성** : 전자파는 편파성을 가지고 있는데 전계 벡터(Vector)가 어떤 한 평면 위에 있을 경우, 이것을 직선편파라 한다. 전계 벡터가 지면에 수직인 경우를 수직 편파, 수평인 경우를 수평 편파라고 한다. 또 전계 벡터가 x축과 y축 방향으로 구성되어 그 크기가 같은 경우를 원편파라고 하고 그 크기가 다른 경우를 타원 편파라고 한다.

❑ **간섭** : 신호의 편파를 달리하는 경우를 제외하고 동일 주파수 신호가 합성되었을 때 상호 간섭을 일으킨다.

4 진행파

4.1 정의

선로가 무한히 긴, 무한장선로의 경우 송신단을 송신된 전압과 전류파의 세기는 R과 G에 의해 감쇠하면서 진행한다. 무한장선로에서는 반사되는 파가 존재하지 않는다. 그러나 무한장 선로는 실제로 존재하지 않는다. 선로의 특성임피던스와 동일한 임피던스를 갖도록 부하를 설계하면 무한장 선로와 같은 특성을 얻게 된다.

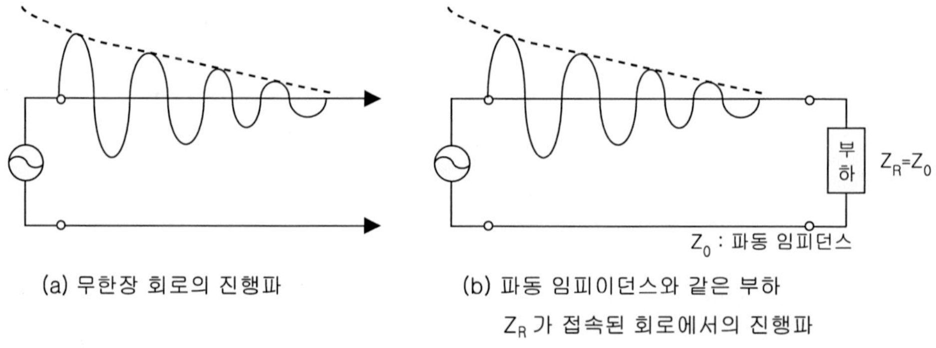

그림 1–1 진행파 회로(무반사 선로)

4.2 반사계수

수신단의 부하 임피던스 Z_R와 선로의 특성 임피던스 Z_0가 서로 다른 경우 신호가 수신단에서 송신단 방향으로 반사된다.

❑ **전압 반사계수**

$$\Gamma_v = \frac{\text{반사파 전압}}{\text{진행파 전압}} = \frac{V^-}{V^+} = \frac{Z_R - Z_O}{Z_R + Z_O} \tag{1.75}$$

❑ 전류 반사계수

$$\Gamma_i = \frac{\text{반사파 전류}}{\text{진행파 전류}} = \frac{I^-}{I^+} = \frac{Z_O - Z_R}{Z_R + Z_O} = -\Gamma_v \quad (1.76)$$

4.3 $Z_R = 0$인 경우와 $Z_R = \infty$인 경우의 반사파

❑ 수신단을 단락한 경우

- 전압파는 진행파와 반사파의 세기가 같다. 반사파의 위상이 180°늦어진다.
- 전류파는 진행파와 반사파의 크기와 위상이 모두 같다.

❑ 수신단을 개방한 경우

- 전압파는 진행파와 반사파의 세기와 위상이 모두 같다.
- 전류파는 진행파와 반사파의 세기가 같다. 반사파의 위상이 180°늦어진다.

4.4 진행파와 반사파

❑ 진행파가 존재하는 경우

- 무한한 급전선 : 진행파만 존재하고 반사파는 존재하지 않는다.
- $SWR = 1$인 급전선 : 진행파만 존재한다.
- 정규화 임피던스 $Z_R = Z_L / Z_O = 1$인 급전선 : 특성 임피던스로 종단되므로 진행파만 존재한다.
- 반사계수가 0인 급전선 : 반사파가 없다.

❑ 반사파가 존재하는 경우

- 반사계수가 1인 급전선은 전부 반사하므로 진행파와 반사파가 다 존재한다.

5 정재파

5.1 정의

- 급전선의 종단에 접속된 부하 임피던스 값이 특성 임피던스 값과 동일하지 않을 때 발생한다. 즉 진행파의 일부 또는 전부가 부하에서 반사되어 반사파가 된다. 이 반사파가 전원인 송단방향으로 반사되어 올 때 정재파가 생긴다.
  정재파가 발생하는 정도를 나타내는 것을 정배파비(SWR : standing wave ratio)라고 하며 다음과 같이 나타낸다.

$$\text{정재파 비}(SWR) = \frac{\text{최대 전압}}{\text{최소 전압}} = \frac{\text{최대 전류}}{\text{최소 전류}} \tag{1.77}$$

- 이 정재파의 전압, 전류의 최대 크기 값과 최소 크기 값의 비의 값, 즉 정재파비 값은 부하 임피던스의 값에 의해 결정된다.
- 즉 정재파의 비는 선로의 특성 임피던스와 부하 임피던스와의 정합(Matching) 비율을 나타낸다.
- 진행파 진폭의 크기 값을 A^+, 반사파 진폭의 크기 값을 A^-라고 하였을 때 정재파 진폭의 최대와 최소 크기 값은 다음과 같다.

$$\text{최대 크기 값} = |A^+| + |A^-| \tag{1.78}$$

$$\text{최소 크기 값} = |A^+| - |A^-| \tag{1.79}$$

그러므로 정재파바의 값은 다음과 같이 나타낸다.

$$SWR = \frac{|A^+| + |A^-|}{|A^+| - |A^-|} \tag{1.80}$$

이 공식을 다음과 같이 반사계수 Γ로 나타낼수 있다.

$$SWR = \frac{|A^+| + |A^-|}{|A^+| - |A^-|} \tag{1.81}$$

반사계수 Γ는 다음과 같이 부하임피던스 Z_R과 선로의 특성임피던스 Z_O에 의하여 다음과 같이 나타낸다.

$$전압반사계수= \frac{Z_R - Z_O}{Z_R + Z_O} \tag{1.82}$$

$$전류반사계수= \frac{Z_O - Z_R}{Z_O + Z_R} \tag{1.83}$$

- ❑ 정재파 비 $S=1$인 경우 : 반사계수 $\Gamma=0$이 되어 반사가 전혀 없다. 즉, 부하와 급전선은 완전히 정합되어 있음을 뜻한다.
- ❑ 정재파 비 $S>1$인 경우 : $0<\Gamma\le 1$이며 반사파가 존재한다.
- ❑ 전압 전류의 분포 : $\lambda/2$ 거리마다 최대와 최소가 있다.
- ❑ 전류, 전압의 위상 : 어디서나 위상은 같다.
- ❑ 진행파+반사파의 합성파(쌍합성)

6 반사계수, 반사손실

6.1 반사계수

SWR을 n이라 하였을 때 전압 반사계수 Γ_v와 전류 반사계수 Γ_i 및 전압 투과계수 r과 전류 투과계수 r_i는

$$\begin{aligned} & Z_R > Z_O \\ & \Gamma_v = \frac{n-1}{n+1}, \quad \Gamma_i = \frac{1-n}{1+n} \qquad r_v = \frac{2n}{1+n}, \ r_i = \frac{2}{1+n} \\ & Z_R < Z_O \\ & \Gamma_v = \frac{1-n}{1+n}, \quad \Gamma_i = \frac{n-1}{n+1} \qquad r_v = \frac{2n}{1+n}, \ r_i = \frac{2n}{1+n} \end{aligned} \tag{1.84}$$

6.2 반사손실

부하 임피던스 Z_R의 소비 전력 $P_R = I_r^2 Z_R(I_R$: 투과 전류)

급전선의 전송 전력 $P = I^2 Z_O(I$: 입사파 전류)

이므로 전송 전력이 부하에 공급되는 비율은

$$\frac{P_R}{P} = \frac{I_R^2 Z_R}{I^2 Z_O} = \frac{Z_R}{Z_O} r_i^2 = \frac{4Z_O Z_R}{(Z_O + Z_R)^2} = \frac{4n}{(1+n)^2} \qquad (1.85)$$

- ❑ 만약에 $n < 1.5$라면 전송 전력의 대부분이 부하에 공급되므로(96% 이상) 실용적으로 정합(Matching) 되었다고 볼 수 있다. 이 같은 경우를 정합 급전선이라고 한다.

7 진행파와 정재파의 비교

	진행파	정재파
발생 조건	선로의 특성 임피던스와 부하가 정합되어 있을 때($Z_O = Z_R$)에 생김.	정합되어 있지 않을 때($Z_O \neq Z_R$)에 생긴다.
정의	한 방향으로 진행하는 파	한 방향으로 진행하는 진행파와 반사파가 합성한 파
전류, 전압의 분포 상태	선로상 어디서나 같음.	$\lambda/2$의 거리마다 최대와 최소가 있음.
전류, 전압의 위상	선로의 각 점에 따라 위상이 다름	위상은 어디서나 같음.
전송 손실	작다.	크다.
지향성	공중선에 사용할 때 단향성	쌍향성

8 전파의 종류

8.1 전파양식(Propagation Mode)

- ❑ **지상파** : 직접파, 반사파, 지표파, 회절파
- ❑ **공간파** : 대류권파(대류권 굴절파, 대류권 산란파)

전리층파(전리층 반사파, 전리층 활행파, 전리층 산란파)

❑ **직접파** : 송신점에서 수신점에 직접 도달하는 전파

❑ **반사파** : 대지, 건물, 반사판, 산악 등에서 반사한 후 수신점에 도달하는 전파

❑ **지표파** : 도전성인 지구 표면을 따라서 전파하여 가는 전파

❑ **회절파** : 대지의 융기부나 지상에 있는 전파 장애물을 넘어서 수신점에 도달하는 전파

❑ **대류권파**(Tropospheric wave) : 대류권(지상 약 12km 이하 대기의 대류 현상이 있는 영역)을 전해 퍼지는 전파

❑ **대류권 굴절파** : 추굴절 현상에 의한 전파

❑ **대류권 산란파** : 대기의 와류에 의한 유전율의 급격한 변동으로 인한 산란 현상에 의한 전파

❑ **전리층파**(Ionospheric wave) : 전리층(지상 100~400km 사이의 전리된 기체의 층)에서 반사 또는 산란된 전파

❑ **전리층 반사파** : E층 혹은 F층 등의 전리층에서 반사되어 수신점에 도달하는 전파

❑ **전리층 산란파** : E층 하부의 전자 밀도의 불균일에 의한 산란 현상에 의한 전파

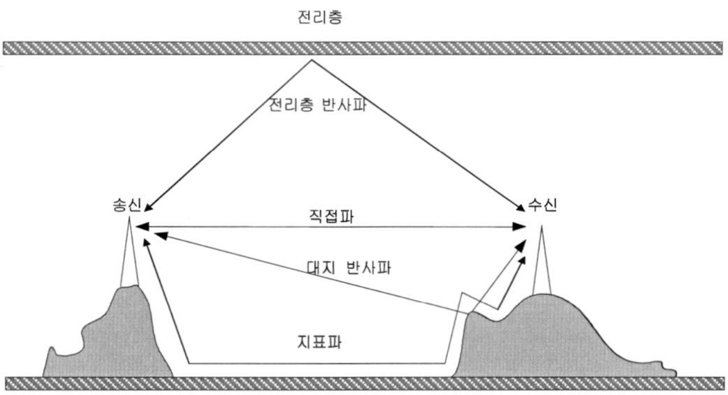

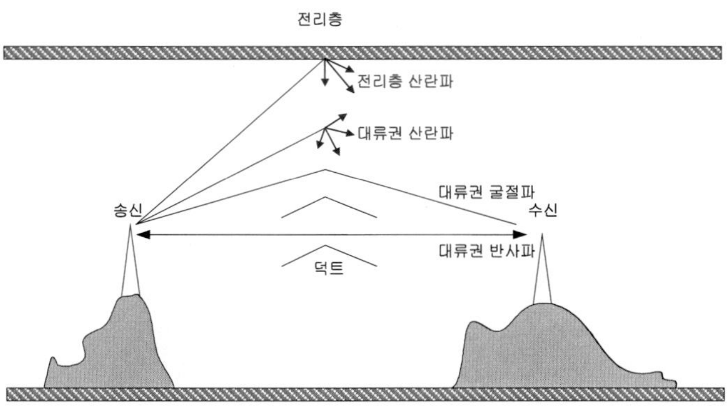

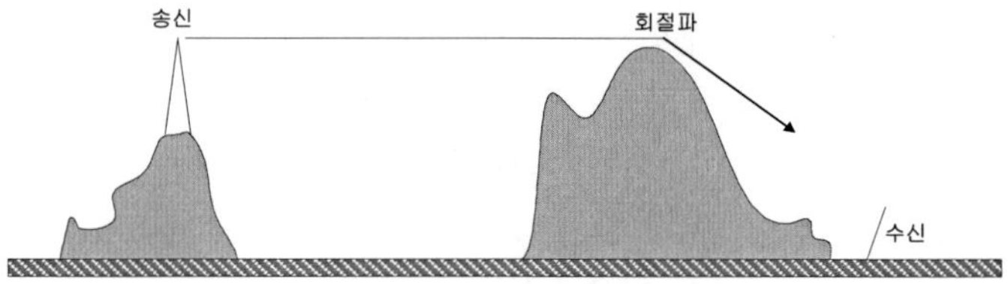

그림 1-2 전파의 모드

8.2 각 주파수대와 전파의 관계

- **장파, 중파대** : 지표파
- **단파대** : 전리층파
- **초단파대** : 직접파와 반사파
- **마이크로파대** : 직접파

중파는 지표파와 회절파를 이용하고, 단파는 소전력으로 원거리 통신을 하며, 초단파는 가시거리내 통신에 사용된다.

- **주파수 및 파장**

〈표 1-1〉 주파수 및 파장

주파수대	주파수대의 명칭		파장
30kHz 이하	VLF	BAND 4	10km 이상
30kHz~300kHz	LF	BAND 5	10km~1km
300kHz~3000kHz	MF	BAND 6	1000m~100m
3MHz~30MHz	HF	BAND 7	100m~10m
30MHz~300MHz	VHF	BAND 8	10m~1m
300MHz~3000MHz	UHF	BAND 9	100cm~10cm
3GHz~30GHz	SHF	BAND 10	10cm~1cm
30GHz~300GHz	EHF	BAND 11	10mm~1mm
300GHz~3000GHz		BAND 12	1mm 이하

8.3 주파수 스펙트럼

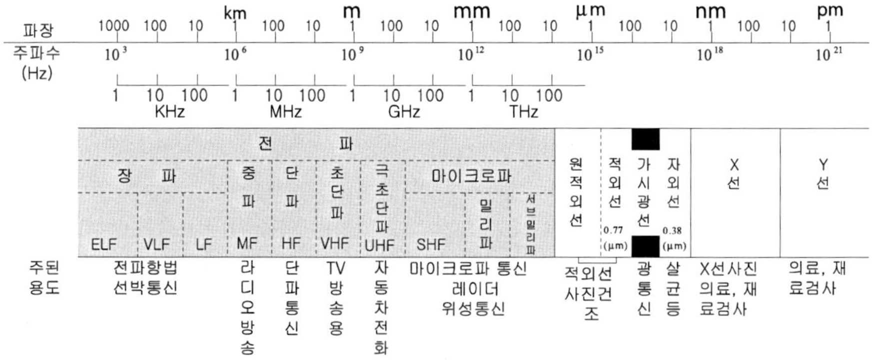

그림 1-3 주파수 스펙트럼

9 전파손실

9.1 전송손실(Transmission Loss)

송신기의 최종단 증폭기에서 출력되는 신호전력 값과 수신기의 전단 증폭기에 입력되는 신호 전력간의 비를 말한다.

❑ 전송손실 = 송신기 출력 신호전력/수신기 입력 신호전력

9.2 전파손실(Propagation Loss)

등방성 공중선을 송수신 공중선으로 사용할 때 발생하는 손실이다. 기본 전송 손실(Basic Transmission Loss)이라고도 한다.

❑ 전파손실 $\Gamma_p = \dfrac{\text{등방성 송신 공중선 송신 전력 } P_t}{\text{등방성 수신 공중선 수신 전력 } P_r}$

9.3 자유공간 전파손실(Free Space Propagation Loss)

- 자유공간을 전파하는 신호에 발생하는 손실을 말한다.
- 송수신 공중선 간의 거리 d와 파장 λ에 의해서 결정된다.
- 자유공간 전파손실, $\Gamma_0 = \frac{P_t}{P_r} = \left(\frac{4\pi d}{\lambda}\right)^2$ (1.86)

9.4 스팬 손실(Span Loss)

- 송수신 공중선이 등방성이 아닌 일반 안테나인 경우 송신기의 출력 단자와 수신기 입력 단자간의 신호전력에 대한 손실이다.
- 스팬 손실은 송・수신 급전선의 손실, 전파손실 및 안테나 효과 등에 비례하고 이득에 반비례한다.
- 스팬 손실 $L_S = \frac{P_t}{P_r} = \left[\frac{L_1\, L_2}{G_1\, G_2}\right][\Gamma_p]\,[X]$ (1.87)

  L_1, L_2 : 송・수신 급전선 손실
  G_1, G_2 : 송・수신 안테나 이득
  Γ_p : 전파손실
  X : 안테나 효과(안테나의 지향성에 기인하는 부가손실)

10 전리층의 전파

10.1 정의

- 전리층(Ionosphere)이란 지구를 둘러싸고 있는 상층 대기가 태양의 방사 에너지(주로 자외선)에 의하여 전리된 층을 말하며 이 층은 전파를 반사시키는 작용을 한다.

10.2 전리층의 생성

❑ **전리층의 생성 원인** : 태양의 자외선이나 대전 미립자에 의한 상층 대기의 전리 작용
❑ **전리 작용** : 상층 대기는 주로 중성 상태인 산소와 질소 분자로 구성되어 있고, 이들은 태양에서 방사된 자외선, 중성자, 대전 미립자, 방사선등과 충돌하여 외각의 전자를 방출하여 전기적 평형을 깨뜨리고 양이온이 되는 현상을 전리 작용이라 한다. 전리 작용은 자외선이 클수록, 또 대기의 밀도가 클수록 심해진다. 대기의 밀도는 낮은 층일수록 크고 높이와 더불어 지수 함수적으로 감소하는 데 대하여 자외선은 상층에 갈수록 세다.
❑ **전자 밀도** : 태양의 천정각과 관련이 있다. 단위 부피 당 자유 전자수 N은

$$N = K\sqrt{\cos x}$$

단, K : 비례 상수, x : 태양의 천정각이다.

10.3 전리층의 분류

❑ 전리층은 D층, E층, F층으로 구분된다. 또 F층은 F_1층과 F_2층으로 구분되며 단파통신에서는 주로 F_2층을 이용한다. 이외에 스포래딕 Es층이 있다.
❑ D층
- 층의 높이 : 약 50~90[km]
- 전자 밀도 : 다른 층에 비하여 가장 적다.
- 전파에 주는 영향 : 장파에 대해서는 반사층으로 작용하나 전파의 흡수, 감쇠층이 된다.

❑ E층
- 층의 높이 : 약 100[km]
- 전자 밀도 : D층보다 크고 F층보다 적다.
- 전파에 주는 영향 : 주간은 중단파까지 반사하나 중파는 층내를 통과할 때 감쇠를 받는다. 야간에는 장중파를 반사한다.

❑ Es(스포래딕 E)층
- 층의 높이 : E층과 거의 같은 약 100[km]
- 전자 밀도 : E층보다 커서 80[MHz] 정도의 초단파도 반사시킨다. 5~8월 중 주간에 많이 발생한다.
- 전파에 주는 영향 : 단파통신에 방해를 주거나 초단파 이상 원거리 전파를 일으킴.

❑ F층

- 층의 높이 : 약 200~400[km]
- 전자 밀도 : 가장 크다.
- 전파에 주는 영향 : 단파대 전파를 반사시킨다. 초단파는 통과하고 그 때 감쇠를 받음.

11 도약 거리와 불감지대

11.1 도약 거리(Hop Distance)

❑ 송신소에서 발사된 전리층 반사파가 처음으로 지상에 되돌아오는 점의 거리를 말한다. 이 도약 거리 r_s는

$$r_s = 2h'\sqrt{\left(\frac{f}{f_0}\right)^2 - 1} \tag{1.88}$$

h' : 최대 전자 밀도의 전리층의 이론적인 높이(m)
f_0 : 임계 주파수(Hz)
f : 사용 주파수(Hz)

❑ 도약 거리는 반사층 높이에 비례한다.

❑ 사용 주파수가 임계 주파수보다 높을 때 생긴다.

❑ 사용 주파수가 높을수록 크게 된다.

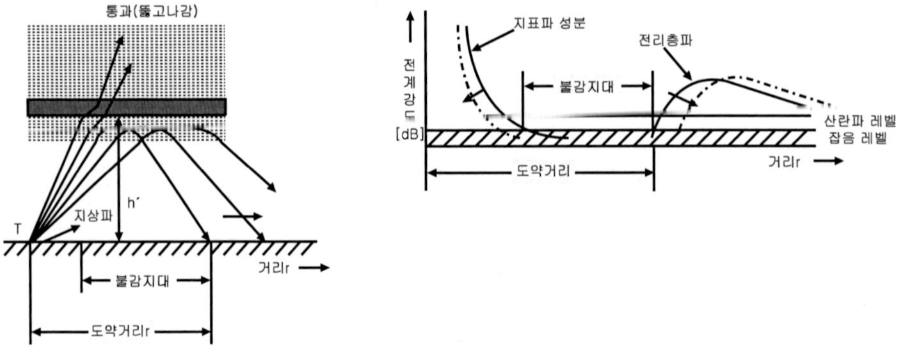

(a) 도약거리와 불감지대 (b) 도약거리내의 전계강도

〈그림 1-4〉 도약거리와 불감지대

11.2 불감지대(Dead Zone)

도약거리 내에 있어서 지표파는 어떤 거리까지 도달하지만 이 지표파가 감쇠되어지는 점에서부터 멀어지면 전파를 수신하지 못하는 지대가 된다. 이를 불감지대라고 한다.

- ❑ 불감지대는 주파수가 높을수록 커진다.
- ❑ 불감지대에서는 산란파에 의한 미약한 전계가 존재하므로 어느 정도까지는 수신이 가능하다.

12 전파 경로상에 발생하는 현상

12.1 에코(Echo)

❑ **에코의 원인** : 송신안테나에서 발사된 전파가 서로 다른 경로를 거쳐 수신기에 수신되었을 때 각 신호가 수신되는 시간에 차이가 발생하는데 기인한다.

❑ **에코의 종류** : 역회전 에코, 지구 일주 에코, 지자극(pola) 에코, 근거리 에코, 장시간 지연(long delay) 에코

❑ **에코의 영향**

- 각 신호의 경로 길이에 차이가 많이 나지 않을 때는 영향이 적다.
- 고속 통신, 사진 전송에 영향을 많이 준다.

❑ **방지법**

- 첨예한 단일 지향성을 갖는 빔안테나를 사용한다.
- 에코 영향이 적은 주파수로 사용 주파수를 교체한다.
- 공중선에 반사기를 단다.

12.2 다중 신호(Multiple Signal)

❑ **다중 신호의 원인** : 송신점에서 하나의 수신점에 도달하는 전파 경로는 여러 개가 있

다. 전리층에 의한 단파의 원거리 전파의 경우 전파는 전리층과 대지 사이를 몇 번이고 반사되면서 전파하므로 입사각과 반사 횟수가 다른 많은 전파가 수신점에 도달하는데 이를 다중 신호라고 한다.

❑ **방지법**

- 주파수의 선택을 적당히 한다.
- 지향성 안테나를 사용한다.

12.3 대척점 효과(Antipode Effect)

❑ **대척점(Antipode)** : 지구상의 어느 한 위치점을 기준으로 했을 때 그 위치점과 대응하여 정반대쪽에 위치하여 있는 점을 말한다.

❑ **대척점 효과** : 송수신점이 대척점 가까운 곳에 위치하는 경우에는 두 점을 잇는 대원코스가 되는 경로가 무수히 존재한다. 수신점에는 모든 방향에서 전파가 도래되기 때문에 비교적 큰 전계강도가 된다. 이를 대척점 효과라 한다.

13 전파 잡음

13.1 개요

❑ **잡음의 발생 원인별 분류** : 잡음은 크게 수신기 내부에서 발생하는 잡음과 외부 잡음으로 분류된다. 외부 잡음에는 자연 잡음과 인공 잡음이 있다.

❑ **자연잡음** : 자연 현상에 의해서 생기는 잡음

- 대기 잡음 : 넓은 의미의 공전, 온도 잡음
- 태양계 잡음 : 태양, 혹성 등
- 우주 잡음 : 은하계 항성, 성운 등

❑ **인공잡음**

- 불꽃 방전 : 불꽃식 고조파 이용설비에 의한 잡음, 자동차, 항공기 등의 내연기관, 계전기 등
- 취동 접촉 : 전차, 전기 드릴 등

- 코로나 방전 : 송전선, 오존 발생기 등
- 글로우 방전 : 형광 방전등, 네온사인 등
- 지속 전동 : 고주파 이용설비, 수신설비 등

❑ 공전 잡음의 종류

- 클릭(Click) : '찌륵찌륵'하는 음이 짧은 시간차를 두고 수신된다. 근거리에서 발생한 미약한 뇌우가 원인이 되는 경우가 많다.
- 글라인더(Glinder) : '카아카아'하는 연속성 잡음이 나타난다. 원거리의 격심한 뇌우가 원인이 되는 경우가 많다.
- 히싱(Hissing) : '쉬쉬'라고 하는 연속성 잡음이 나타난다. 이는 눈보라 또는 바람이 심할 때 생긴다.

❑ 공전 방해의 경감법

- 지향성, 비접지 공중선을 사용한다.
- 수신기의 선택도를 좋게 한다.
- 수신기에 잡음 억압회로 등을 사용한다.
- 비교적 공전의 영향이 적은 주파수대를 사용한다.
- 공전이 적은 지역에 수신안테나를 설치한다.

14 단파통신의 페이딩

14.1 발생 원인에 따른 페이딩 분류

❑ 간섭성 페이딩(Interference Fading)

동일 송신 전파를 수신하는 경우에 전파의 경로가 둘 이상인 경우 이들 전파가 상호간섭을 일으켜 발생한다.

❑ 편파성 페이딩(Polarization Fading)

지구자계의 영향으로 전리층 반사파는 정상파와 이상파로 갈라지고 이들이 합성되어 타원 편파가 된다. 이 타원의 축은 시시각각으로 회전하므로 일정 방향의 안테나로 수신하면 안테나의 유기 전압이 변한다. 이와 같이 편파면의 회전에 대해 생기는 페이딩을 편파성 페이딩이라 한다.

❑ 감쇠성 페이딩(Attenuation Fading)

- 전파가 전리층을 통과할 때 감쇠를 받는다. 그때 감쇠량이 변화하기 때문에 생기는 페이딩이다.
- 감쇠성 페이딩 중 주파수에 따라서 감쇠의 크기가 다른 것을 선택성 페이딩, 같은 것을 동기성 페이딩이라고 한다.

❑ 도약성 페이딩(Skip Fading)

도약 거리 부근에서 통신을 하고 있을 때 전리층의 상태가 조금만 변화하여도 전파가 수신되었다 안되었다 한다. 이러한 현상은 주로 일출, 일몰시에 발생한다.

14.2 주파수 특성에 따른 페이딩 분류

❑ 선택성 페이딩(Selective Fading)

전리층의 상태에 따라서 주파수대 별로서 서로 다른 영향을 받는 경우가 있다. 즉 부분 대역에 대한 페이딩 상태가 매우 다르게 나타난다.

❑ 동기성 페이딩(Synchronous Fading)

운용중인 주파수대역에서 각 주파수에 대한 수신 전계가 대체로 균일하게 변동하는 페이딩이다.

14.3 페이딩 방지 대책

❑ AGC(Automatic Gain Control) 회로를 사용한다. : 동기성 페이딩에서는 유효하나 선택성 페이딩에 대해서는 비효과적이다.

❑ 다이버시티 방식을 사용한다.

- 공간 다이버시티(Space Diversity) : 2개 혹은 3개의 안테나를 서로 이격시켜 설치하고 이들의 수신 출력을 합성 또는 양호한 출력을 선택 수신한다.
- 주파수 다이버시티(Frequency Diversity) : 동일 송신점에서 동시에 서로 다른 둘 이상의 주파수를 발사하여 수신하는 방식이다.
- 편파 다이버시티(Polarization Diversity) : 서로 다른 90° 편파의 수신 안테나로 따로 수신하는 방식이다.

- ❑ 송신 공중선에 의한 경감
  - 페이딩 방지 공중선, 즉 지향성 공중선을 사용한다.
- ❑ 다중가변형 공중선(MUSA : Multiple Unit Steerable Antenna System)을 사용한다.
  - 지향성이 예민한 공중선에 의해 수신한다.
- ❑ 리미터(Limitter)를 사용한다.
- ❑ FM 방식, SSB 방식, PM 방식 등 적당한 변조 방식을 사용한다.

15 VHF대 이상의 페이딩

15.1 개요

- ❑ 무선통신에서는 대기의 영향, 전파의 지표반사 등 여러 요인에 의하여 수신 레벨이 변화하는 페이딩이 발생하게 된다. 따라서 수신레벨이 수신기에서 요구하는 일정 레벨 이상이 되도록 송신 출력 또는 송수신 안테나의 이득을 크게 갖도록 해야 한다.
- ❑ 근거리 통신에서는 주로 건물, 산악 등에서 여러 번 반사되어 도달하는, 다중 경로 페이딩이 발생한다.
- ❑ 이 페이딩을 예측하는 데는 적합한 모델링이 필요하다.

15.2 정상적 페이딩

❑ 대기다중경로(Atmospheirc Multipath) 페이딩

- 전파경로를 달리하는 1개 또는 여러 개의 전파가 파장에 비하여 큰 차이가 없는 지연을 가져 오는 것으로 불규칙한 대기의 굴절에 따라 발생한다.
- 수초 이내의 빠른 주기의 페이딩으로서 20dB 이상의 신호 레벨 차이가 발생하는 경우도 있다.
- 전파경로를 짧게 하거나 주파수 또는 공간 다이버시티로써 감소시킬 수 있다.

❑ 대기 흡수(Atmospheirc Absorption) 페이딩

- 대기 중의 구름이나 물방울, 강우 등의 기상조건에 따라 발생한다.

- 11GHz 이상의 주파수에서 많은 영향을 받는다.
- 경로거리가 50km일 때 6GHz는 0.5dB, 11GHz는 0.7dB의 흡수를 받는다.

❑ 감쇠(Attenuation)형 페이딩

- 안개, 먼지, 모래 등에 의한 감쇠로 발생한다.
- 주파수가 높은 경우 더욱 영향이 크다.
- 안개의 경우 15GHz 이하에서는 무시한다.

15.3 비정상적 페이딩

비정상적인 페이딩은 발생 빈도가 낮으며 그 성격과 발생 확률을 예측하기는 힘들지만 등가지구 반지름 계수 K와 관계가 있다.

❑ **부굴절형(Sub Refraction)** : $K < 1$인 경우에 발생하며 Earth Bulge라고도 한다. 불충분한 Clearance와 전파의 굴절 등 복합적 원인에 의해서 발생한다. 습도가 높고 온난한 공기가 차가운 육지 표면을 지나감에 따라 수증기가 증가함으로써 발생한다. 예방대책은 Clearance를 충분히 잡아주는 것이다.

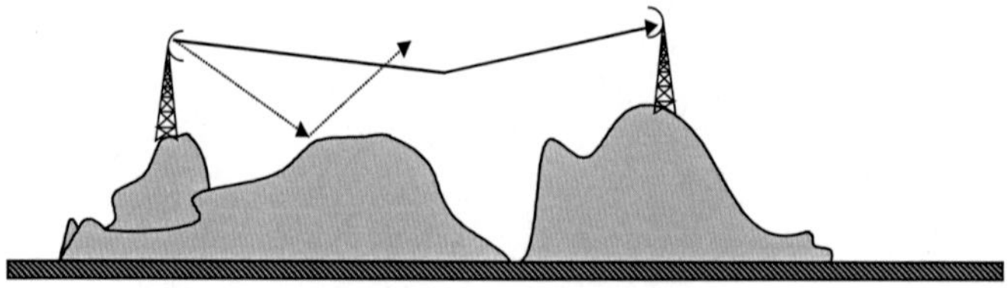

〈그림 1-5〉 부굴절형 페이딩

❑ **초굴절형(Super Refraction)** : $\infty > K > 4/3$이거나 평탄 대지일 때 생긴다. 일명 Earth Flattening이라 한다. 공기의 온도가 지표로부터 올라갈수록 증가하고 수증기 성분이 낮아지는 경우에 발생한다. 일반적으로 해안 지역에서 나타난다.

❑ 덕트형

- 접지형 덕트(Ground Based Duct)

  직접파와 지표면에 생긴 덕트를 거쳐 온 전파의 간섭에 의해서 생긴다. 굴절률의 차이가 심한 경우 즉 1m 정도로 낮게 깔린 안개 지역에 나타나기 쉽다. 방지책은 Clearnace를 좀 더 낮게 하거나 주파수 또는 공간 다이버시티를 사용한다.

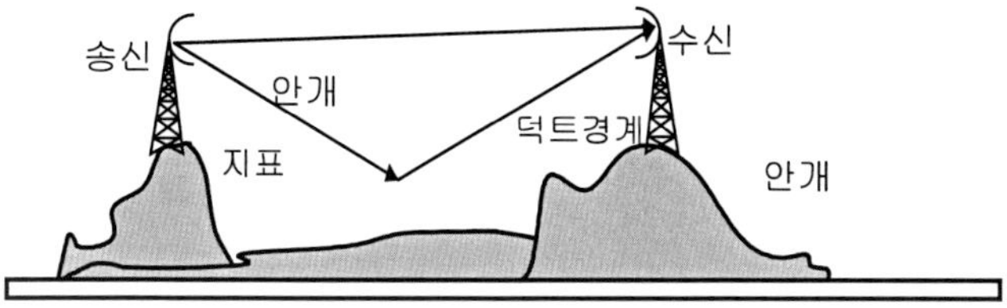

〈그림 1-6〉 덕트형 페이딩

- 이지형 덕트(Elevated Duct)
  일반적으로 300m 이상의 높이에서 굴절률이 상이한 대기층의 형성에 의해 발생한다. 방지책은 주파수 또는 공간 다이버시티를 사용한다.

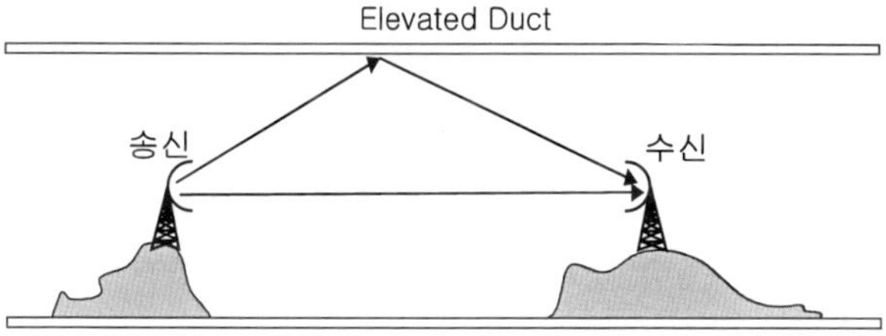

〈그림 1-7〉 이지형 페이딩

- 강우 감쇠형
  일반적으로 뇌우를 동반한 강우 현상 때 발생한다. 6GHz에서는 적당한 fade margin을 고려하면 통신에 별 지장이 없다. 11GHz대 이상에서는 영향이 크기 때문에 공간 다이버시티를 사용한다.

16 대류권파의 페이딩

16.1 감쇠형 페이딩

전파가 대기 중에서 비, 구름, 안개 등에 의한 흡수 또는 산란 상태가 변화하여 발생되는데 이는 10GHz의 주파수대에서 현저하다.

16.2 신틸레이션(Scintillation)형 페이딩

대기 중의 동요, 강풍에 의한 기단의 변화 등의 기상 상태의 작은 변화에 의하여 발생한다.

- ❑ 이 페이딩은 수 dB이하의 적은 전계강도 평균레벨 변화를 발생한다. 발생주기는 수 초에서 수십 초 정도의 짧은 주기를 갖는다.
- ❑ 주파수가 높을수록, 송수신점 간의 거리가 클수록 또 덩어리가 많을수록 전계 변동의 폭은 크다.

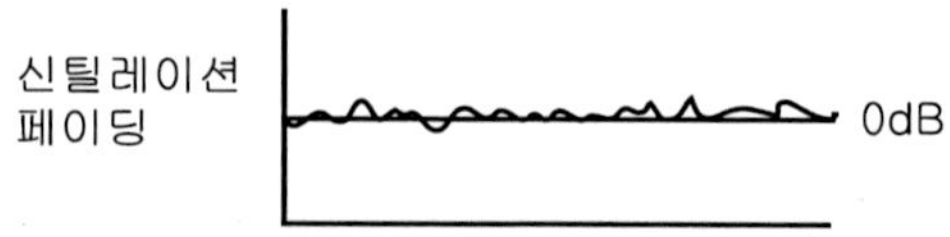

〈그림 1-8〉 신틸레이션형 페이딩

16.3 K형 페이딩

대기 굴절률 분포의 변화에 의해 전파 경로가 변화하여 발생하는 페이딩이다.

- ❑ **간섭형 K형 페이딩** : 등가지구 반지름 계수 K의 변화에 의해서 직접파와 대지 반사파의 통로차가 변하여 위상차가 생기므로 발생하는 페이딩이다.
- ❑ **회절형 K형 페이딩** : 대지 등에 의한 회절 상태가 기상조건에 따라 변화하기 때문에 발생한다.
- ❑ 주기면에서 보면 간섭형은 짧고, 회절형은 극히 완만하다.

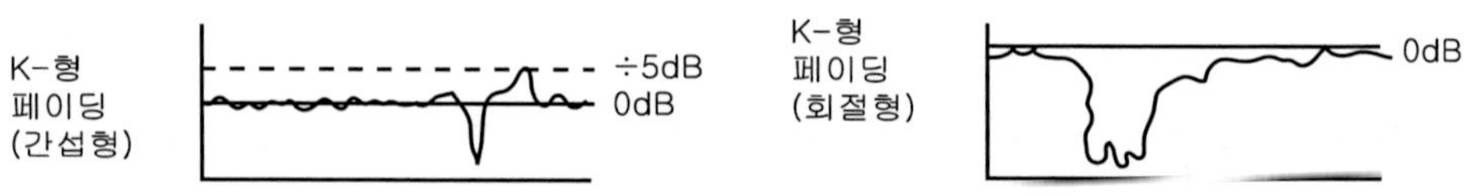

〈그림 1-9〉 회절형 K형 페이딩

16.4 덕트형 페이딩

- ❑ 전파 경로내의 온도 혹은 습도 등에 의해 역전층이 발생한다. 이 역전층을 전파가 통과할 때 반사파와 직접파의 간섭에 의해서 생긴다. 주기는 극히 짧고, 전계 강도의 변화는 수십 dB 정도이다.

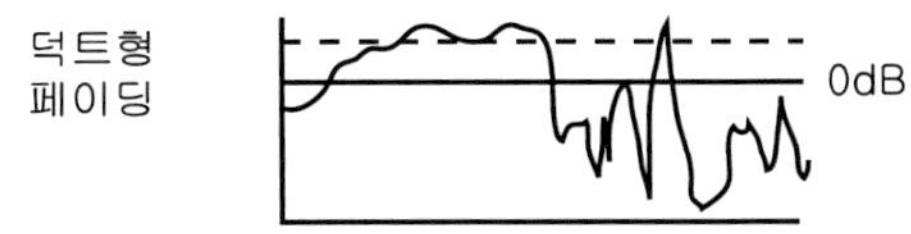

〈그림 1-10〉 덕트형 페이딩

16.5 산란형 페이딩

- 산란형은 해면 반사파나 가시외 산란파에서 보는 것과 같이 불규칙으로 변동하는 많은 다중경로파가 합성되고 그들의 상호 간섭에 의해서 발생한다.

〈그림 1-11〉 산란형 페이딩

17 다이버시티 방식의 종류와 결합 방식

17.1 개요

- 이동통신이나 마이크로웨이브 통신과 같은 무선전파를 이용하는 경우에 송·수신점 간에 형성되는 전송로는 건물에 의한 반사, 지표면에 의한 반사 등의 다중경로가 형성된다. 이것은 전파가 불규칙적으로 합성, 상쇄되어 수신파의 포락선이 변동하는 페이딩현상을 발생한다.
- 이때 포락선의 진폭 변동은 확률적으로 Rayleigh 분포를 갖는다. 또한 위상 변동은 균등 분포를 하기 때문에 이를 Rayleigh 페이딩 채널이라고 한다.
- 이를 극복하기 위해서는 협대역 변·복조 기술, 주파수 도약방식, 적응 등화기 등의 방식들이 실용화되고 있다.
- 오래전부터 사용해오던 다이버시티 결합 방식으로는 Branch 구성법과 합성 수신법이 있다.

17.2 Branch 구성법

❑ **공간 다이버시티(Space Diversity)** : 공간적으로 충분히 떨어진(안테나의 거리 $d \geq \lambda/2$) 거리에 2개 이상의 수신 안테나를 설치하여 수신하는 방법이다. 가장 간단하게 구성이 가능하므로 현재 차량 등에서 널리 사용하고 있다.

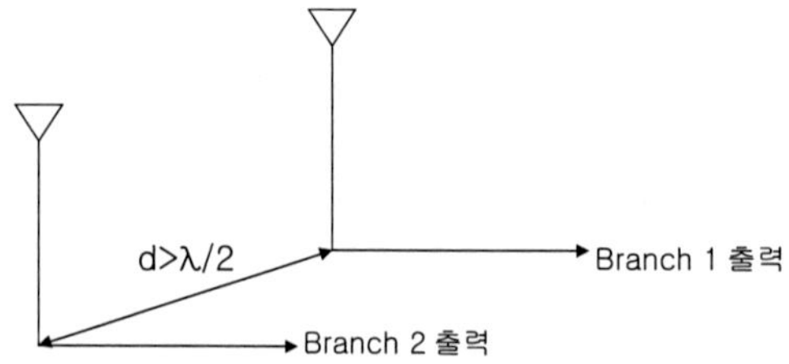

〈그림 1-11〉 공간 다이버시티법

❑ **시간 다이버시티(Time Diversity)** : 일정 시간 간격으로 동일한 정보를 반복하여 전송하고 이를 일정 시간의 지연 후에 비교하는 방식이다.

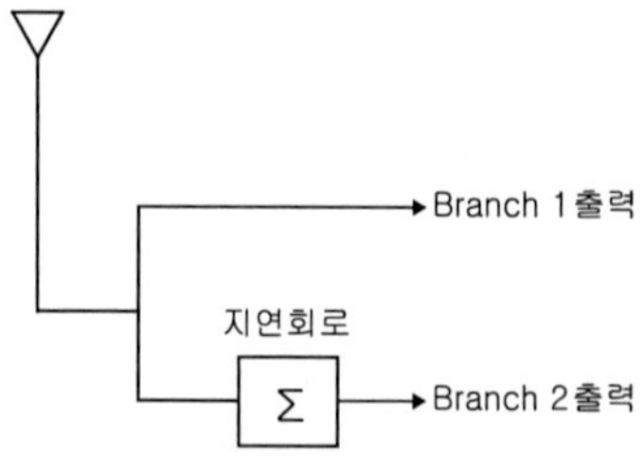

〈그림 1-12〉 시간 다이버시티법

❑ **주파수 다이버시티(Frequency Diversity)** : 주파수가 다른 복수개의 송신 주파수를 이용하여 동시에 송신하는 방식이다. 각각의 주파수 차이는 수백 KHz 정도 되어야 한다.

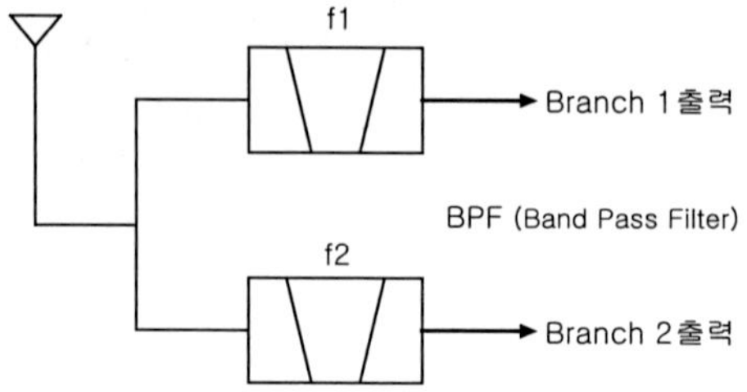

〈그림 1-13〉 주파수 다이버시티법

❑ **각 다이버시티(Angle Diversity)** : 지향성이 다른 수신 안테나를 이용하는 방식으로 다중파 도래 방향의 폭이 넓은 이동국 수신에 적합한 방식이다. Branch 수를 증가시키기 위해서는 빔(Beam) 폭이 좁고 첨예한 지향성 수신 안테나가 필요하다.

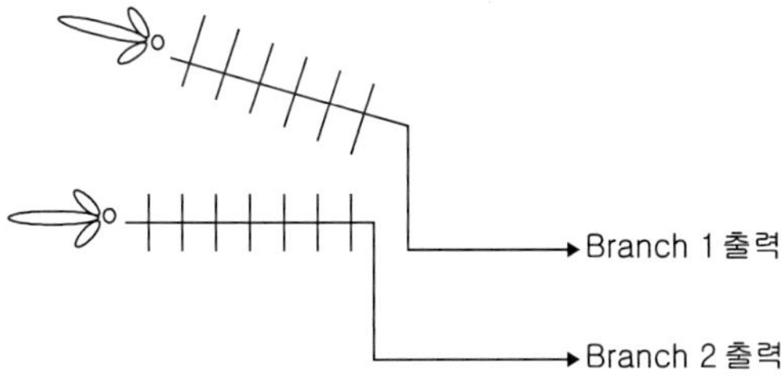

〈그림 1-14〉 각 다이버시티법

❑ **편파 다이버시티(Polarization Diversity)** : 수직 편파와 수평 편파를 따로 수신하는 안테나를 이용하는 방법이다. 공간 다이버시티의 경우처럼 거리를 유지할 필요는 없다.

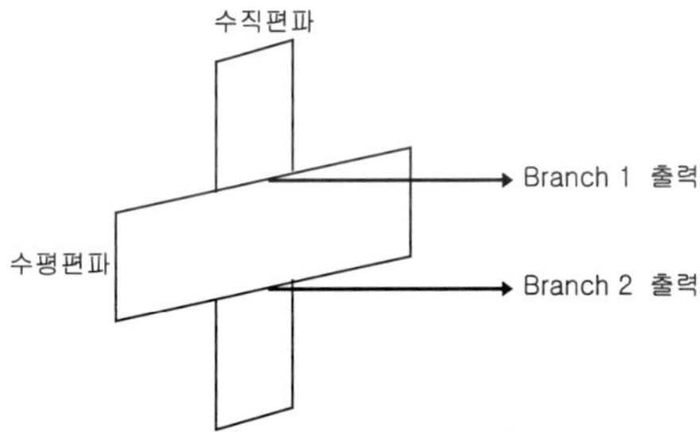

〈그림 1-15〉 편파 다이버시티법

이상의 5가지 Branch 구성법을 이용하여 수신된 복수개의 출력 신호를 합성하는 방법으로 선택, 등이득, 최대비 합성법이 있다. 선택법은 검파후, 등이득과 최대비법은 검파전에 수행하며 다음과 같다.

17.3 합성 수신법

❑ **선택 합성법**

- 복수의 페이딩파 중에서 최대의 포락선 레벨을 갖는 것만 수신한다, 단 최대 포락선레벨을 갖지 않아도 반송파대 잡음비가 큰 페이딩파도 있으므로 모든 페이딩파를 합성 수신하면 품질 열화의 확률을 줄일 수도 있다.
- 이 경우 각 페이딩파를 동위상으로 합성하고 적당한 가중치를 고려하여 합성하며 다음과 같은 구조를 갖는다.

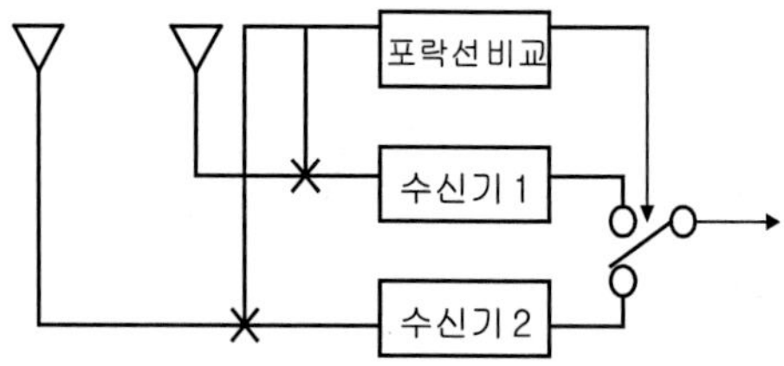

〈그림 1-16〉 선택 합성법

□ **등이득 합성법** : 포락선 레벨이 적고 반송파전력대 잡음전력비가 낮은 페이딩파에도 같은 가중치로 합성하는 방식이다.

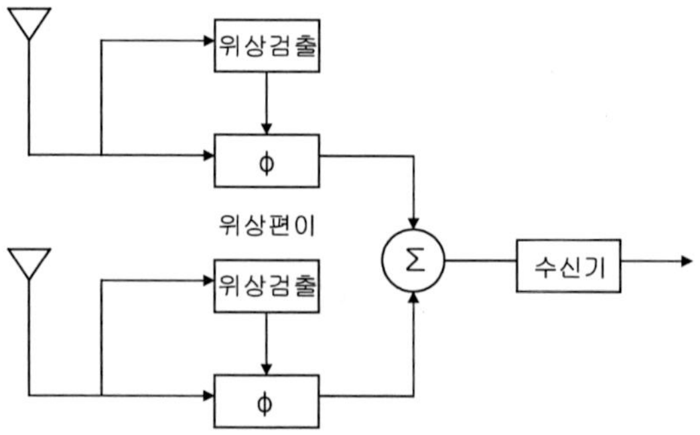

〈그림 1-17〉 등이득 합성법

□ **최대비 합성법** : 선택 합성법과 등이득 합성법을 조합한 방식으로 페이딩파의 합성 수신파에의 기여를 적게 하고 포락선 레벨이 큰 것을 크게 기여토록 하여 합성 수신 효과를 최대로 한다. 페이딩파의 포락선 레벨에 비례한 가중치를 취함으로써 최대 반송파전력대 잡음전력비를 얻을 수 있으며 아래 그림과 같다.

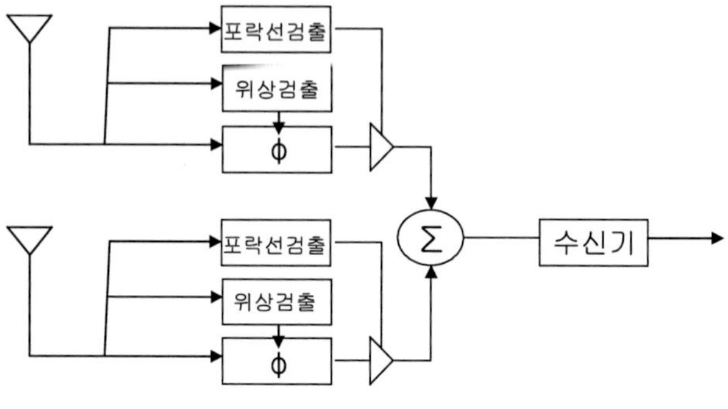

〈그림 1-18〉 최대비 합성법

18 대류권 전파

18.1 대류권의 특성

❑ **정의** : 대류권(Troposphere)이란 지표면으로부터 약 10~12km 이하의 범위에서 대기의 대류 현상이 일어나서 구름, 비, 안개 등의 기상변화가 일어나는 영역을 말한다.

❑ **기상의 3요소**

- 기압, 기온, 습도

  기상 3요소의 공간적, 시간적 변화는 대기의 유전율 변화의 요인이 된다. 이 변화는 굴절률의 변화를 일으켜 전파의 전파 상태에 영향을 준다. 기압보다 기온과 습도의 변동이 대류권 전파에 더 많은 영향을 준다.

18.2 라디오 덕트(Radio Duct)

❑ **정의**

- 표준 대기의 굴절률은 높이와 더불어 감소한다. 한냉하고 다습한 공기 위에 고온이고 건조한 공기층이 있는 경우 하층은 수증기가 많아 밀도가 높고 유전율이 크므로 굴절률도 크다. 그러나 상층은 밀도가 낮고 유전률도 작아서 굴절률이 작다.
- 그 차이가 갑자기 심하게 되어 높이와 굴절률의 경향이 역전하는 일이 있다. 이러한 상태의 대기층을 역전층이라고 한다.
- 이 역전층에서는 전파가 해면(지면)쪽으로 굴절하고 다시 반사되어간다. 이런 현상을 초굴절이라 하고 덕트속을 전파하는 것 같으므로 라디오 덕트 전파라고 한다. 이런 현상으로 가시거리보다 훨씬 원거리까지 초단파가 전파된다.

❑ **발생 원인** : 라디오 덕트가 발생하는 원인은 기온 역전이므로 대기 상층부가 하층부보다 고온 또는 저습도가 되었을 때 발생한다.

18.3 대류권 산란파

❑ **가시거리외 전파** : 3종의 전파 형식이 있다.

- 전리층 산란전파(Ionospheric Scatter Propagation)
  1,000~2,000km의 장거리 통신에 중계없이 약 80MHz이하 주파수가 이용될 수 있다. 그러나 전파 도중 찌그러짐이 많이 발생하여 이용이 제한된다.
- 산악 회절전파 : 산악 회절 이득에 의해서 큰 수신 전계를 얻을 수 있다. 그러나 이 회절 이득은 송·수신점의 중간에 산악과 같은 장애물이 있을 때에만 나타난다.
- 대류권 산란전파 : 장애물 유무에 관계없이 초가시거리(Over the Horizon) 범위에 있는 지상의 송·수신점 간에 이용될 수 있다.

❑ 대류권 산란전파의 특징

- 지리적 조건에 영향을 받지 않는다.
- 수신 전계는 불규칙하게 변하나, 비교적 안정하다(다이버시티 방식에 의해 실용화 가능).
- 적당한 사용 주파수는 200~300MHz이다.
- 기본 전파손실은 300km에서 약 180~220dB로 매우 크다.
- 산란영역이 매우 광범위하므로 지향성이 예민한 안테나를 사용할 때는 오히려 수신 전계 강도가 떨어져 대출력의 송신기가 필요하다.

19 전파모델분석

본 장에서는 전파모델에 대하여 기술하였다. 본 모델은 Monte calro 전파분석모델에 대한 것이다. 이 모델에 의하면 30MHz주파수 대역이하에 대하여는 이용 가능한 모델이 없다. 30MHz-3GHz 주파수대역에 대하여는 수정된 Hata 모델이 실외-실외 경로손실을 분석하는데 사용된다. 또한 전파거리가 20Km이하에 적용하는 것이 적절하며 실내-실내 및 실내-실외 모델에 적합한 모델이다.

3 Ghz 이상의 주파수 대역에 대하여는 구회절 모델이 개활지 환경에 적합하다. 도시나 교회 환경에서는 이 모델은 이용할 수 없다. 실내-실내 및 실내-실외 모델에 적합하다.

19.1 수정된 Hata 모델

$$pl = f_p(f, h_1, h_2, d, env)$$
$$= L + T(G(\sigma))$$

여기서

L : 매체의 전파손실(dB)

σ : 느린 페이딩 분포의 편차

env : (실내/실외) (시골, 도시 또는 교외) (전파는 루프이상 또는 이하)

f : 주파수(MHz)

H_m : $\min(h_1, h_2)$

H_b : $\max(h_1, h_2)$

❑ 경우 1의 경우, d ≤0.04km

$$L = 32.4 + 20\log(f) + 10\log(d^2 + (H_b + H_m)^2/10^6$$

❑ 경우 2의 경우, d≥0.1km

$$a(H_m) = (1.1\log(f) - 0.7)\min 10, H_m - (1.56\log(f) - 0.8 + \max 0, 20\log(H_m/10)$$

$$b(H_b) = \min 0, 20\log(H_b/30)$$

$$a = \begin{cases} a = 1 & d \le 20\text{km} \\ a = 1 + (0.14 + 0.000187f + 0.00107Hb)(\log\frac{d}{20})^{0.8} & 20\text{km} < d \le 100\text{km} \end{cases}$$

❑ 경우 1에 대한 것으로 전파지역이 도시인 경우

- $30\text{MHz} < f \le 150\text{MHz}$

$$L = 69.6 + 26.2\log(150) - 20\log(150/f) - 13.82\log(\max 30, H_b)$$
$$+ [44.9 - 6.55\log(\max 30, H_b)$$

- $150\text{MHz} < f \le 1500\text{MHz}$

$$L = 69.6 + 26.2\log(f) - 13.82\log(\max 30, H_b)$$
$$+ [44.9 - 6.55\log(\max 30, H_b)](\log(d)^a - a(H_m) - b(H_b)$$

- $1500\text{MHz} < f \le 2000\text{MHz}$

$$L = 46.3 + 33.9\log(f) - 13.82\log(\max 30, H_b)$$
$$+ [44.9 - 6.55\log(\max 30, H_b)](\log(d)^a - a(H_m) - b(H_b)$$

- $2000\text{MHz} < f \le 3000\text{MHz}$

$$L = 69.6 + 26.2\log(2000) + 10\log(f/2000) - 13.82\log(\max 30, H_b)$$
$$+ [44.9 - 6.55\log(\max 30, H_b)](\log(d)^a - a(H_m) - b(H_b)$$

$$L = L(\text{도시}) - 2\log[(\min\max 150, f, 2000)/28]^2 - 5.4$$

❑ 경우 1에 대한 것으로 전파지역이 개활지의 경우

$$L = L_{\text{도시}} - 4.78\log[\min\max 150, f, 2000]^2 + 18.33\log[\min\max 150, f, 2000]$$
$$-40.94$$

❑ 경우 3

$0.04\text{km} < d < 0.1\text{km}$

$$L = L(0.04) + \frac{[\log(d) - \log(0.04)]}{[\log(0.1d) - \log(0.04)]}[L(0.1) - L(0.04)]$$

L이 동일한 거리에 대하여 자유공간감쇠 이하 일 때, 자유공간감쇠가 대신 사용될 수 있다.

❑ 실내-실내 감쇠모델

- 경우 1, 실외-실외 전파에 대하여 수정된 Hata 모델을 사용

$$pl = f(f, h_1, h_2, d, env) = L + T(G(\sigma))$$

f, h_1, h_2 와 d는 미리 정의된다.

env=(실내, 실외) L_{we} : 외부의 벽에 의한 감쇠, 기본값 10dB

σ: 신호의 부가적인 표준편차

매체감쇠손실 $L(\text{실내} - \text{실외})$: $L_{a(\widehat{\text{실외} - \text{실내}})} + L_{we}$

L_{we}는 외부의 벽에 의한 감쇠로서 기본값은 10dB이다.

❑ 실내-실내 감쇠모델

- 동일한 건물(sb)에서의 시험
  - 경우 1 : $d < 20\text{m}, sb$조건
  - 경우 2 : $20\text{m} < d < 50\text{m}$,

    sb의 경우 $\frac{50-d}{30}$

    sb가 아닌 경우 $\frac{d-20}{30}$
  - 경우 3 : sb가 아닌 경우, $d > 50\text{m}$

- 만일 동일한 건물내가 아닌 경우 즉. sb의 조건이 아닌 경우
  - 경우 1, 실외-실외 전파에 대하여 수정된 $a\widehat{모델}$을 사용

    $pl = f(f, h_1, h_2, d, env) = L + T(G(\sigma))$

    여기서 f, h_1, h_2, d는 사전에 정의된다.

    $\sigma_{(실내-실외)} = \sqrt{\sigma^2_{\hat{\hat{a}}} + \sigma^2_{\widehat{add}}}$, 기본값은 5dB
  - 경우 2, 실외-실외 전파에 대한 구회절 모델 사용

    $f_{(실내-실외)} = f_{propa,\, sperical,\, diff(실내-실외)} + L_{we}$, L_{we}의 기본값은 10dB 이 경우에 경로 손실 편차는 구회절 감쇠에 의한 것이다. 기타 추가 편차는 건물의 자재에 의한 것이다.
  - 경우 2, 실외-실외 전파에 대한 구회절 모델 사용

    $f_{propa(실내-실내)} = f_{propa,\, sperical,\, diff(실외-실외)} + 2L_{we}$

    L_p는 외부벽에 의한 감쇠로서 기본값 10dB이다.

    만일 sb조건이면,

    $pl = f(f, h_1, h_2, d, env) = L + T(G(\sigma))$

    f, h_1, h_2, d는 사전에 정의된 값들이다.

    env =(실내, 실내), σ는 신호의 표준편차이다.

    h_{floor} : 각 층의 높이로서 기본 3m

    σ : 기본 10dB

    $$L_{(실내-실내)} = -27.6 + 20\log(1000d) + 20\log(f) + fix\left(\frac{1000d}{d_{room}}\right)L_{wi}$$

    $$+ k^{\left(\frac{k_f+2}{k_f+1} - b\right)_f} L$$

$$k_f = fix(\frac{|h_2 - h_1|}{h_{floor}})$$

L_{wi} : 벽의 손실값으로 기본 5dB

L_f : 층 경계사이의 손실값으로 기본 13dB

b : 실험에 의한 변수로서 기본값은 0.46

d_{room} : 방의 크기로서 기본 4m

제2장

마이크로파 부품과 장치(Microwave Component and Device)

1. 전파 전파
2. 전송선로
3. 마이크로파 도파관
4. 마이크로웨이브 신호 제어소자
5. 마이크로파 반도체 소자
6. 마이크로웨이브 진공관(Microwave tube)
7. 마이크로웨이브 반도체 증폭기
8. 마이크로웨이브 발진기
9. 저잡음 수신기(LNA:Low-Noise Receivers)
10. 마이크로웨이브 집적회로(Microwave Integrated Circuits)
11. 마이크로웨이브 안테나
12. 진행파와 정재파를 응용한 안테나
13. 안테나의 이득
14. 마이크로웨이브 안테나 이득
15. 파라볼라(Parabola) 안테나
16. 카세그린(Cassegrain) 안테나
17. 전자나팔(Electromagnetic Horn) 안테나
18. 나팔(Horn) 반사기 안테나
19. Slot 안테나
20. 위상배열 안테나, 안테나 소자 배열 방법 응용

1 전파 전파

1.1 서론

- 정전기나 자석에 대한 기원은 고대 중국과 그리스 시대에 두고 있으나 광파 및 전파에 관한 역사는 불과 100여년에 불과하다.
- 1785년에 Coulomb의 법칙이 발표되고 Faraday를 거쳐 1864년에 Maxwell에 의해 정전기 및 시변전자기에 관한 동력학적 이론정립 – 이 이론에서 제시된 기본 방정식들을 Maxwell 방정식이라 하며 그로부터 변위전류의 존재에 의해 전자파의 전자기적 현상을 설명할 수 있게 되었고
  - 이와 같은 Maxwell의 생각은 1888년 Hertz에 의해 실험적으로 입증되었다.
- 마이크로파 공학이란 주파수 범위가 약 300MHz~300GHz 범위의 전자파이론과 응용을 다루는 모든 학문을 말한다.
  - 이 주파수를 파장으로 환산하면 자유 공간에서 1m~1mm에 해당한다.
- 이와 같은 전자파의 회로내 해석은 진동주기에 비하여 전파시간이 아주 짧은 경우에만 성립하는 전류 전압을 기본으로 한 해석방법을 사용할 수 없게 되어 결국 전자계 방정식을 이용하여 해석하여야 한다.
- 급변하는 현대문명사회에서 통신이 미치는 영향은 지대한 것으로서, 멀티미디어 시대에는 통신의 이동성 및 휴대성이 극도로 강조된다. 멀티미디어망의 중요한 백본으로 등장한 이동통신 및 위성통신뿐만 아니라 장거리 육상 통신망이나 기간 통신망의 Backup용 등으로 마이크로파 통신매체는 폭넓게 활용되고 있다.
- 또한 컴퓨터의 처리속도가 GHz 단위로 빨라짐에 따라 이제는 디지털시스템의 설계에 있어서도 마이크로파 기술이 접목되지 않으면 안 될 시점에 와 있다.
  - 거리, 속도 또는 재질, 진동 등의 원격측정(Telemetry)이나 비상재해경보 등, 무선으로 해결하고자 하는 생활의 모든 편이수단을 위해서 고주파 및 초고주파의 기술이 요구되는 것이다.
- 본 1절에서는 마이크로파의 선로특성을 공부하기 위한 준비과정으로 일반적으로 전파가 전송선로(Transmission Line)를 따라 전파하는 특성이 자유 공간상의 평면파특성과 매우 유사한 점을 감안하여
  - 자유 공간에서의 파전파(Wave Propagation)특성을 요약 설명한다.

1.2 파동 방정식(wave equation)

❑ Curl에 관한 Vector 항등식으로부터

$$\nabla \times \nabla \times E = -\nabla^2 E + \nabla(\nabla \cdot E) \quad (2.1)$$
$$= -j\omega\mu \nabla \times H$$
$$= -j\omega\mu(\sigma + j\omega)E$$

❑ 자유 공간에서 공간전하밀도는 0이므로

$$\nabla \cdot D = \rho = 0$$
$$\nabla \cdot E = 0 \quad (2.2)$$

이고 이를 (2.1) 식에 대입하여
- 다음 전계에 관한 파동 방정식을 얻는다.

$$\nabla^2 E = \gamma^2 E \quad (2.3)$$

$\gamma = \sqrt{j\omega\mu(\sigma + j\omega\varepsilon)} = \alpha + j\beta$은 매질의 고유 전파상수라 한다.
α = 감쇠상수(neper/m)
β = 위상상수(radian/m)
- 마찬가지로 자계에 관한 방정식은 다음과 같다.

$$\nabla^2 H = \gamma^2 H \quad (2.4)$$

1.3 평면파(plane wave)

❑ 평면파란 임의의 평면에 대하여 위상이 균일한 전파를 말하며 전파방향을 z축의 양의 방향이라 할 때 다음을 만족하다.

$$\partial E/\partial x = \partial E/\partial y = 0 \text{ or } \partial H/\partial x = \partial H/\partial y = 0 \quad (2.5)$$

- 따라서 평면파는 TEM(Transverse Electromagnetic) 파이다.

❑ 자유 공간에서 도전율 $\sigma = 0$이므로 전파상수는

$$\gamma = j\omega\sqrt{\mu_0\varepsilon_0}$$
$$\alpha = 0$$
$$\beta = \omega\sqrt{\mu_0\varepsilon_0} \tag{2.6}$$

– 전파 방정식의 일반해는

$$E = E_1 e^{-\gamma Z} + E_2 e^{+\gamma Z} \tag{2.7}$$

E_1 : 진행파, E_2 : 반사파

- 반사가 없는 경우

$$E = E_1 e^{-\gamma Z}$$
$$\frac{\partial E}{\partial z} = -\gamma E \tag{2.8}$$

– 이 식에서 전계의 방향을 x 방향으로 취하면

- 평면파 조건($\partial E/\partial x = \partial E/\partial y = 0$)에 대하여 자유 공간에서의 Maxwell 방정식 $\nabla \times E = -j\omega\mu_0 H$는

$$\frac{\partial E_x}{\partial z} = -j\omega\mu_0 H_y \tag{2.9}$$

- (2.8) 식을 다시 쓰면

$$\frac{\partial E_x}{\partial z} = -j\omega\sqrt{\mu_0\varepsilon_0}\,E_x \tag{2.10}$$

– 따라서 위의 두 식으로부터 다음을 얻는다.

$$\mu_0 H_y = \sqrt{\mu_0\varepsilon_0}\,E_x$$
$$H_y = \left(\frac{\sqrt{\varepsilon_0\mu_0}}{\mu_0}\right)E_x \tag{2.11}$$

❑ (2.11) 식으로부터 전계와 자계의 비를 자유 공간 고유 임피던스(Intrinsic Impedence) η_0라고 한다.

$$\frac{E_x}{H_y} = \eta_0 = \sqrt{\frac{\mu_0}{\varepsilon_0}} = 377\ \Omega \tag{2.12}$$

❑ 위상정수 β는 시간변화 t에 대한 위상변화 ω와 시간변화 t에 대한 이동한 거리의 비 v_p로 정의되므로, v_p를 위상속도라 하면 다음과 같이 나타낸다.

$$\beta = \frac{\omega}{v_p} \tag{2.13}$$

이 공식으로부터 위상속도 즉 자유공간에서의 전파속도 v_p가 다음과 같이 구해진다.

$$v_p = \frac{\omega}{\beta} = \frac{1}{\sqrt{\mu_0 \varepsilon_0}} = 3 \times 10^8\ \mathrm{m/s} \tag{2.14}$$

1.4 무손실 유전체내 평면파

❑ 무손실 유전체의 고유임피던스는 유전체의 유전율에 의해 결정된다.

$$\eta = \sqrt{\frac{\mu}{\varepsilon}} = \sqrt{\frac{\mu_r \mu_0}{\varepsilon_r \varepsilon_0}} = \frac{377}{\sqrt{\varepsilon_r}}\Omega \tag{2.15}$$

❑ 손실이 없으므로 감쇠정수와 위상정수는 다음과 같다.

$$\begin{aligned} &\alpha = 0 \\ &\beta = \omega\sqrt{\mu\varepsilon} \end{aligned} \tag{2.16}$$

❑ 무손실 유전체 내에서의 전자파의 전파속도는 다음과 같다.

$$v_p = \frac{1}{\sqrt{\mu\varepsilon}} \tag{2.17}$$

1.5 손실 도체내 평면파

❑ 손실이 발생하는 도체내에서 평면파는 도전율 σ와 $\omega\varepsilon$ 모두 무시할 수 없으므로 전파상수는 다음과 같다.

$$\gamma = \sqrt{j\omega\mu(\sigma + j\omega\varepsilon)} = \alpha + j\beta \tag{2.18}$$

– (2.8) 식과 (2.9) 식에 의해

$$\frac{\partial E}{\partial z} = -\sqrt{j\omega\mu(\sigma + j\omega\varepsilon)}\,E_x = -j\omega\mu H_y \tag{2.19}$$

– 즉 고유 임피던스 η는 다음과 같다.

$$\eta = \frac{E_x}{H_y} = \sqrt{\frac{j\omega\mu}{(\sigma + j\omega\varepsilon)}} \tag{2.20}$$

1.6 손실 유전체내 평면파

$\omega\varepsilon \gg \sigma$인 손실이 있는 유전체내에서의 고유 임피던스 η는 다음과 같다.

$$\begin{aligned}\eta &= \sqrt{\frac{j\omega\mu}{(\sigma + j\omega\varepsilon)}} \\ &= \frac{\mu}{\varepsilon}\sqrt{\frac{j\omega}{(\sigma/\varepsilon + j\omega)}} \\ &= \frac{\mu}{\varepsilon}\sqrt{\frac{1}{(1 - j\sigma/\varepsilon\omega)}}\end{aligned} \tag{2.21}$$

여기에서 $\frac{\sigma}{\omega\varepsilon}$를 탄젠트 손실(Loss Tangent)이라 하며 다음과 같이 정의한다.

$$\tan\theta = \frac{\sigma}{\omega\varepsilon} \tag{2.22}$$

탄젠트 손실 값이 $\sigma/\omega\varepsilon \ll 1$로서 매우 작으므로 고유 임피던스 η는 다음과 같다.

$$\eta = \frac{\mu}{\varepsilon}\left[1 + j\frac{\sigma}{2\omega\varepsilon}\right] \tag{2.23}$$

전파상수도 $\omega\varepsilon \gg \sigma$의 조건으로부터 다음과 같이 근사될 수 있다.

$$\gamma = j\omega\sqrt{\omega\varepsilon}\sqrt{1 - j\frac{\sigma}{\omega\varepsilon}}$$

$$= j\omega\sqrt{\mu\varepsilon}\,[1 - j\frac{\sigma}{2\omega\varepsilon}]$$

$$= \frac{\sigma}{2}\sqrt{\frac{\mu}{\varepsilon}} + j\omega\sqrt{\mu\varepsilon} \tag{2.24}$$

그러므로

$$\alpha = \frac{\sigma}{2}\sqrt{\frac{\mu}{\varepsilon}} \tag{2.25}$$

$$\beta = \omega\sqrt{\mu\varepsilon} \tag{2.26}$$

1.7 도체내 평면파

도전율이 큰 도체에서는 전도전류가 변위전류보다 훨씬 더 크다. $\sigma \gg \omega\varepsilon$인 조건을 갖는다.

$$\gamma = \sqrt{j\omega\mu(\sigma + j\omega\varepsilon)}$$

$$= \sqrt{j\omega\mu\sigma} = \sqrt{\omega\mu\sigma}\sqrt{j}$$

$$= \sqrt{\omega\mu\sigma}\,(\frac{1}{\sqrt{2}} + \frac{j}{\sqrt{2}}$$

$$= (1+j)\sqrt{\pi f\mu\sigma} \tag{2.27}$$

$$\alpha = \beta = \sqrt{\pi f\mu\sigma} \tag{2.28}$$

진행파는 지수함수 $e^{-\alpha z}$에 따라 감쇠한다. $e^{-1} = 0.368$이므로 $\alpha z = 1$이 되기 위해서는 z값이 다음과 같은 값을 갖는다.

$$z = \frac{1}{\sqrt{\pi f\mu\sigma}} \tag{2.29}$$

이 값을 표피두께(Skin Depth)라 하며 다음과 같이 나타낸다.

$$\delta = \frac{1}{\sqrt{\pi f\mu\sigma}} = \frac{1}{\alpha} = \frac{1}{\beta} \tag{2.30}$$

도체내에서는 전자파가 이와 같이 강한 감쇠를 받게 되어 중심부분에서는 전혀 전자파가 존재할 수 없게 된다. 표면으로부터 표피두께이내에서만 표면을 따라 진행할 수 있게 된다. 이와 같은 현상을 "표피 효과(Skin Effect)"라 한다.

양도체의 고유 임피던스 η는 다음과 같이 근사화 될 수 있다. $(\sigma \gg \omega\varepsilon)$

$$\begin{aligned}\eta &= \sqrt{\frac{j\omega\mu}{(\sigma + j\omega\varepsilon)}} \\ &= \sqrt{\frac{j\omega\mu}{\sigma}} \\ &= \sqrt{\frac{\omega\mu}{\sigma}}\left(\frac{1}{\sqrt{2}} + \frac{j}{\sqrt{2}}\right) \\ &= (1+j)\frac{\sqrt{\pi f \mu\sigma}}{\sigma} \\ &= \frac{(1+j)}{\sigma\delta} = (1+j)R_s \end{aligned} \tag{2.31}$$

여기서, $R_s = \dfrac{1}{\sigma\delta}$는 도체의 표면 저항이다.

양도체내에서 전자파의 위상속도는 (2.30) 식으로부터 $\beta = \dfrac{1}{\delta}$이므로 다음과 같이 나타내어진다.

$$v = \frac{\omega}{\beta} = \omega\delta \tag{2.32}$$

1.8 경계조건(Boundary Conditions)

1.8.1 서로 다른 유전체 사이의 경계

품질이 좋은 유전체 1과 유전체 2가 접해 있다. 그 각 유전체내 전계와 자계의 접선성분을 각각 E_{t1}, E_{t2}, H_{t1}, H_{t2}, 법선성분을 E_{n1}, E_{n2}, H_{n1}, H_{n2}, 전속 밀도와 자속 밀도의 각 성분들을 D_{t1}, D_{t2}, D_{n1}, D_{n2}, B_{t1}, B_{t2}, B_{n1}, B_{n2}라 할 때, 두 유전체 사이의 경계면에서는 다음의 조건들이 만족되어야 한다.

접선 성분(Tangential Components)

$$E_{t1} = E_{t2} \qquad \frac{D_{t1}}{D_{t2}} = \frac{\varepsilon_1}{\varepsilon_2} \tag{2.33}$$

$$H_{t1} = H_{t2} \qquad \frac{B_{t1}}{B_{t2}} = \frac{\mu_1}{\mu_2} \tag{2.34}$$

(경계면상에 표면전류밀도가 존재하지 않는 것으로 가정)

법선 성분(Normal Components)

$$D_{n1} = D_{n2} \qquad \varepsilon_1 E_{n1} = \varepsilon_2 E_{n2} \tag{2.35}$$

(경계면상에 표면전하가 존재하지 않는 것으로 가정)

$$B_{n1} = B_{n2} \qquad \mu_1 H_{n1} = \mu_2 H_{n2} \tag{2.36}$$

이상의 경계조건들은 정전자계의 경우에 전계와 자계가 서로 상관하지 않으므로 서로 독립적이지만, 시변(Time Varing) 전자계의 경우에는 (2.33) 식과 (2.36) 식은 등가적이라 할 수 있으며 (2.37) 식과 (2.35) 식도 전류의 연속 방정식을 통하여 등가적임을 입증할 수 있다.

1.8.2 완전도체와 유전체 사이의 경계

완전도체에서는 정전자계의 경우에 내부전계가 "0" 이며 전하밀도는 표면에만 존재하게 된다. 그와 같은 특성은 시변전자계의 경우에도 마찬가지이며 그 외에도 자계와 자속밀도까지도 도체내부에서 "0" 이 되는 성질이 추가되는데, 그 이유는 시변전자계의 경우 전계와 자계가 Maxwell 방정식을 통하여 연결이 되어 있어서 E 가 "0" 이면 필수적으로 H 도 "0" 이 되기 때문이다.

그에 비하여 정전자계의 경우에는 E 와 H 가 전혀 관련이 없기때문에 도체는 자계에 아무런 영향을 미치지 못한다. 설령 도체내에 전류가 흐르고 있더라도, 전도전류(Conduction Current)는 실제로 전하가 이동하여 발생되는 것이 아니므로 자계에 의하여 Lorentz Force 를 받지 않게 되고 따라서 인가자계를 상쇄시키기 위한 유기역자계를 만들어 내지 못하기 때문이다.

따라서 도체를 매질 1, 유전체를 매질 2 라 하고 도체에서 유전체를 향한 단위법선벡터를 경계라 할 때, 그 경계면에서 전자계가 만족해야 할 경계조건은 다음과 같다.

1) 정전자계(Static Fields)

$$n \cdot D_2 = \rho_s$$

$$n \times E_2 = 0$$

$$n \cdot B_2 = n \cdot B_1$$
$$n \times H_2 = n \times H_1 \tag{2.37}$$

이 식들을 접선 성분과 법선 성분으로 나누어 생각해 보면 다음과 같이 쓸 수 있다.

접선 성분(Tangential Components)

$$E_{t1} = E_{t2} = 0 \quad D_{t1} = D_{t2} = 0 \tag{2.38}$$

$$H_{t1} = H_{t2} \qquad \frac{B_{t1}}{\mu_1} = \frac{B_{t2}}{\mu_2} \tag{2.39}$$

법선 성분(Normal Components)

$$D_{n1} = \varepsilon_1 E_{n1} = 0 \qquad D_{n2} = \varepsilon_2 E_{n2} = \rho_s \tag{2.40}$$

$$B_{n1} = B_{n2} \qquad \mu_1 H_{n1} = \mu_2 H_{n2} \tag{2.41}$$

2) 시변전자계(Time-varying Fields)

$$n \cdot D_2 = \rho_s$$
$$n \times E_2 = 0$$

$$n \cdot B_2 = 0$$
$$n \times H_2 = Js \tag{2.42}$$

이 식들을 접선 성분과 법선 성분으로 쉽게 풀어 쓰면 다음과 같다

접선 성분(Tangential Components)

$$E_{t1} = E_{t2} = 0 \quad D_{t1} = D_{t2} = 0 \tag{2.43}$$

$$H_{t1} = 0 \qquad B_{t1} = 0$$
$$H_{t2} = J_s \qquad \frac{B_{t2}}{\mu_2} = J_s \tag{2.44}$$

법선 성분(Normal Components)

$$D_{n1} = \varepsilon_1 E_{n1} = 0 \quad D_{n2} = \varepsilon_2 E_{n2} = \rho s \tag{2.45}$$

$$B_{n1} = \mu_1 H_{n1} = 0 \quad B_{n2} = \mu_2 H_{n2} = 0 \tag{2.46}$$

1.9 에너지 밀도와 Poynting Vector

임의의 매질내에 축적되어 있는 전자계의 에너지 밀도는 다음과 같으며 이의 유도는 전자기학 교재에서 찾아 볼 수 있으므로 생략한다.

$$\frac{dW_E}{d\tau} = \frac{1}{2} D \cdot E \quad (\text{전계 에너지 밀도}) \tag{2.47}$$

$$\frac{dW_M}{d\tau} = \frac{1}{2} B \cdot H \quad (\text{자계 에너지 밀도}) \tag{2.48}$$

1.9.1 Poynting Vector

자유 공간에서의 전자파의 전파방향은 벡터 $E \times H$ 의 방향이므로 이제 이 벡터의 발산을 정의해 보자. 자유 공간에서는 전도전류가 없으므로 다음과 같이 전개할 수 있다.

$$\nabla \cdot (E \times H) = H \cdot (\nabla \times E) - E \cdot (\nabla \times H) \tag{2.49}$$

$$\begin{aligned} \nabla \cdot (E \times H) &= -H \cdot \frac{\partial B}{\partial t} - E \cdot \frac{\partial D}{\partial t} \\ &= -\frac{\partial}{\partial t}\left(\frac{1}{2}\mu H^2 + \frac{1}{2}\varepsilon E^2\right) \end{aligned} \tag{2.50}$$

이 식을 임의의 폐곡면 S로 둘러 싸인 체적 τ에 대하여 체적적분을 수행하고 거기에 발산의 정리를 적용하면 다음과 같이 쓸 수 있다.

$$\oint_s (E \times H) \cdot \overline{ds} = -\frac{\partial}{\partial t} \int_\tau -\left(\frac{1}{2}\varepsilon E^2 + \frac{1}{2}\mu H^2\right) d\tau \tag{2.51}$$

따라서 우변은 체적 τ에서 단위시간당 소실되는 에너지 양으로서 체적 τ 자체내에서는 전력소모가 없기 때문에 좌변의 적분은 당연히 폐곡면 S를 통하여 밖으로 유출되는 에너지의 전체양이다.

여기에서 벡터 $E\times H$를 1884년의 제안자인 영국 물리학자 John H. Poynting의 이름을 따서 Poynting Vector라 하며 다음과 같이 쓴다.

$$S=E\times H \tag{2.52}$$

이 Poynting Vector는 전파의 진행방향을 지시하며 이 벡터를 임의의 폐곡면에 대하여 면적분하면 체적을 빠져나가는 단위시간당의 에너지 흐름을 나타낸다.

이제 좀더 일반적인 경우로 매질내의 전도전류 J를 고려하여 (2.50) 식을 다시 쓰면

$$\begin{aligned}\nabla\cdot(E\times H)&=-H\cdot\frac{\partial B}{\partial t}-E\cdot\left(\frac{\partial D}{\partial t}+J\right)\\&=-\frac{\partial}{\partial t}\left(\frac{1}{2}\mu H^2+\frac{1}{2}\varepsilon E^2\right)-E\cdot J\end{aligned} \tag{2.53}$$

$$\int_s(E\times H)\cdot\overline{ds}=-\frac{\partial}{\partial t}\int_\tau\left(\frac{1}{2}\varepsilon E^2+\frac{1}{2}\mu H^2\right)d\tau-\int_\tau E\cdot J d\tau \tag{2.54}$$

여기에서 우변의 두번째 항은 단위시간당 체적내에서 소모되는 열량을 나타낸다.

그런데 자유 공간에서와 같이 전계와 자계의 위상이 일치할 경우에는 앞에서 정의한 Poynting Vector S가 유용하지만 서로 임의의 위상을 갖는 일반적인 경우에는 어느 한 순간에 에너지의 흐름을 정의하기가 애매하여지며, 따라서 평균전력을 정의할 수 있는 Poynting Vector의 평균치를 사용하는 것이 편리하다.

이제 전계와 자계의 방향을 각각 x, y 방향으로 취하면 그 순시치는 다음과 같이 쓸 수 있다.

$$E=E_o\exp[j(\omega t-\beta z)]\widehat{ax} \tag{2.55}$$

$$H=H_o\exp[j(\omega t-\beta z+\theta)]\widehat{ay} \tag{2.56}$$

따라서 벡터 $E\times H$는 단순히 스칼라 함수의 곱 $E\cdot H$에 z를 곱한 벡터가 되며 이들 각각의 전자계를 다음과 같은 실함수 형태로 쓸 수 있다.

$$E=E_o\cos(\omega t-\beta z) \tag{2.57}$$

$$H=H_o\cos(\omega t-\beta z+\theta) \tag{2.58}$$

따라서

$$EH = E_o H_0 \cos(\omega t - \beta z)\cos(\omega t - \beta z + \theta)$$
$$= E_o H_o [\cos^2(\omega t - \beta z)\cos\theta - \cos(\omega t - \beta z)\sin(\omega t - \beta z)\sin\theta] \quad (2.59)$$

임의의 정현(Sinusoidal) 함수의 시간평균치가 "0"이고 그 제곱의 평균치는 $\frac{1}{2}$이므로 윗 식의 한 주기에 대한 평균치는 다음과 같이 된다.

$$S_{av} = \frac{1}{2} E_o H_o \cos\theta \widehat{az} \quad (2.60)$$

다른 한편으로 (2.55) 식과 (2.56) 식에 의해 $E \times H^*$을 계산하여 보면

$$E \times H^* = E_o H_o \exp(j\theta)\widehat{az} \quad (2.61)$$

이므로 Poynting Vector의 평균치 S는 다음과 같이 편리한 꼴로 나타낼 수 있다.

$$S_{av} = \frac{1}{2} Re[E \times H^*] \quad (2.62)$$

2 전송선로

2.1 서론

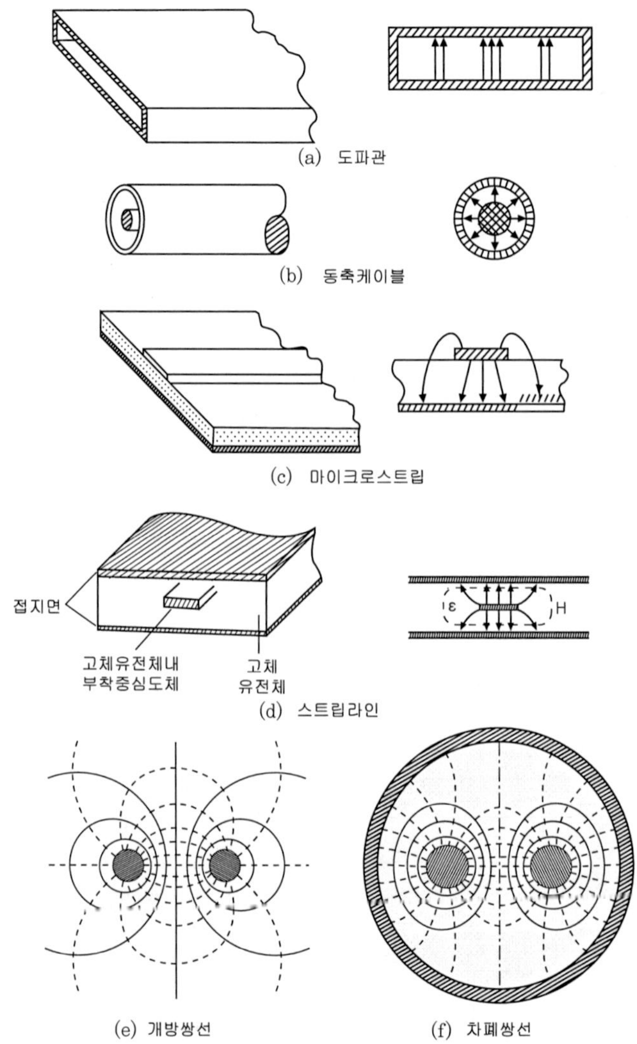

〈그림 2-1〉 전송선로의 종류와 전자계 분포

일반 회로에서는 모든 임피던스 소자들이 집중정수로 나타내지지만 전력전송의 경우와 같이 장거리 선로를 사용하는 경우에는 선로의 분포용량 또는 분포 자기유도를 무시할 수 없게 된다. 이러한 현상은 주파수가 아주 높아져서 그 파장이 사용되는 회로 크기에 비해 충분히 크지 못한 경우에도 나타나게 되므로 마이크로파 전송선로는 분포 정수 회로에 의해 해석되어져야 한다.

〈그림 2-1〉에 마이크로파에서 사용될 수 있는 전송선로의 몇 가지 예와 전자계 분포를 보여주고 있다. 〈그림 2-2〉는 그들 모두에 공통적으로 적용할 수 있는 일반적인 전송선로의 등가회로다.

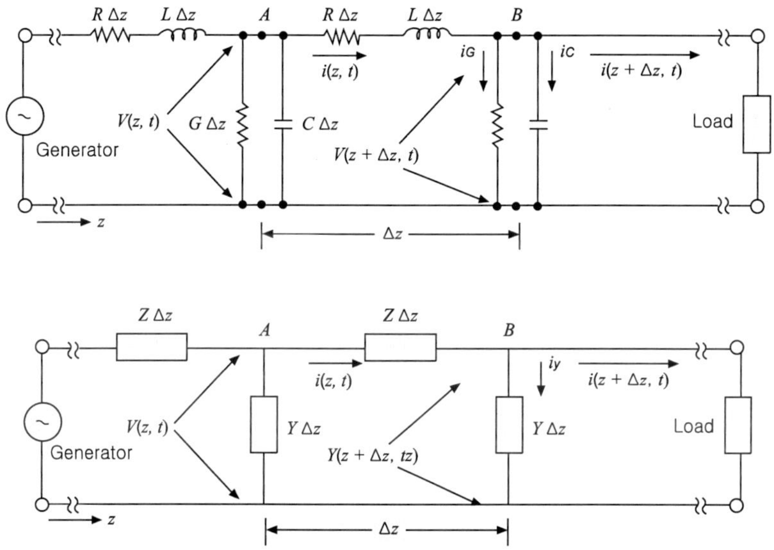

L = 선로 단위길이당의 인덕턴스(Henry/m)
C = 선로 단위길이당의 정전용량(Farad/m)
R = 선로 단위길이당의 저항(Ohm/m)
G = 선로 단위길이당의 콘덕턴스(Mho/m)
$Z = R + j\omega L$ = 선로 단위길이당의 직렬 임피던스
$Y = G + j\omega C$ = 선로 단위길이당의 병렬 어드미턴스

〈그림 2-2〉 전송선로의 등가회로

2.2 전송선로의 파동 방정식

〈그림 2-2〉에서 구간 Δz의 좌측에서 유입되는 전류를 I, 좌측의 선간전압을 V라 한다. 선전류 I는 구간 Δz의 저항 $R\Delta z$ 및 인덕턴스 $L\Delta z$를 통과하므로 이 구간 우측 선간전압은 ΔV 만큼 변화를 받는다. 선간용량 $C\Delta z$ 및 컨덕턴스 $G\Delta z$를 통하여 전류가 흐르므로 구간 Δz의 우단을 유출하는 전류는 ΔI 만큼 변화를 받는다.

$$V-(V+\Delta V)=-\Delta V=I\times(\text{구간 }\Delta z\text{의 임피던스})=I(R+jwL)\Delta z$$

$$I-(I+\Delta I)=-\Delta I=V\times\Delta z(\text{구간 }\Delta z\text{의 어드미턴스})=V(G+jwC)\Delta z$$

윗 식을 미소구간 dz로 나타내면

$$\frac{dV}{dz}=-ZI \tag{2.63}$$

$$\frac{dI}{dz}=-YV \tag{2.64}$$

이들 두 식을 결합함으로써 다음과 같은 표준형식의 "파동 방정식"을 얻을 수 있다.

$$\frac{d^2V}{dz^2}=ZYV=\gamma^2V \tag{2.65}$$

$$\frac{d^2I}{dz^2}=ZYI=\gamma^2I \tag{2.66}$$

$\gamma=\sqrt{ZY}=\sqrt{(R+j\omega L)(G+j\omega C)}=\alpha+j\beta$: (전파상수)

α : 감쇠상수(Neper/m)

β : 위상상수(Radian/m)

윗 식에서 선로의 전파상수(Propagation Constant) γ는 일반적으로 복소수이고 그 실수부 α는 감쇠상수(Attenuation Constant), 허수부 β는 위상상수(Phase Constant)라 한다.

(2.65), (2.66) 식의 일반해는 다음과 같이 구해진다.

$$V(z)=(V_+e^{-\gamma z})+(V_-e^{+\gamma z}) \tag{2.67}$$

$$I(z)=(I_+e^{-\gamma z})+(I_-e^{+\gamma z}) \tag{2.68}$$

(2.67) 식을 (2.68) 식에 대입함으로써 다음을 얻는다.

$$I=\frac{(V_+e^{-\gamma z})-(V_-e^{+\gamma z})}{\sqrt{Z/Y}} \tag{2.69}$$

(2.67) 식과 (2.68) 식으로부터 반사파가 없는 경우($V_-=0$)에, 전압과 전류의 비는 $\sqrt{\frac{Z}{Y}}$ 가 된다. 이것을 선로의 특성 임피던스(Characteristic Impedence) Z_0라 정의한다.

$$Z_o = \frac{1}{Y_o} = \sqrt{\frac{Z}{Y}}$$
$$= \sqrt{\frac{(R + j\omega L)}{(G + j\omega C)}} = R_o + jX_o \tag{2.70}$$

무손실선로($R = G = 0$)의 Z_o는 $\sqrt{\frac{L}{C}}$ 가 된다.

Z_o, γ는 선로정수 R, L, G, C 및 주파수의 함수이다. 선로 길이 또는 송, 수전단의 상태와는 상관이 없다. 선로 자체의 고유한 전기적 특성을 나타내는 양이다.

(2.67) 식과 (2.68) 식은 송전단으로부터의 거리 z인 점의 전압과 전류를 나타내는 선로 방정식으로 다음과 같다.

$$V(z) = V_+ e^{-\gamma z} + V_- e^{+\gamma z}$$
$$I(z) = \left(\frac{V_+}{Z_o}\right) e^{-\gamma z} - \left(\frac{V_+}{Z_o}\right) e^{+\gamma z} \tag{2.71}$$

여기에서 지수함수의 첨자 부호 −는 z가 증가하는 방향으로 입사파에 대한 것이다. 첨자 +는 반사파를 나타낸다. 무한장선로는 V_-가 “0”이 되는 즉, 반사파가 존재하지 않는다.

2.3 선로정수의 주파수변화

전송선로의 모든 전기적 특성을 결정하는 것은 단위길이당의 R, L, G, C 다. 직렬 저항 R 및 병렬 컨덕턴스 G 값은 표피 효과와 유전체 손실로 인하여 주파수가 높아질수록 증가한다. 높은 주파수에서는 $R \ll \omega L, G \ll \omega C$ 이므로 전파상수 γ를 다음과 같이 근사시킬 수 있다.

$$\gamma = \sqrt{(R + j\omega L)(G + j\omega C)}$$
$$= j\omega\sqrt{LC}\sqrt{\left(1 + \frac{R}{j\omega L}\right)}\sqrt{\left(1 + \frac{G}{j\omega C}\right)}$$
$$\fallingdotseq j\omega\sqrt{LC}\left(1 + \frac{R}{2j\omega L}\right)\left(1 + \frac{G}{2j\omega C}\right)$$
$$\fallingdotseq j\omega\sqrt{LC}\left[\frac{1 + \left(\frac{R}{j\omega L} + \frac{G}{j\omega C}\right)}{2}\right]$$

$$= \frac{1}{2}\left(R\sqrt{\frac{C}{L}} + G\sqrt{\frac{L}{C}}\right) + j\omega\sqrt{LC} \tag{2.72}$$

그러므로 감쇠상수 α와 위상상수 β는 각각 다음과 같이 된다.

$$\alpha = \frac{1}{2}\left(R\sqrt{\frac{C}{L}} + G\sqrt{\frac{L}{C}}\right) \tag{2.73}$$

$$\beta = \omega\sqrt{LC} \tag{2.74}$$

특성 임피던스 Z_0는 다음과 같다.

$$\begin{aligned} Z_o &= \sqrt{(R+j\omega L)/(G+j\omega C)} \\ &= \sqrt{\frac{L}{C}}\left(1+\frac{R}{j\omega L}\right)^{1/2}\left(1+\frac{G}{j\omega C}\right)^{-1/2} \\ &\fallingdotseq \sqrt{\frac{L}{C}}\left(1+\frac{R}{2j\omega L}\right)\left(1-\frac{G}{2j\omega C}\right) \\ &\fallingdotseq \sqrt{\frac{L}{C}}\left[\frac{1+\left(\frac{R}{j\omega L}-\frac{G}{j\omega C}\right)}{2}\right] \\ &\fallingdotseq \sqrt{\frac{L}{C}} \end{aligned}$$

$$\text{즉 } Z_o = \sqrt{\frac{L}{C}} \tag{2.75}$$

평행 2선식 선로와 동축 선로의 특성 임피던스 Z_0는 다음과 같이 주어진다.

$$\text{평행 2선식선로 : } \quad Z_o = 276\log\frac{b}{a}\ [\Omega]$$

$$\text{동축선로 케이블: } \quad Z_o + \frac{138}{\sqrt{\varepsilon_r}}\log\frac{b}{a}\ [\Omega] \tag{2.76}$$

어느 경우에나 b/a가 작을수록 Z_o는 작아지며, 대표적인 Z_o의 값은 평행 2선식선로의 경우에 200∼800[Ω], 동축선로에서는 30∼100[Ω]이고, 아주 낮은 주파수에서는 손실 때문에 Z_o 복소수로 나타내어진다.

〈그림 2-3〉은 일반적인 평행 2선식선로에 있어 R과 G를 일정하다고 가정하고 구한 α, β 의 ω에 따른 변화를 보여주고 있다.

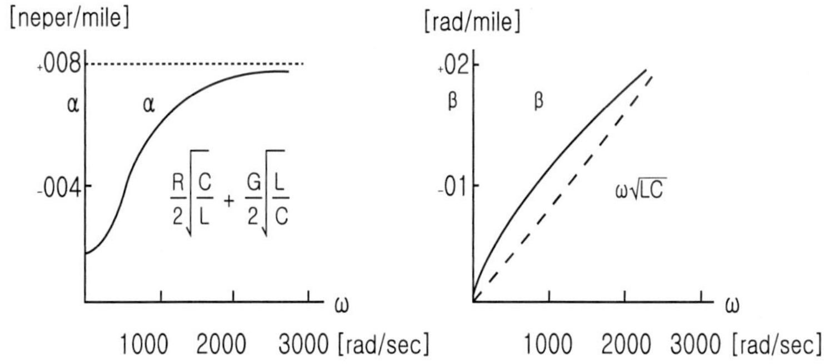

〈그림 2-3〉 평행 2선식선로의 α, β값 변화

2.4 무왜곡 전송선로(Distortionless Transmission)

임의의 물리적인 신호는 수많은 정현파의 합으로 나타낼 수 있고, 선형시스템의 입출력은 성분파를 개별적으로 취급하여 해석할 수 있으며, 임의의 길이의 전송선로가 선형시스템으로 간주되기 위해서는, 즉 그를 통과하는 신호가 일그러짐을 받지 않기 위해서는, 전송신호의 각각의 주파수 성분이 동일한 비율로 감쇠되어야 하고, 전송신호의 모든 주파수 성분이 동일한 속도로 전파되어야 한다.

상기의 조건은 선로의 감쇠정수 α가 주파수에 無關해야 하고, 또 선로의 위상정수 β가 주파수에 정비례해야 함을 의미하지만, 실제의 선로에서는 α, β가 주파수의 복잡한 함수이므로 완전하게 그러한 무왜곡조건(Distortionless Condition)을 만족시키기가 어렵다.

그러나 만일 $R/L = G/C$의 관계가 성립되는 특정한 선로는 상기의 두 조건이 모두 만족된다.

$$\gamma = \sqrt{(R+j\omega L)(G+\omega C)} = \sqrt{j\omega L}\sqrt{j\omega C}\sqrt{\left(1+\frac{R}{j\omega L}\right)\left(1+\frac{G}{j\omega C}\right)}$$

$$= j\omega\sqrt{LC}\left(1+\frac{R}{j\omega L}\right) = \sqrt{RG} + j\omega\sqrt{LC} \qquad (2.77)$$

이와 같은 선로를 무왜곡선로(Distortionless Line)라 한다. 무손실 선로는 그중 특수한 경우에 해당된다. 보통의 선로에서는 R/L이 G/C에 비하여 크다. 특히 전화선과 같이 C가 크고 전송되는 신호의 최고주파수와 최저주파수의 비가 큰 선로에서는 파형의 찌그러짐이 발생된다. 이러한 문제를 개선하는 방법으로 L 을 증가시키는 것이 합리적이다. 단위 거리당 L을 증가시키기 위해 한 파장마다 몇 개씩의 코일을 불연속적으로 직렬로 연결하거나 심선의 주위에 고투자율의 자성재료를 균일하게 감는 방법이 있다. 이러한 방법을 Inductive Loading이라 한다. 이 방법은 위상속도를 느리게 하고 저역통과 필터와 같은 역할을 하여 차단주파수 이상의 전자파는 통과시키지 못하는 단점이 있다.

전송선로의 위상속도는 아래와 같이 전도체의 크기와 간격에는 상관이 없다. 절연물질의 유전율과 투자율에만 관계가 있다. 만일 무손실 전송선로의 주위가 공기이고 부근에 강자성체가 없다면 선로를 따른 전자파의 위상속도는 자유 공간의 전자파 속도 c 와 같게 된다.

$$v_p = \frac{\omega}{\beta} = \frac{1}{\sqrt{LC}} = \frac{1}{\sqrt{\mu_o \varepsilon_0}} = 3 \times 10^8 \text{ m/s} \tag{2.78}$$

2.5 반사계수

반사전압과 입사전압의 비를 반사계수(Reflection Coefficient)라 하며 Γ로 나타낸다.

$$\text{반사계수} \equiv \frac{\text{반사전압 혹은 반사전류}}{\text{입사전압 혹은 입사전류}}$$

$$r \equiv \frac{V_{ref}}{V_{\in c}} = \frac{-I_{ref}}{I_{\in c}}$$

선로의 길이를 l이라 할 때 (2.71) 식으로부터 부하점에서의 전압과 전류는 다음과 같다.

$$V_l = V_+ e^{-\gamma l} + V_- e^{+\gamma l}$$

$$I_l = \frac{1}{Z_0}(V_+ e^{-\gamma l} - V_- e^{+\gamma l}) \tag{2.79}$$

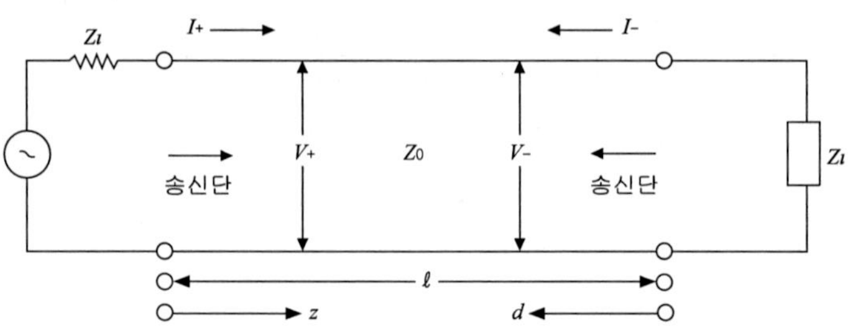

〈그림 2-4〉 부하 임피던스 Z로 종단된 전송선로

이 식들의 비가 바로 부하 임피던스가 된다. 즉,

$$Z_l = \frac{V_l}{I_l} = Z_o \frac{V_+ e^{-\gamma l} + V_- e^{+\gamma l}}{V_+ e^{-\gamma l} - V_- e^{+\gamma l}}$$

$$= Z_o \frac{1+\Gamma_l}{1-\Gamma_l} \tag{2.80}$$

$$\Gamma_l = \frac{V_- e^{+\gamma l}}{V_+ e^{-\gamma l}} = \frac{Z_l - Z_o}{Z_l + Z_o} \tag{2.81}$$

이와 같이 부하점에서의 반사계수는 부하 임피던스와 특성 임피던스의 비만에 의하여 결정되며 아래에 특수한 경우의 반사계수값을 예로 들었다.

개방단에서는 $(Z_l = \infty)$ $\Gamma_l = 1$ (완전반사)
단락단에서는 $(Z_l = 0)$ $\Gamma_l = -1$
Z_o로서 종단된 경우에는 $\Gamma_l = 0$ (무반사)
$(Z_l = Z_o)$ (2.82)

부하점에서의 반사계수를 다음과 같이 복소형으로 쓸 수도 있다.

$$\Gamma_l = |\Gamma|\, e^{j\theta} \tag{2.83}$$

여기에서 $|\Gamma|$은 Γ의 크기로서 항상 "1" 보다 작은 값이다. θ는 부하점에서의 입사파 전압과 반사파 전압 사이의 위상각, 즉 반사계수의 위상각이다.

선로상 임의점에서 주어지는 반사계수의 일반형은 다음과 같이 복소형태로 주어진다.

$$\Gamma(z) = \frac{V_- e^{\gamma z}}{V_+ e^{\gamma z}} \tag{2.84}$$

V_+, V_-는 경계조건으로부터 구할 수 있는 일종의 적분상수이다. 경계조건의 선택에는 여러 가지가 있을 수 있으나 가장 유용한 것은 바로 부하점이라 할 수 있다. 이 경우에 모든 선로상의 해석을 부하 임피던스를 이용하는 부하점을 기준으로 하는 것이 편리하다. 따라서 통상 다음과 같이 변수를 치환한다.

$$z = l - d \tag{2.85}$$

이것을 (2.81) 식에 대입하면 부하점으로부터 d 만큼 떨어진 점에서의 반사계수가 다음과 같이 주어진다.

$$\Gamma = \frac{V_- \, e^{\gamma(l-d)}}{V_+ \, e^{-\gamma(l-d)}} = \frac{V_- \, e^{\gamma l}}{V_+ \, e^{-\gamma l}} \, e^{-2\gamma d} = \Gamma \, e_l^{-2\gamma d} \tag{2.86}$$

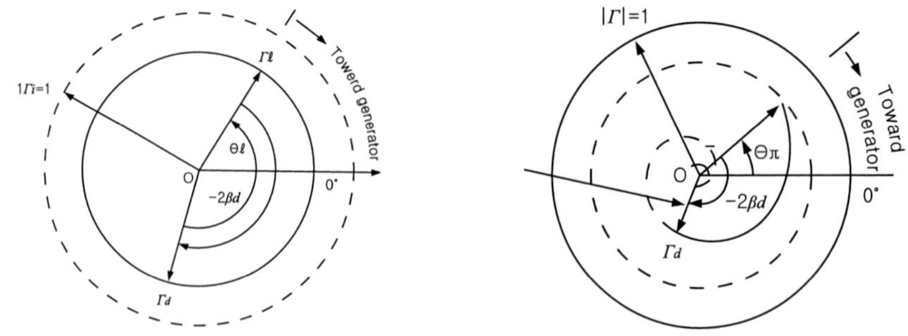

(a) 무손실선로의 반사계수 (b) 손실선로의 반사계수

〈그림 2-5〉 선로의 반사계수

2.6 정재파와 정재파 비

부하가 Z_o로 종단된 선로에서는 부하쪽으로 진행하는 파만 존재한다. 따라서 무손실선로에 대한 전압, 전류의 실효치 분포는 평탄하게 된다. 손실이 있을 경우에는 지수함수적으로 균일하게 감소한다. 그러나 Z_o로 종단되지 않은 선로에서는 반사파가 발생하여 입사파와 반사파에 의한 합성파가 발생한다. 이 합성파를 정재파(Standing Wave)라고 한다. 정재파의 발생은 무손실선로가 개방되거나 단락되었을 때 또는 리액턴스로 종단된 경우에 발생한다. 이것은 부하에서 입사되는 전력의 소모가 발생하지 않음을 의미한다. 결국 부하는 입사파를 반사시키는 역할을 하게 된다. 입사파가 완전히 반사되는 경우, 반사계수 값은 1이 된다.

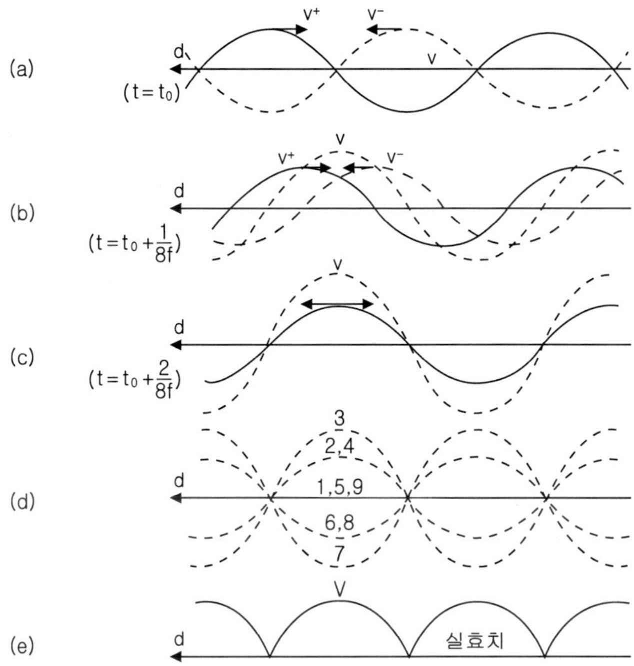

〈그림 2-6〉 완전반사되는 무손실선로에서의 정재파

〈그림 2-6〉은 완전반사가 발생하는 무손실선로에서의 전압 파형을 1/8 주기마다 나타낸 것이다. 선로상 어느 점에서나 전압은 시간에 따라 정현적으로 변하지만 그 진폭이 각 점에서 현저하게 다름을 알 수 있다. 특히 $\lambda/2$씩의 간격을 두고 전압값이 항상 "0"이 되는 점들이 존재한다. 이 점들을 정재파의 절점(Node)이라고 한다. 인접절점간의 중앙에서 전압은 최대 진동을 하며 이 점들을 파복(Loop)이라 한다.

정재파 비(Standing-Wave Ratio)는 다음과 같이 정의한다.

$$\text{정재파 비} \equiv \frac{|\text{최대 전압 또는 최대 전류}|}{|\text{최소 전압 또는 최소 전류}|}$$

$$\rho \equiv \frac{|V_{max}|}{|V_{min}|} = \frac{|I_{max}|}{|I_{min}|} \tag{2.87}$$

정재파 비가 "1"일 때 반사파는 없다. 그러한 선로를 평탄선로라고 한다. 손실이 있는 선로상에서는 정재파 패턴이 각 위치마다 눈에 띄게 변화하기 때문에 정재파 비가 정의되어질 수 없다.

(2.71) 식과 (2.84) 식으로부터 선로상 임의점에서의 전압과 무손실선로에서의 전압 최대값 및 최소값은 다음과 같이 주어진다.

$$V(z) = V_+ e^{-\gamma z}(1+\Gamma) \tag{2.88}$$

$$|V_{\max}| = |V_+|(1+|\Gamma|) \tag{2.89}$$

$$|V_{\min}| = |V_+|(1-|\Gamma|) \tag{2.90}$$

따라서 이들을 (2.87) 식에 대입하면 다음과 같은 정재파 비 ρ와 반사계수 Γ 사이의 유용한 관계식을 얻는다.

$$\rho = \frac{1+|\Gamma|}{1-|\Gamma|} \tag{2.91}$$

$$|\Gamma| = \frac{\rho-1}{\rho+1} \tag{2.92}$$

2.7 선로 임피던스(Line Impedance)

선로상 한 점에서의 페이저 전압과 전류의 비를 그 점에서의 선로 임피던스(Line Impedance)라 하며 다음과 같다.

$$z \equiv \frac{V(z)}{I(z)} = \frac{V(d)}{I(d)} \tag{2.93}$$

부하점에서의 경계조건으로부터 V_+와 V_-를 구하기 위하여 식 (2.68)에 $z=l$, $V(l) = I_l Z_l$을 대입하면

$$\begin{aligned} I_l Z_l &= V_+ e^{-\gamma l} + V_- e^{\gamma l} \\ I_l Z_o &= V_+ e^{-\gamma l} - V_- e^{\gamma l} \end{aligned} \tag{2.94}$$

윗 식들을 V_+와 V_-에 관하여 풀면

$$\begin{aligned} V_+ &= \frac{1}{2} I_l [Z_l + Z_o] e^{\gamma l} \\ V_- &= \frac{1}{2} I_l [Z_l - Z_o] e^{-\gamma l} \end{aligned} \tag{2.95}$$

이들과 $z = l - d$를 (2.71) 식에 대입하면 다음과 같이 된다.

$$V=\frac{I_l}{2}[Z_l+Z_o]\,e^{\gamma d}+[Z_l-Z_o]\,e^{-\gamma d}$$

$$I=\frac{I_l}{2Z_o}[Z_l+Z_o]\,e^{\gamma d}-[Z_l-Z_o]\,e^{-\gamma d} \tag{2.96}$$

따라서 이들의 비를 구하여 얻어지는 선로 임피던스는 선로상 임의점에서 다음과 같이 나타내어진다.

$$Z=Z_o\frac{[Z_l+Z_o]\,e^{\gamma d}+[Z_l-Z_o]\,e^{-\gamma d}}{[Z_l+Z_o]\,e^{\gamma d}-[Z_l-Z_o]\,e^{-\gamma d}} \tag{2.97}$$

윗 식에 쌍곡선 함수를 대입하면

$$e^{\pm\gamma d}=\cosh\gamma d\pm\sinh\gamma d$$

$$Z=Z_o\frac{Z_l\cosh\gamma d+Z_o\sinh\gamma d}{Z_o\cosh\gamma d+Z_l\sinh\gamma d}=Z_o\frac{Z_l+Z_o\tanh\gamma d}{Z_o+Z_l\tanh\gamma d} \tag{2.98}$$

무손실선로의 경우에는 $\alpha=0$, $\gamma=j\beta$이므로 윗 식을 다시 쓰면 다음과 같다.

$$Z=Z_o\frac{Z_l\cos\beta d+jZ_o\sin\beta d}{Z_o\cos\beta d+jZ_l\sin\beta d}=Z_o\frac{Z_l+jZ_o\tan\beta d}{Z_o+jZ_l\tan\beta d} \tag{2.99}$$

$$\sinh(j\beta z)=j\sin\beta z$$

$$\cosh(j\beta z)=\cos\beta z$$

상기와 같은 결과로부터 임의점에서의 반사계수와 선로 임피던스 사이의 관계식을 구할 수 있다. 즉, (2.97) 식에 (2.81) 식을 대입하고 (2.86) 식을 이용하여 다시 쓰면 다음을 얻는다.

$$\Gamma=\Gamma_l e^{-2\gamma d}=|\Gamma_l|\,e^{-2\alpha d}\,e^{j(\theta-2\beta d)}$$

$$\Gamma_l=\frac{Z_l-Z_o}{Z_l+Z_o}$$

$$Z=Z_o\frac{1+\Gamma_l\,e^{-2\gamma d}}{1-\Gamma_l\,e^{-2\gamma d}} \tag{2.100}$$

$$Z = Z_o \frac{1+\Gamma}{1-\Gamma} \tag{2.101}$$

2.8 특성 임피던스와 전파상수의 측정

전송선로에서 특성 임피던스와 전파상수를 측정하는 과정은 다음과 같다.

1. 식 (2.98)에 $d=l$을 대입하여 Z를 구한다.
2. 수전단을 단락시키고 송전단 임피던스를 측정한다.

$$Z_l = 0 \qquad Z_{sc} = Z_o \tanh \gamma l \tag{2.102}$$

3. 수전단을 개방시키고 송전단 임피던스를 측정한다.

$$Z_l = \infty \qquad Z_{oc} = Z_o \coth \gamma l \tag{2.103}$$

따라서 특성 임피던스의 측정값은 다음과 같다.

$$Z_o = \sqrt{Z_{sc} Z_{oc}} \tag{2.104}$$

선로의 전파상수는 다음 식으로 계산할 수 있다.

$$\gamma = \alpha + j\beta = \frac{1}{l} \operatorname{arctanh} \sqrt{\frac{Z_{sc}}{Z_{oc}}} \tag{2.105}$$

2.9 회로소자로서의 선로

한 쪽이 단락, 개방되거나 또는 리액턴스로써 종단된 적당한 길이의 선로는 고주파 회로에서 공진회로나 저손실의 유도성 리액턴스와 용량성 리액턴스를 얻는 데 널리 사용된다. 특히 단락선로는 짧은 파장에서 쉽게 완전반사를 시킬 수 있으므로 회로소자로서 가장 흔히 사용된다. 개방선로에서는 짧은 파장에서 에너지복사가 일어나기 쉽다.

2.9.1 단락선로(Shorted Line)

무손실 단락선로에 있어서 수전단으로부터 거리 d인 점의 입력 임피던스는 (2.102)식에 $\gamma l = j\beta d$를 대입하여 다음을 얻는다.

$$Z = jZ_o \tan\beta d \qquad 단,\ \beta = \frac{\omega}{v_\rho} = \frac{2\pi}{\lambda} \tag{2.106}$$

〈그림 2-7〉은 식 (2.106)을 이용하여 무손실 단락선로의 리액턴스가 부하로부터의 거리 d에 따라서 변화하는 것을 보여준다. 선로의 길이가 $\lambda/4$의 우수배인 경우, 입력 임피던스는 0이 된다(실제로는 선로손실 때문에 매우 작은 저항치를 갖는다) 선로의 길이가 $\lambda/4$보다 짧을 때에는 유도성 리액턴스를, 또 $\lambda/2$와 $\lambda/4$ 사이일 경우에는 용량성 리액턴스를 갖는다. 선로의 길이를 적당히 조절함으로써 $-\infty$에서 $+\infty$까지의 임의의 리액턴스를 얻을 수 있다. 따라서 단락선로를 리액턴스 소자로 사용할 수 있다.

예를 들어 $l = \lambda/8(\beta l = \pi/4)$로 하면, $Z = jZ_o$의 유도성 리액턴스를 얻을 수 있다. 또 $l = 3\lambda/8(\beta l = 3\pi/4)$로 하면 $Z = -jZ_o$의 용량성 리액턴스를 얻을 수 있다.

2.9.2 개방선로(Open Line)

부하가 개방된 무손실 선로에 대한 기본식은 식 (2.103)으로부터

$$Z = -jZ_o \cot\beta d \tag{2.107}$$

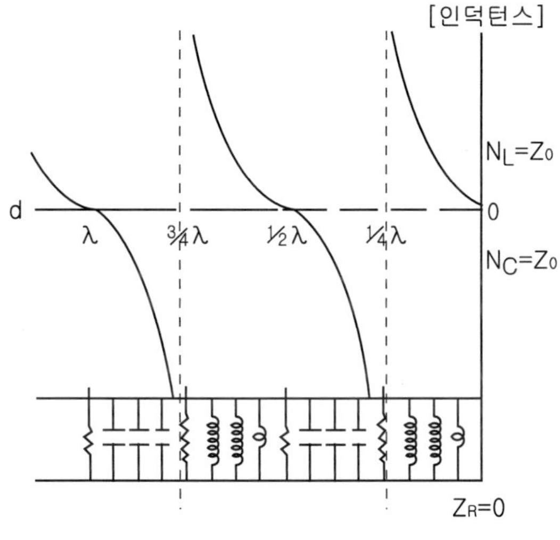

〈그림 2-7〉 무손실 단락선로의 길이에 따른 리액턴스의 변화

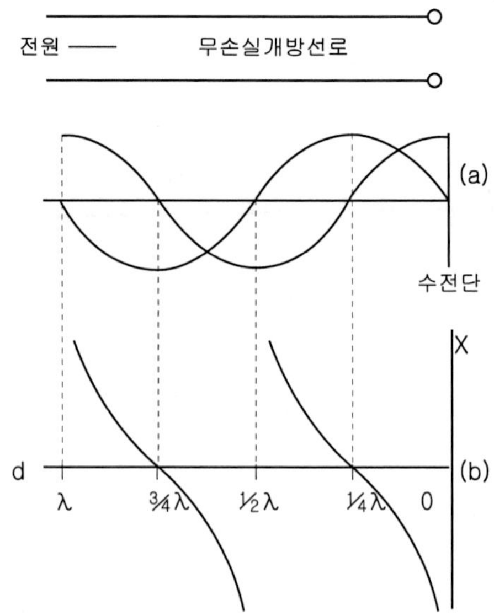

〈그림 2-8〉 무손실 개방 선로 정재파 패턴과 거리에 따른 입력 임피던스의 변화

정재파 패턴이나 입력 임피던스의 변화 등을 단락선로의 경우와 똑같은 과정을 거쳐 그릴 수 있다. 다만 $\lambda/4$ 구간 만큼 제외하여도 된다. 단락선로에 있어서 단락점으로부터 $\lambda/4$ 떨어진 점에서 우측(단락점쪽)을 본 임피던스는 ∞이다. 그러므로 이 점을 개방하여도 그 좌측부에서의 전압, 전류분포나 임피던스에는 하등 변화가 없기 때문이다.

〈그림 2-8(a)〉는 위상관계까지 고려한 정재파 패턴이다. 〈그림 2-8(b)〉는 거리에 따른 입력 임피던스의 변화이다. 이 그림의 개방점에서는 $I=0$, $V=$최대, $Z=\infty$, 단락점에서는 $V=0$, $I=$최대, $Z=0$가 된다.

2.9.3 리액턴스로 종단된 선로

완전반사($|\Gamma|=1$)는 에너지를 흡수하지 않는 리액턴스 소자로 종단된 선로에서도 일어난다. 이 경우의 정재파 패턴은 페이저도로부터, 임피던스 변화는 식 (2.98)로부터 구할 수 있으나 다음과 같이 생각하면 단락 또는 개방선로에 대한 결과로부터 쉽게 알 수 있다.

만일 부하 임피던스가 $Z=jX$라 하면 이 부하 대신에 입력 임피던스가 바로 jX와 같게 되는 적당한 길이의 단락 또는 개방선로를 여기에 연결하여도 원선로상에서의 전압, 전류분포나 임피던스에는 변화가 없을 것이다.

따라서 먼저 부하 대신에 가상적으로 원선로를 적당한 길이만큼 연장하여 그 전체에 대한 정재파 패턴이나 임피던스를 생각한 다음 그 가상적 부분만을 제거하면 실제의 부하가 연결된 경우에 대한 것이 얻어진다.

부하가 유도성(용량성) 리액턴스인 경우에는 리액턴스가 클(작을)수록, 즉 $L(C)$이 클수록 최초의 전압최대(소)점은 부하에 가까운 곳에 생긴다. 리액턴스로서 종단된, 길이가 일정한 선로의 입력 임피던스는 그 부하 리액턴스를 가감함으로써 용이하게 변화시킬 수 있다(특히 컨덴서를 연결한 경우). 이것은 선로의 길이를 변화시키는 것보다 훨씬 편리하므로 종종 사용된다.

2.10 규준화 임피던스와 어드미턴스

대부분의 전송선로는 오로지 식 (2.101)로 나타내어지는 반사계수와 선로 임피던스사이의 관계만에 의하여 해석될 수 있고, 무손실인 경우의 특성 임피던스는 단순한 비례상수 역할만 하기 때문에, 좀더 보편화된 개념의 규준화 임피던스를 아래와 같이 정의하여 사용한다.

규준화 임피던스 $$z = Z/Z_o = \frac{1+\Gamma}{1-\Gamma} = r \pm jx \tag{2.108}$$

저항성분 r, 리액턴스 성분 x

특성 어드미턴스 $Y_o = 1/Z_o = G_o \pm jB_o$

선로 어드미턴스 $Y = 1/Z = G \pm jB$

규준화 어드미턴스 $$y = Y/Y_o = Z_o/z = 1/Z = g \pm jb \tag{2.109}$$

규준화 임피던스(Normalized Impedance) 성질 :

1) 규준화 임피던스의 최대치 z_{max}는 다음 식과 같이 순수한 양의 실수로 나타내지며 그 크기는 정재파 비와 같다.

$$\begin{aligned} z_{max} &= \frac{Z_{max}}{Z_o} = \left|\frac{1+\Gamma}{1-\Gamma}\right|_{max} \\ &= \frac{1+|\Gamma|}{1-|\Gamma|} = \rho \end{aligned} \tag{2.110}$$

2) 규준화 임피던스의 최소치 z_{min}도 다음 식과 같이 순수한 양의 실수로 나타내지며 그 크기는 정재파 비의 역수와 같다.

$$z_{min} = \frac{Z_{min}}{Z_o} = \left|\frac{1+\Gamma}{1-\Gamma}\right|_{min} = \frac{1-|\Gamma|}{1+|\Gamma|} = \frac{1}{\rho} \tag{2.111}$$

3) 선로 임피던스 Z는 주기가 半파장인 주기함수이므로 $z_{\max}$와 $z_{\min}$ 역시 선로를 따라서 반파장의 간격마다 주기적으로 반복된다.

$$z_{\max}(z) = z_{\max}\left(z \pm \frac{\lambda}{2}\right)$$

$$z_{\min}(z) = z_{\min}\left(z \pm \frac{\lambda}{2}\right) \tag{2.112}$$

4) $V_{\max}$와 $V_{\min}$이 $\lambda/4$ 마다 교대로 반복되어지므로 $z_{\max}$와 $z_{\min}$은 서로 $\lambda/4$만큼 떨어진 점에서 나타나며 그들의 크기는 서로 역수관계에 있다.

$$z_{\max}\left(z \pm \frac{\lambda}{4}\right) = \frac{1}{z_{\min}(z)} \tag{2.113}$$

2.11 전송선로의 등가모델

균일한 특성 임피던스를 갖는 전송선로의 길이는 대칭회로인 T 또는 π 등가회로로 대치될 수 있다. 회로 소자값들이 계산된 해당 주파수에서만은 그 등가회로들과 선로길이가 정확하게 똑같은 특성을 나타내게 된다. 길이가 l 이고 특성 임피던스가 Z_o, 전파상수가 γ인 짧은 선로길이의 T 등가회로는 〈그림 2-9〉와 같다.

선로의 양단이 Z_o로 정합되어 있다면 입력 임피던스 $Z_s = Z_o$이며 다음과 같이 나타내어진다.

$$Z_s = Z_1 + \frac{Z_2(Z_1 + Z_0)}{Z_0 + Z_1 + Z_2} = Z_0 \tag{2.114}$$

〈그림 2-9〉에서 I_{out}과 I_{in} 사이의 관계를 구하면

$$\begin{aligned} I_{out} &= \frac{\dfrac{1}{Z_1 + Z_0}}{\dfrac{1}{Z_2} + \dfrac{1}{Z_1 + Z_0}} I_{in} \\ &= \frac{Z_2}{Z_0 + Z_1 + Z_2} I_{in} \end{aligned} \tag{2.115}$$

그런데 진행파에 대한 전송선로에서의 전류전압은 선로 방정식으로부터 구할 수도 있고 다음과 같다.

$$I_{out} = e^{-\gamma l} I_{in} \tag{2.116}$$

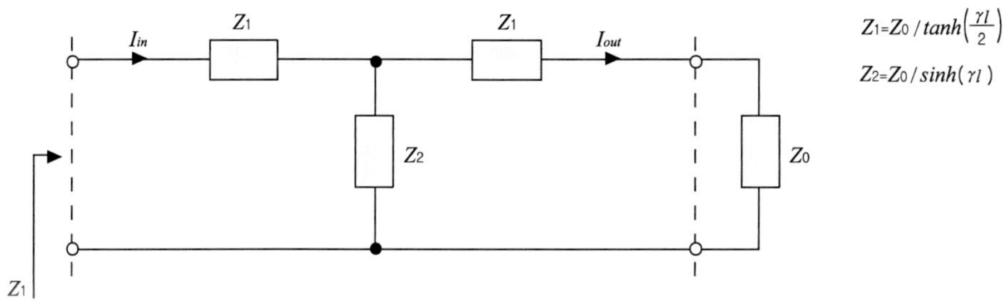

〈그림 2-9〉 특성 임피던스가 Z_o인 전송선로의 T 등가회로

위의 두 식을 같다고 하면 다음 식을 얻는다.

$$e^{-\gamma l} = \frac{Z_2}{Z_0 + Z_1 + Z_2} \tag{2.117}$$

이 결과식을 (2.114) 식에 대입하면 다음과 같다.

$$\begin{aligned} Z_0 &= Z_1 + \frac{Z_2}{Z_0 + Z_1 + Z_2} \cdot (Z_0 + Z_1) \\ &= Z_1 + e^{-\gamma l} \cdot (Z_0 + Z_1) \end{aligned} \tag{2.118}$$

윗 식을 Z_1에 대하여 정리하면 다음과 같이 쓸 수 있다.

$$Z_1 = Z_0 \frac{1 - e^{-\gamma l}}{1 + e^{-\gamma l}} \quad = Z_0 \frac{e^{\frac{\gamma l}{2}} - e^{-\frac{\gamma l}{2}}}{e^{\frac{\gamma l}{2}} + e^{-\frac{\gamma l}{2}}} \tag{2.119}$$

$$= Z_0 \,\mathrm{Tanh}\,(\frac{\gamma l}{2}) \tag{2.120}$$

이제 Z_2를 구하기 위해 (2.117) 식을 다시 정리하여 (2.120) 식을 대입하면 다음과 같이 써진다.

$$Z_2 = (Z_0 + Z_1 + Z_2)e^{-\gamma l}$$

$$Z_2[1 - e^{-\gamma l})] = e^{-\gamma l}(Z_0 + Z_1)$$

$$= e^{-\gamma l} \cdot Z_0 \frac{2 \cdot e^{\frac{\gamma l}{2}}}{e^{\frac{\gamma l}{2}} + e^{-\frac{\gamma l}{2}}}$$

$$= e^{-\gamma l} \cdot Z_0 \frac{2}{1 + e^{-\gamma l}} \qquad (2.121)$$

$$Z_2 = Z_0 \frac{2e^{-\gamma l}}{1 - e^{-2\gamma l}}$$

$$= Z_0 \frac{2}{e^{\gamma l} - e^{-\gamma l}}$$

$$= \frac{Z_0}{\mathrm{Sinh}(\gamma l)} \qquad (2.122)$$

같은 선로조각에 대한 π 등가회로는 〈그림 2-10〉에 보인 바와 같으며, 그의 등가임피던스 Z_1, Z_2 역시 상기와 비슷한 과정을 거쳐 구할 수 있다.

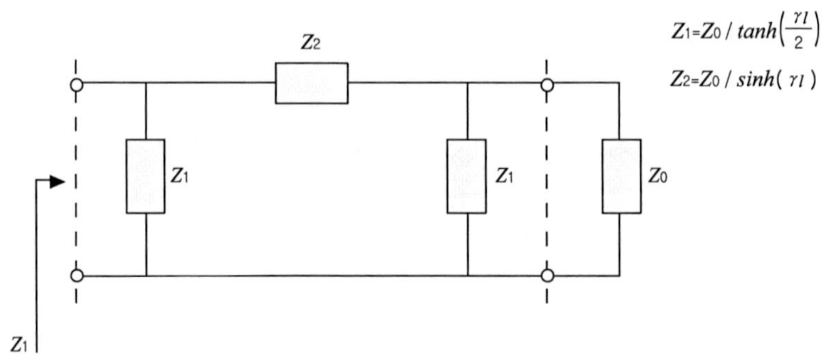

〈그림 2-10〉 특성 임피던스가 Z_o인 전송선로의 등가회로

3 마이크로파 도파관

3.1 서론

도파관의 역사는 1897년 Lord Rayleigh가 유전체로 채워진 직사각형 및 원통형의 도체관에 대한 해석을 발표한데 그 기원을 두고 있으나, Hondros, Debye를 거쳐 1933년 이후 Bell 연구소의 Carson, Mead, Schelknoff, Southworth 나 Barrow 등에 의한 해석 및 실험을 통하여 비로소 도파관(Waveguide)라는 이름으로 유용한 전자파 전송 매체로서 사용되기에 이르렀다.

그러한 이론은 1936~1940년 사이에 급격한 발전을 거듭하면서 제2차 세계대전 중 레이다에 마이크로파를 사용하고자 하는 요구에 따라 다양한 종류의 소자들이 개발되었고, 전후에도 이론과 기술면에서 꾸준히 발전되고 세련되어 오늘에 이르게 되었다.

일종의 전송선로인 도파관은 UHF 이하의 낮은 주파수(긴 파장)에 대해서는 그 크기가 지나치게 커져서 실용성이 없기 때문에, 주로 마이크로파 주파수대역 이상의 높은 주파수의 경우에 사용되는데, 일반적인 도파관의 형태는 속이 빈 단형(직사각형) 또는 원형의 금속관으로 되어 있으며, 그를 통하여 전자파가 진행할 때 전자파는 도파관 내벽에 반사되면서 진행하게 된다. 이때 발생하는 도파관내에서의 손실과 찌그러짐이 다른 전송선로에 비하여 아주 작기 때문에 전파특성면에 있어서는 도파관이 마이크로파 전송선로로 가장 우수하다고 볼 수 있다. 도파관을 위하여 사용되는 금속으로는 구리, 놋쇠, 알루미늄 등이 주로 사용되지만 전자파의 감쇠가 지극히 작아야 하는 경우에는 부식을 방지하기 위하여 도파관 표면에 은도금이나 금도금을 하여 사용하기도 하고, 중량이 문제가 되는 특수한 경우에는 듀랄루민이나 마그네슘 등이 사용된다.

그 외에 타원형과 오목형(凹角) 도파관과 같은 다른 유형의 도파관도 전자파를 전달할 수 있다.

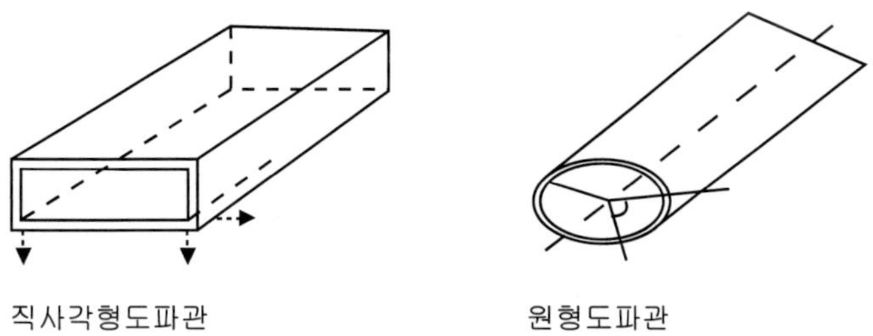

〈그림 3-1 (a)〉 도파관의 형태

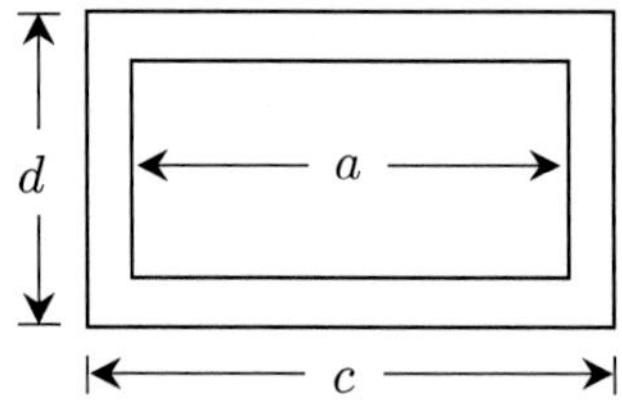

$a = 2.286\text{cm}(0.9\text{in.})$
$b = 1.016\text{cm}(0.4\text{in.})$
$c = 2.54\text{cm}(1\text{in.})$
$d = 1.27\text{cm}(0.5\text{in.})$

〈그림 3-1 (b)〉 표준 구형 도파관 WR-90(X-Band용 ; 8~12GHz)의 크기

전자파가 도파관을 통해 진행할 때 〈그림 3-2〉와 같이 평면파는 도파관 내벽사이에서 반사를 일으키며 zig-zag 형태로 진행하게 되므로 전계나 자계는 진행 방향의 성분을 갖게 되고 따라서 도파관내의 전자파는 TEM 파가 아니다. 전계와 자계중에 한 가지 이상이 진행방향 성분을 가져야만 앞으로 진행할 수 있다.

전송선로에 대한 해석은 특성 임피던스와 전파상수를 구하는 일로 귀착이 된다. 그러한 파라미터들은 전자파의 모양에 관계없이 전파(Propagation) 방향으로는 같은 선로 방정식을 만족하게 되어 있다. 따라서 제2장에서 구하였던 파동 방정식을 해당 도파관의 경계 조건을 대입하여 풂음으로써 전계 및 자계의 분포를 구하고 그로부터 필요한 파라미터들을 구할 수 있다.

일반적으로 그와 같이 구해지는 파동 방정식의 해는 무한이 많은 수가 가능하다. 도파관의 특성상 크게 두 가지로 분류되는 해가 존재한다. 그들 모두가 다 진행방향으로의 전계와 자계 중 한 가지만을 가질 수 있다. “0” 이 아닌 전계가 수직방향 성분만이 존재할 경우를 TE 모드, “0” 이 아닌 자계가 수직방향 성분만이 존재할 경우를 TM 모드 라 한다.

또한 도파관에서 가능한 무한개의 TE 또는 TM 모드의 해들을 구별하기 위하여 통상 전자계의 크기가 x, y 축방향으로 변화하는 횟수에 대응하는 첨자 m, n 을 써서 TEmn 모드 또는 TMmn 모드와 같이 표시한다.

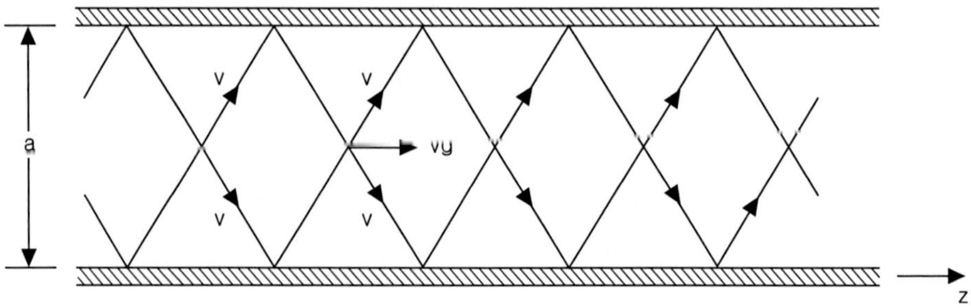

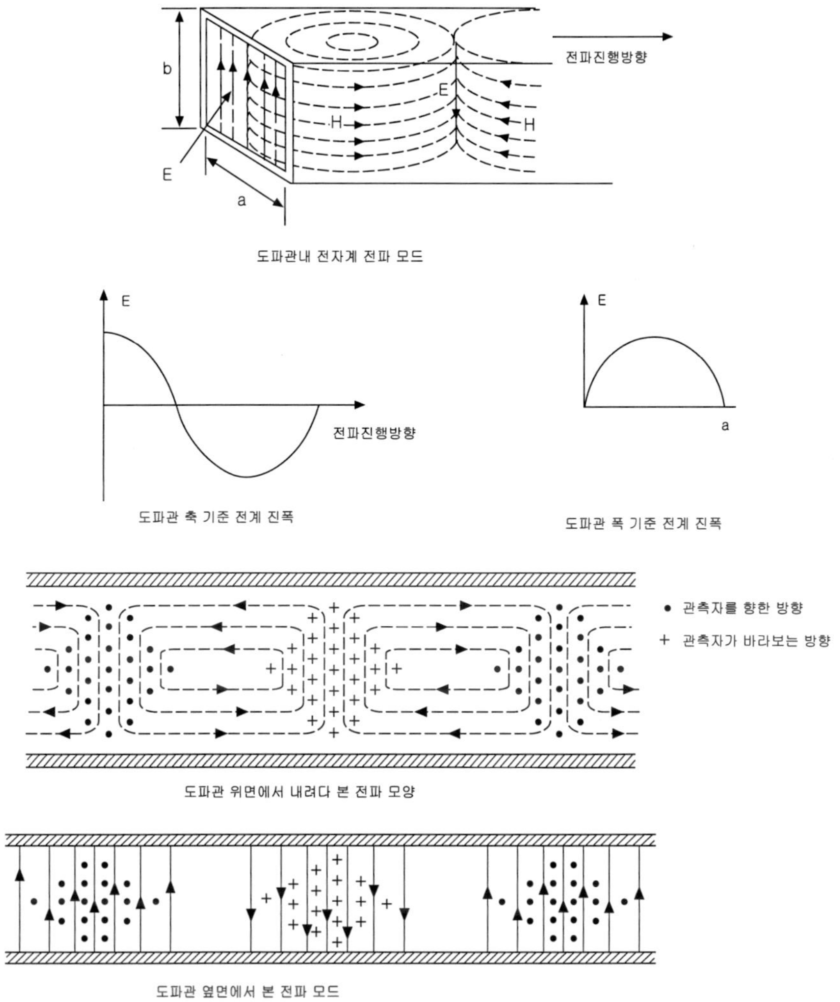

〈그림 3-2〉 도파관내에서 산란되는 평면파

3.2 직사각형도파관(rectangular waveguide)

3.2.1 직각좌표계에서의 파동 방정식의 해

주파수함수로 써진 전자파의 파동 방정식은 다음과 같다.

$$\nabla^2 E = \gamma^2 E$$
$$\nabla^2 H = \gamma^2 H \tag{2.123}$$

여기에서 $\gamma = \sqrt{j\omega\mu(\sigma + j\omega\varepsilon)} = \alpha + j\beta$

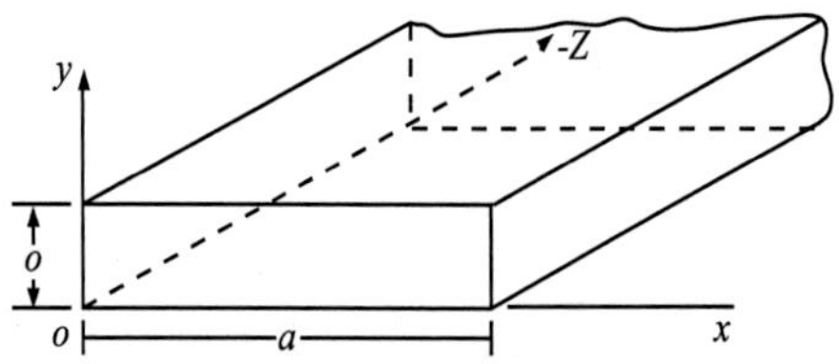

〈그림 3-3〉 직각좌표계에서의 구형도파관

E 또는 H 의 각각의 성분들은 스칼라 파동 방정식(Helmholtz 방정식)을 만족시킨다.

$$\nabla^2 \Psi = \gamma^2 \Psi \tag{2.124}$$

직각좌표계에서 윗 식은 다음과 같이 써진다.

$$\frac{\partial^2 \Psi}{\partial x^2} + \frac{\partial^2 \Psi}{\partial y^2} + \frac{\partial^2 \Psi}{\partial z^2} = \gamma^2 \Psi \tag{2.125}$$

이 미분방정식은 변수분리법에 의하여 다음과 같이 해를 가정하여 풀 수 있다.

$$\Psi = X(x)Y(y)Z(z) \tag{2.126}$$

여기에서 $X(x)$: x만의 함수, $Y(y)$: y만의 함수, $Z(z)$: z만의 함수. 이 식을 (2.125)식에 대입하고 양변을 $\Psi = X(x)Y(y)Z(z)$으로 나누면

$$\frac{1}{X}\frac{d^2 X}{dx^2} + \frac{1}{Y}\frac{d^2 Y}{dy^2} + \frac{1}{Z}\frac{d^2 Z}{dz^2} = \gamma^2 \tag{2.127}$$

윗 식 좌변의 3개항은 각각 개별적인 독립변수들만의 함수이고 그들의 합은 γ^2로 항상 일정하므로 각 항들의 값도 서로 다른 임의의 상수들로 나타내어져야 한다.

따라서 3개항들의 값을 $-k_x^{\ 2}$, $-k_y^{\ 2}$, $-k_z^{\ 2}$이라고 놓으면 다음과 같이 쓸 수 있다. 단 손실이 없는 경우에는 γ^2이 음의 실수이므로 k_x, k_y, k_z는 모두 실수이다.

$$-k_x^2 - k_y^2 - k_z^2 = \gamma^2 \tag{2.128}$$

$$\frac{d^2 X}{dx^2} = -k_x^{\ 2} X$$

$$\frac{d^2 Y}{dy^2} = -k_y^{\ 2} Y$$

$$\frac{d^2 Z}{dz^2} = -k_z^{\ 2} Z \tag{2.129}$$

진행방향과 수직인 x와 y 방향에 대해서는 도파관 양 끝점의 경계조건을 만족하는 정재파 패턴을 구해야 하므로, 그들의 해를 아래와 같은 꼴로 가정하여 경계조건으로부터 미정계수들을 구하기로 한다.

$$X = A\sin k_x x + B\cos k_x x$$
$$Y = C\sin k_y y + D\cos k_y y \tag{2.130}$$

그런데 도파관내부를 통과하는 전자파는 도파관벽에서의 경계조건을 만족하여야 하므로 당연히 전파상수가 자유 공간의 고유 전파상수 γ와 다르게 된다. 따라서 도파관내부의 전파상수를 γ_g라 하여 $-k_z{}^2 = \gamma_g{}^2$, $k_x{}^2 + k_y{}^2 = k_c{}^2$이라 놓고 전자파의 진행방향을 $+z$ 방향으로 가정하면 (2.132) 식으로부터 다음을 얻는다.

$$\gamma_g^2 = \gamma^2 + k_x^2 + k_y^2 = \gamma^2 + k_c^2 \tag{2.131}$$

여기에서 $k_c = \sqrt{k_x^2 + k_y^2}$ 을 차단파수(Cutoff Wave Number)라 한다.

자유 공간에서는 $\gamma^2 = -\omega^2\mu_o\varepsilon_o$ 이므로 도파관 내의 윗 식에서 전파상수 γ_g를 구하면 다음과 같이 된다.

$$\gamma_g = \pm j\sqrt{\omega^2\mu_o\varepsilon_o - k_c^2} \tag{2.132}$$

3.3 원형도파관

원형도파관의 구조는 관 모양으로 된 원형 도체로 이루어져 있다. 원형도파관을 통해 전파되는 평면파도 역시 TE 모드나 TM 모드로 나타난다.

3.3.1 원통좌표계에서의 파동방정식의 해

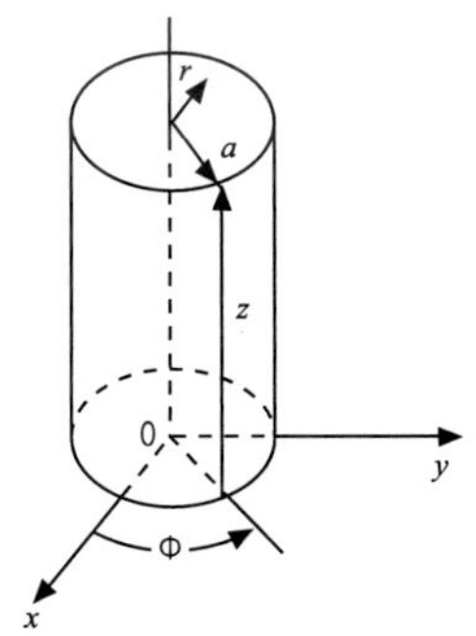

〈그림 3-4〉 원통좌표계

원통좌표계에서 스칼라 Helmholtz 방정식은 다음과 같이 주어진다.

$$\frac{1}{r}\frac{\partial}{\partial r}\left(r\frac{\partial \Psi}{\partial r}\right)+\frac{1}{r^2}\frac{\partial^2 \Psi}{\partial \phi^2}+\frac{\partial^2 \Psi}{\partial z^2}=\gamma^2\Psi \tag{2.133}$$

이 미분방정식을 풀기 위하여 구형도파관의 경우와 같이 변수분리법을 사용하여 해를 다음과 같이 가정한다.

$$\Psi=R(r)\Phi(\phi)Z(z) \tag{2.134}$$

$R(r)$: r 만의 함수
$\Phi(\phi)$: ϕ 만의 함수
$Z(z)$: z 만의 함수

(2.133) 식에 (2.134) 식을 대입하여 Ψ로 나누면 다음의 식을 얻을 수 있다.

$$\frac{1}{rR}\frac{d}{dr}\left(r\frac{dR}{dr}\right)+\frac{1}{r^2\Phi}\frac{d^2\Phi}{d\phi^2}+\frac{1}{Z}\frac{d^2Z}{dz^2}=\gamma^2 \tag{2.135}$$

윗 식에서 서로 독립인 세 항의 합이 상수이므로 각각의 항도 역시 상수가 되어야 한다. 세 번째 항을 상수 γ_g^2으로 가정하면

$$\frac{d^2Z}{dz^2}=\gamma_g^2 Z \tag{2.136}$$

위 방정식의 해를 구하면 다음과 같다.

$$Z=A_e^{-\gamma_g z}+B_e^{\gamma_g z} \tag{2.137}$$

여기에서 γ_g는 도파관 내의 전파상수이다.

또한 (2.135) 식 좌변의 세 번째 항에 γ_g^2을 대입하고 r^2을 곱하면 다음과 같다.

$$\frac{r}{R}\frac{d}{dr}\left(r\frac{dR}{dr}\right)+\frac{1}{\Phi}\frac{d^2\Phi}{d\phi^2}-(\gamma^2-\gamma_g^2)r^2=0 \tag{2.138}$$

윗 식으로부터 z에 이어 다시 r과 ϕ의 변수분리가 완료되었음을 알 수 있고, 따라서 각 항들을 임의의 상수로 놓고 해당 변수만의 함수들을 개별적으로 풀어 나갈 수 있다. 두번째 항을 상수 $-n^2$과 같다고 놓으면

$$\frac{d^2\Phi}{d\phi^2} = -n^2\Phi \tag{2.139}$$

이 방정식의 해 Φ는 다음과 같다.

$$\Phi = A_n \sin n\phi + B_n \cos n\phi \tag{2.140}$$

(2.139) 식의 ϕ항에 $-n^2$을 대입하고 $\gamma^2 - \gamma_g^2 = -k_c^2$ 이라 놓은 다음, 양변에 R을 곱하여 정리하면 다음 식을 얻는다.

$$r^2\frac{d^2R}{dr^2} + r\frac{dR}{dr} + [(k_c r)^2 - n^2]R = 0 \tag{2.141}$$

이 식은 n차 Bessel 방정식이며 다음 식을 Bessel 방정식의 특성 방정식이라고 한다.

$$k_c^2 + \gamma^2 = \gamma_g^2 \tag{2.142}$$

무손실 도파관에서는 $\gamma^2 = -\omega^2\mu_o\varepsilon_o$이므로 특성 방정식은 다음과 같이 바꿀 수 있다.

$$\beta_g = \pm\sqrt{\omega^2\mu_o\varepsilon_o - k_c^2} \tag{2.143}$$

식 (2.144)의 Bessel 방정식의 해는 다음과 같다.

$$R = C_n J_n(k_c r) + D_n N_n(k_c r) \tag{2.144}$$

여기서 $J_n(k_c r)$은 제1종 n차 Bessel 함수이고 $N_n(k_c r)$은 제2종 n차 Bessel 함수 또는 Neumann 함수라고 한다.

따라서 원통좌표계에서 Helmholtz 방정식의 전체적인 해는 다음과 같다.

$$\Psi = [C_n J_n(k_c r) + D_n N_n(k_c r)](A_n \sin n\phi + B_n \cos n\phi)e^{\pm j\beta_g z} \tag{2.145}$$

이제 윗 식의 미정계수를 결정하기 위하여 경계조건을 대입한다. 즉, 도파관 내부의 z 축상에서 전자계는 유한한 값을 갖는 데 비하여 〈그림 3-6〉을 보면 $r=0$에서 함수 N_n이 무한대가 되므로 $D_n = 0$이 되어야 한다.

또한 ϕ의 기준은 임의로 취할 수 있으므로 삼각함수의 합과 곱의 공식에 의해 두개의 sinusoidal 항은 다음과 같이 쓸 수 있다.

$$(A_n \sin n\phi + B_n \cos n\phi) = \sqrt{A_n^2 + B_n^2}\ \cos\left[n\phi + \tan^{-1}\left(\frac{A_n}{B_n}\right)\right]$$
$$= F_n \cos n\phi \qquad (2.146)$$

따라서 최종적인 원통좌표계에서의 Helmholtz 방정식의 해는 다음과 같이 쓸 수 있다.

$$\Psi = \Psi_o J_n(k_c r) \cos n\phi e^{-j\beta_g z} \qquad (2.147)$$

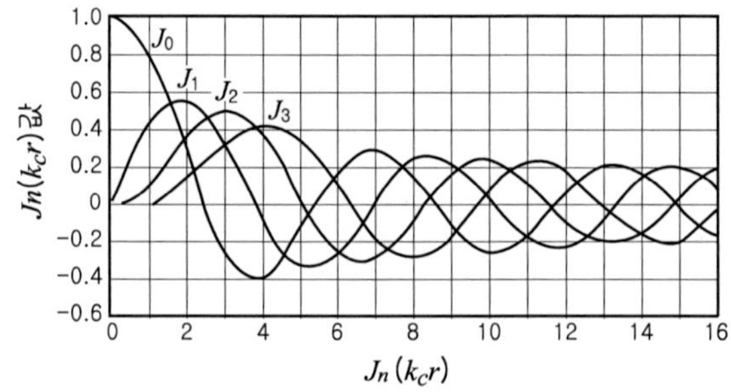

〈그림 3-5〉 제1종 Bessel 함수

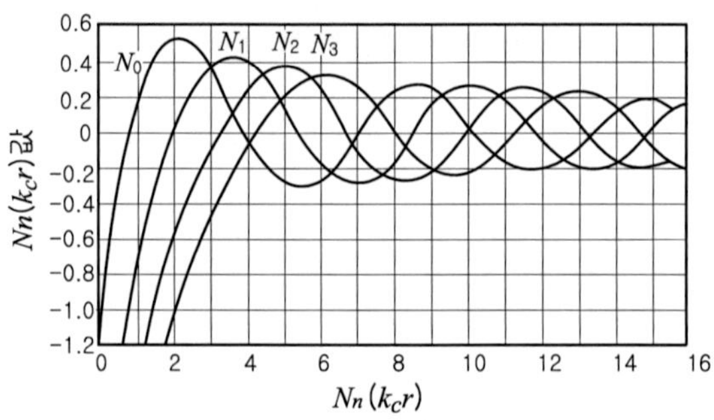

〈그림 3-6〉 제2종 Bessel 함수

3.3.2 원형도파관에서의 TE모드

원형도파관에서도 구형도파관에서와 마찬가지로 TE 모드에서는 전계의 z 방향 성분이 존재하지 않으며($E_z = 0$) 도파관을 통하여 전자파 에너지가 전송되기 위해서는 최소한 자계의 z 방향성분 H_z가 "0" 이 아니어야 한다.

따라서 H_z를 먼저 구하고 나서 그에 의해 다른 전자계성분들을 나타내기로 한다.

H_z에 관한 Helmholtz 방정식과 그 해는 다음과 같이 쓸 수 있다.

$$\nabla^2 H_z = \gamma^2 H_z \tag{2.148}$$

$$H_z = H_{oz} J_n(k_c r) \cos n\phi\, e^{-j\beta_g z} \tag{2.149}$$

이 H_z와 다른 전자계 성분들 사이의 관계를 구하기 위하여 Maxwell의 두 Curl 방정식 $\nabla \times E = -j\omega\mu_o H$과 $\nabla \times H = j\omega\epsilon_o E$를 원통좌표계 성분별로 전개한다.

$$\frac{1}{r}\frac{\partial E_z}{\partial \phi} - \frac{\partial E_\phi}{\partial z} = -j\omega\mu_o H_r$$

$$\frac{\partial E_r}{\partial z} - \frac{\partial E_z}{\partial r} = -j\omega\mu_o H_\phi$$

$$\frac{1}{r}\frac{\partial (rE_\phi)}{\partial r} - \frac{1}{r}\frac{\partial E_r}{\partial \phi} = -j\omega\mu_o H_z$$

$$\frac{1}{r}\frac{\partial H_z}{\partial \phi} - \frac{H_\phi}{\partial z} = j\omega\varepsilon_o E_r$$

$$\frac{\partial H_r}{\partial z} - \frac{\partial H_z}{\partial r} = -j\omega\varepsilon_o E_\phi$$

$$\frac{1}{r}\frac{\partial (rH_\phi)}{\partial r} - \frac{1}{r}\frac{\partial H_r}{\partial \phi} = -j\omega\varepsilon_o E_z$$

여기에 $\partial/\partial z = -j\beta g$, $E_z = 0$, $kc^2 = \omega^2\mu_o\epsilon_o - \beta g^2$을 대입하고 그들을 연립하여 풀어서 다음과 같은 결과를 얻는다.

$$E_r = \frac{-j\omega\mu_o}{k_c^2}\frac{1}{r}\frac{\partial H_z}{\partial \phi}$$

$$E_\phi = \frac{j\omega\mu_o}{k_c^2}\frac{\partial H_z}{\partial r}$$

$$E_z = 0$$

$$H_r = \frac{-j\beta_g}{k_c^2}\frac{\partial H_z}{\partial r}$$

$$H_\phi = \frac{-j\beta_g}{k_c^2}\frac{1}{r}\frac{\partial H_z}{\partial \phi}$$

$$H_z = H_{oz} J_n(k_c r) \cos n\phi e^{-j\beta_g Z} \tag{2.150}$$

이제 k_c를 결정하기 위하여 경계 조건을 고려하면, $r=a$인 도파관 내부표면에서의 전계의 접선성분 즉, ϕ 성분 E가 "0"이 되어야 하며 등가적으로 자계의 법선성분 H_r이 "0"이 되어야 한다. 이 조건을 윗 식에 대입하면 결과적으로 다음 조건식을 얻게 된다.

$$\left|\frac{\partial H_z}{\partial r}\right|_{r=a} = H_{oz} J_n'(k_c a)\cos n\phi e^{-j\beta_g z} = 0$$

그러므로

$$J_n'(k_c a) = 0 \tag{2.151}$$

여기에서 J_n'은 J_n의 미분함수이다.

(2.150) 식의 근은 $J_n(k_c a)$ 곡선의 최대점 또는 최소점으로서 대략 〈표 4-2〉와 같으며, Bessel 함수의 차수 n과 (2.150) 식의 해들의 순서 p가 TE_{np} 모드를 이룬다.

〈표 3-2〉 TE_{np} 모드를 위한 $J_n'(k_c a)=0$의 p번째 해

p	$n=0$	$n=1$	$n=2$	$n=3$	$n=4$	$n=5$
1	3.832	1.841	3.054	4.201	5.317	6.416
2	7.016	5.331	6.706	8.015	9.282	10.520
3	10.173	8.536	9.969	11.346	12.682	13.987
4	13.324	11.706	13.170			

〈표 3-2〉안의 값들을 X'_{np}라 하면 k_c의 허용치는 다음과 같다.

$$k_c = \frac{X'_{np}}{a} \tag{2.152}$$

여기에서 $n = 0, 1, 2, 3, \cdots$

$p = 1, 2, 3, 4, \cdots$

(2.150) 식에 (2.149) 식을 대입하면 원형도파관에서의 TE_{np}에 관한 최종적인 전자계의 해를 다음과 같이 얻을 수 있다.

$$E_r = E_{or} J_n\left(\frac{X'_{np} r}{a}\right)\sin n\phi e^{-j\beta_g z}$$

$$E_\phi = E_{o\phi} J_n'\left(\frac{X'_{np} r}{a}\right)\cos n\phi e^{-j\beta_g z}$$

$$E_z = 0$$

$$H_r = H_{or} J_n{}'\left(\frac{X'_{np} r}{a}\right)\cos n\phi e^{-j\beta_g z},\ H_{or} = -\frac{B_{o\phi}}{Z_g}$$

$$H_\phi = H_{o\phi} J_n\left(\frac{X'_{np} r}{a}\right)\sin n\phi e^{-j\beta_g z},\ H_{o\phi} = \frac{E_{or}}{Z_g}$$

$$H_z = H_{oz}\ J_n\left(\frac{X'_{np} r}{a}\right)\cos n\phi e^{-j\beta_g z} \tag{2.156}$$

결국 원형도파관의 TE 모드에 대한 전파상수는 (2.143) 식과 (2.155) 식에 의해 특성 방정식은 다음과 주어진다.

$$\beta_g = \sqrt{\omega^2 \mu_o \varepsilon_o - (\frac{X'_{np}}{a})} \tag{2.154}$$

차단 주파수는 다음과 같다.

$$k_c = \frac{X'_{np}}{a} = \omega_c \sqrt{\mu_o \varepsilon_o} \text{ 로부터}$$

$$f_c = \frac{X'_{np}}{2\pi a \sqrt{\mu_o \varepsilon_o}} \tag{2.155}$$

위상속도는 $\beta_g = \pm \sqrt{\omega^2 \mu_o \varepsilon_o - k_c^2}$ 로부터

$$V_p = \frac{\omega}{\beta_g} = \frac{c}{\sqrt{1-(f_c/f)^2}} \tag{2.156}$$

($c = 1/\sqrt{\mu_o \varepsilon_o}$: 빛의 속도)

따라서 관내 파장은 다음과 같이 주어진다.

$$\lambda_g = \frac{\lambda_o}{\sqrt{1-(f_c/f)^2}} \tag{2.157}$$

($\lambda_o = c/f$: 자유 공간 파장)

도파관의 파동 임피던스는 다음과 같다.

$$Z_g = \frac{\omega\mu_o}{\beta_g} = \frac{\eta}{\sqrt{1-(f_c/f)^2}} \quad (2.158)$$

($\sqrt{\mu_o/\varepsilon_o}$; 무한 유전체에서의 고유 임피던스)

예제 1

내부가 공기로 찬 원형도파관에 전자파가 TE_{11} 모드로 진행하고 있을 때 도파관의 반지름을 5cm라 하고 다음을 구하라.

1) 차단 주파수
2) 동작주파수가 3GHz일 경우의 관내파장
3) 그 때의 파동 임피던스

풀이 1) 〈표 3-2〉로부터 TE_{11} 즉, $n=1$, $p=1$인 경우에 $X'11=1.841$이므로 (2-152) 식에 의해 차단파수는 다음과 같다.

$$k_{c=}\frac{X'_{np}}{a} = \frac{1.841}{a} = \frac{1.841}{5\times10^{-2}} = 36.82$$

따라서 차단 주파수는

$$f_c = \frac{X'_{np}}{2\pi\sqrt{\mu_o\varepsilon_o}} = \frac{(36.82)(3\times10^8)}{2\pi} = 1.758\times10^9\text{ Hz}$$

2) 위상정수는 다음과 같다.

$$\begin{aligned}\beta_g &= \sqrt{\omega^2\mu_o\varepsilon_o - k_c^2}\\ &= \sqrt{(2\pi\times3\times10^9)^2(4\pi\times10^{-7}\times8.85\times10^{-12})-(36.82)^2}\\ &= 50.9\text{ radian/m}\end{aligned}$$

따라서 관내파장은 다음과 같이 구할 수 있다.

$$\lambda_g = \frac{2\pi}{\beta_g} = \frac{6.28}{50.9} = 12.3\text{ cm}$$

3) 도파관의 특성 임피던스는

$$Z_g = \frac{\omega\mu_o}{\beta_g} = \frac{(2\pi\times3\times10^9)(4\pi\times10^{-7})}{50.9} = 465\Omega$$

3.3.3 원형도파관에서의 TM모드

원형도파관에서의 TM_{np} 모드도 자계의 z 방향 성분이 존재하지 않으며($H_z=0$) 전계의 z 방향성분 E_z는 "0"이 아니므로 H_z를 구하고 나서 그에 의해 다른 전자계성분들을 나타내기로 한다.

H_z에 관한 Helmholtz 방정식과 그 해는 다음과 같이 쓸 수 있다.

$$\nabla^2 E_z = \gamma^2 E_z \tag{2.159}$$

$$E_z = E_{oz} J_n(k_c r)\cos n\phi e^{-j\beta gZ} \tag{2.160}$$

여기에서 k_c를 결정하기 위해 전계의 접선성분 E_z가 $r=a$에서 "0"이 되는 경계조건을 대입하면 다음과 같다.

$$J_n(k_c a) = 0 \tag{2.161}$$

$J_n(k_c r)$은 진동함수이므로 〈표 3-2〉과 같이 무수히 많은 수의 Zero-crossing을 가지며 그것이 곧 근 X_{np}이므로

$$X_{np} = k_c a,\ k_c = \frac{X_{np}}{a} \tag{2.162}$$

여기에서 $n = 0, 1, 2, 3, \cdots$
$p = 1, 2, 3, 4, \cdots$

〈표 3-3〉 TM_{np} 모드를 위한 $J_n(k_c a)=0$의 p번째 해

p	$n=0$	$n=1$	$n=2$	$n=3$	$n=4$	$n=5$
1	2.405	3.832	5.136	6.380	7.588	8.771
2	5.520	7.106	8.417	9.761	11.065	12.339
3	8.645	10.173	11.620	13.015	14.372	
4	11.792	13.324	14.796			

이제 E_z와 다른 전자계성분들 사이의 관계를 구하기 위하여 두 Maxwell 방정식 $\nabla \times E = -j\omega\mu_o H$과 $\nabla \times H = j\omega\epsilon_o E$를 원통좌표계 성분별로 전개한 다음 연립하여 풀면 다음과 같다.

$$\frac{1}{r}\frac{\partial E_z}{\partial \phi} - \frac{\partial_\phi E}{\partial z} = -j\omega\mu_o H_r$$
$$\frac{\partial E_r}{\partial z} - \frac{\partial E_z}{\partial r} = -j\omega\mu_o H_\phi$$
$$\frac{1}{r}\frac{\partial (rE_\phi)}{\partial r} - \frac{1}{r}\frac{\partial E_r}{\partial \phi} = -j\omega\mu_o H_z$$
$$\frac{1}{r}\frac{\partial H_z}{\partial \phi} - \frac{H_\phi}{\partial z} = j\omega\varepsilon_o E_r$$
$$\frac{\partial H_r}{\partial z} - \frac{\partial H_z}{\partial r} = -j\omega\varepsilon_o E_\phi$$
$$\frac{1}{r}\frac{\partial (rH_\phi)}{\partial r} - \frac{1}{r}\frac{\partial H_r}{\partial \phi} = -j\omega\varepsilon_o E_z \qquad (2.163)$$

여기에 $\partial/\partial z = -j\beta g$, $E_z = 0$, $k_c^2 = \omega^2\mu_o\epsilon_o - \beta_g^2$을 대입하고 그들을 연립하여 풀어서 다음과 같은 결과를 얻는다.

$$E_r = \frac{-j\beta_g}{k_c^2}\frac{\partial E_z}{\partial r}$$
$$E_\phi = \frac{-j\beta_g}{k_c^2}\frac{1}{r}\frac{\partial E_z}{\partial \phi}$$
$$E_z = E_{oz}J_n(k_c r)\cos n\phi e^{-j\beta_g z}$$
$$H_r = \frac{j\omega\varepsilon_o}{k_c^2}\frac{1}{r}\frac{\partial E_z}{\partial \phi}$$
$$H_\phi = \frac{-j\omega\varepsilon_o}{k_c^2}\frac{\partial E_z}{\partial r}$$
$$H_z = 0 \qquad (2.164)$$

(2.163)의 각 식에 E_z를 대입하면 원형도파관에서의 TM_{np}에 관한 최종적인 전자계의 해를 다음과 같이 얻을 수 있다.

$$E_r = E_{\mathrm{or}}\ J_n{}'\left(\frac{X_{np}r}{a}\right)\cos n\phi e^{-j\beta_g z} \qquad (2.165)$$

$$E_\phi = E_{o\phi}J_n\left(\frac{X_{np}r}{a}\right)\sin n\phi e^{-j\beta_g z} \qquad (2.166)$$

$$E_z = H_{oz} J_n (\frac{X_{np} r}{a}) \cos n\phi e^{-j\beta_g z} \tag{2.167}$$

$$H_r = H_{or} J_n \left(\frac{X_{np} r}{a} \right) \sin n\phi e^{-j\beta_g z}, \ H_{or} = \frac{E_{o\phi}}{Z_g} \tag{2.168}$$

$$H_\phi = H_{o\phi} J_n{}' (\frac{X_{np} r}{a}) \cos n\phi e^{-j\beta_g z}, \ H_{o\phi} = \frac{E_{or}}{Z_g} \tag{2.169}$$

$$H_z = 0 \tag{2.170}$$

결국 원형도파관의 TM 모드 특성 방정식은 다음과 같다.

전파상수 $$\beta_g = \sqrt{\omega^2 \mu_o \varepsilon_o - \left(\frac{X_{np}}{a} \right)^2} \tag{2.171}$$

차단파수 $$k_c = \frac{X_{np}}{a} = \omega_c \sqrt{\mu_o \varepsilon_o} \tag{2.172}$$

차단 주파수 $$f_c = \frac{X_{np}}{2\pi a \sqrt{\mu_o \varepsilon_o}} \tag{2.173}$$

위상속도 $$V_p = \frac{\omega}{\beta_g} = \frac{c}{\sqrt{1 - \left(\frac{f_c}{f} \right)^2}} \tag{2.174}$$

관내파장 $$\lambda_g = \frac{\lambda}{\sqrt{1 - \left(\frac{f_c}{f} \right)^2}} \tag{2.175}$$

특성 임피던스 $$Z_g = \frac{\beta_g}{\omega \varepsilon_o} = \eta \sqrt{1 - \left(\frac{f_c}{f} \right)^2} \tag{2.176}$$

원형도파관에서의 Dominant Mode 즉, 가장 낮은 차단 주파수를 갖는 모드는 $k_c a = 1.841$인 TE_{11} 모드이다.

예제 2

텅 빈 반지름 2cm의 원형도파관에 10GHz의 전자파를 전송한다. 에너지 전송이 가능한 모든 TE_{np} 모드와 TM_{np} 모드를 구하시오.

풀이 $\beta_g = \sqrt{\omega^2\mu_o\varepsilon_o - k_c^2} = 0$가 되는 경우가 경계점이므로 $k_c < \omega\sqrt{\mu_o\varepsilon_o}$인 경우에만 전파가 가능하다.

그런데 도파관의 치수와 전자파의 주파수가 상수이므로 $k_c a$도 상수이며 다음과 같다.

$$k_c a = (\omega\sqrt{\mu_o\varepsilon_o})a = \frac{2\pi\times 10^{10}}{3\times 10^8}(2\times 10^{-2}) = 4.18$$

따라서 $k_c = \dfrac{X'_{np}}{a}$ 또는 $k_c = \dfrac{X_{np}}{a}$와 〈표 3-1〉, 〈표 3-2〉로부터 임의의 X'_{np} 또는 X_{np} 값이 4.18 보다 작거나 같은 값을 갖는 모드로 10GHz의 주파수의 전자파를 전송시킬 수 있다. 즉

$$X'_{np},\ X_{np} \le 4.18$$

결국 10GHz의 주파수로 전자파 전송이 가능한 모드는 다음과 같다.

$TE_{11}(1.841)$ $\quad$ $TM_{01}(2.405)$

$TE_{21}(3.054)$ $\quad$ $TM_{11}(3.832)$

$TE_{01}(3.832)$

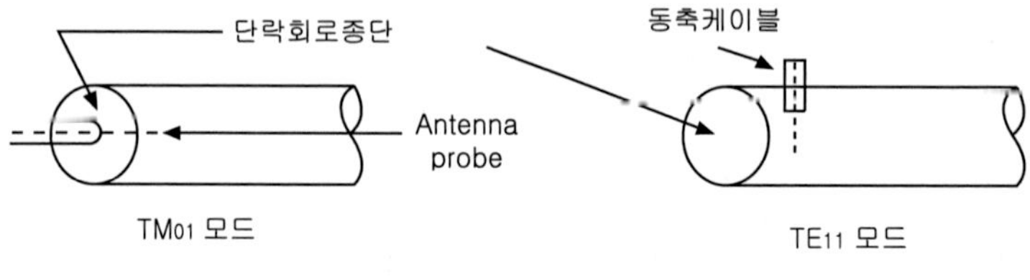

〈그림 3-7〉 원형 도파관의 여기방법

〈표 3-4〉 제반 전송 선로의 비교

종류	재질	형식	외경크기	전력	유연성
1 Coaxial	Teflon	0.141"dia	0.14dia	50W	semi-flexible
2 Coaxial	Polyethylene	RG 8	0.42dia	30W	flexible
3 Coaxial	Helicalpolystyrene	7/8"HELIAX	1.0dia	700W	semi-flexible
4 Coaxial	Air	3-1/8"RIGID	3.5dia	12kW	rigid
5 Rectangular WG	Aluminum	WR770	8×4	57MW	rigid
6 Rectangular WG	Aluminum	WR187	2×1	3MW	rigid
7 Rectangular WG	Brass	WR90	1×0.5	730kW	rigid
8 Rectangular WG	Brass	WR62	0.7×0.4	440kW	rigid
9 Rectangular WG	Silver	WR28	0.36×0.22	95kW	rigid
10 Rectangular WG	Silver	WR8	0.016dia	1.8kW	rigid
11 Elliptical WG	Aluminum	RG379	2.5×1.5	20kW	semi-riged
12 Flexible	Copper	WE44			
Elliptical WG			2.5×1.5	4kW	flexible
13 Ridged WG	Aluminum	WRD750 D24	0.7×0.4	100kW	rigid
14 Overmoded	Copper with				
Circular WG	Teflon Liner	60mm dia	4dia	-	rigid
15 Microstrip	Gold on Alumina	0.025"	-	50W	rigid

3.4 파동속도(Wave Velocity)

전파가 전달되는 어떠한 시스템이건 간에 신호전달이나 에너지전달, 또는 파두전달 등에 따른 파동속도를 접하게 된다.

여기에서는 도파관내에서의 전자파 전달에 따른 이 속도들에 관하여 논하기로 한다.

위상속도(Phase Velocity)

앞에서 공기로 채워진 임의의 도파관에서의 위상속도와 관내파장은 다음과 같음을 유도했다.

$$V_p = \frac{\omega}{\beta_g} = \frac{c}{\sqrt{1-\left(\frac{f_c}{f}\right)^2}} \tag{2.177}$$

$$\lambda_g = \frac{\lambda o}{\sqrt{1-\left(\frac{f_c}{c}\right)^2}} \tag{2.178}$$

여기에서 c는 빛의 속도이고 λ_o는 자유 공간 파장이며, 상기의 두 식을 나누면 위상 속도를 다음과 같이 나타낼 수 있다.

$$\frac{V_p}{\lambda_g} = \frac{c}{\lambda_o} \tag{2.179}$$

$$V_p = \left(\frac{\lambda_g}{\lambda_o}\right)c \tag{2.180}$$

그런데 통상 $\lambda_g > \lambda_o$이기 때문에 위상속도는 광속보다 커지게 되고, 이는 어떠한 신호나 에너지도 광속보다 빠르게 전달될 수 없다고 하는 상대성 원리에 위배되는 것으로 커다란 의문이 생길 수도 있다.

그러나 그러한 의문점은 신호가 $t = -\infty$에서 $+\infty$까지 존재해야 하는 이상적인 정현파를 생각해보면 해소될 수 있다. 실제적으로 그러한 정현파는 존재하지 않겠지만, $t = 0$에서 시작되는 신호원으로부터 l 만큼 떨어진 관측자는 l/c 만큼의 시간이 지난 후에 波頭를 보게 될 것이고, 그 후부터는 정상상태로서 이상적인 정현파처럼 시간적으로 변하는 파를 보게 될 것이다.

그와 같이 에너지가 이미 전달된 상태에서 신호원과 관측자 사이에 놓여 있는 도파관 내부의 전자계 분포를 보면, 파장이 자유 공간 파장보다 더 길어져 있기 때문에 그 값에 일정한 동작 주파수를 곱해보면 광속보다 큰 위상속도를 얻을 수 있다. 그렇지만 그 위상속도가 정보를 실고 있는 시간함수 신호나 파두, 또는 에너지의 전달속도 같은 물리적인 양과는 아무런 상관이 없음을 알 수 있다.

군속도(Group Velocity)

도파관이 공기로 차있는 한 전자파의 파두는 광속 c로 전달되고, 따라서 그 뒤를 따라오는 파는 파장이 길어져 있기 때문에 길어진 만큼 한 파장이 전달되어 오는 시간이 많이 걸린다. 결국 에너지가 전달되는 속도는 그 만큼 떨어지는 것이다.

군속도(Group Velocity)의 물리적인 정의는 아주 좁은 대역의 주파수 성분들로 이루어진 신호가 전파되는 속도를 말하며, 이의 해석에 가장 적합한 방법은 Fourier 변환이다.

이제 임의의 시간함수 $f(t)$의 Fourier Transform Pair를 $F(\omega)$라 하면 그들은 다음과 같은 관계를 갖는다.

$$F(\omega) = \int_{-\infty}^{+\infty} f(t)e^{-j\omega t}dt \tag{2.181}$$

$$f(t) = \frac{1}{2\pi}\int_{-\infty}^{+\infty} F(\omega)e^{j\omega t}d\omega \tag{2.182}$$

만일 이러한 신호를 전달함수가 $H(\omega)$인 임의의 회로(예를 들어 필터)에 입력시켰을 때의 출력을 $f_o(t)$라 하면, 그 출력의 주파수 스펙트럼은 $F(\omega)H(\omega)$이므로 다음과 같이 쓸 수 있다.

$$f_o(t) = \frac{1}{2\pi}\int_{-\infty}^{+\infty} F(\omega)H(\omega)e^{j\omega t}d\omega \tag{2.183}$$

그런데 일반적으로 $H(\omega) = |H(\omega)|e^{-j\phi(\omega)}$와 같이 절대값과 위상각으로 나타낼 수 있으므로 (2.175) 식은 다음과 같이 써진다.

$$f_o(t) = \frac{1}{2\pi}\int_{-\infty}^{+\infty} F(\omega)|H(\omega)|e^{j(\omega t-\phi)}d\omega \tag{2.184}$$

여기에서 출력 $f_o(t)$가 $f(t)$와 닮은꼴이 되기 위하여서는, 즉 회로가 Distortion없이 입력을 재생하기 위해서는, $|H(\omega)| = A$로 상수이어야 하고, $\phi(\omega) = a^{\omega} + b$와 같이 ω에 정비례하여야 한다. 그를 증명하기 위해 그들을 (2.176) 식에 대입하여 다시 쓰면 다음과 같이 된다.

$$f_o(t) = \frac{A}{2\pi}e^{jb}\int_{-\infty}^{+\infty} F(\omega)e^{j\omega(t-a)}d\omega \tag{2.185}$$

이식에 $t - a = t'$으로 변수치환을 행하면 아래와 같다.

$$\begin{aligned} f_o(t'+a) &= \frac{Ae^{-jb}}{2\pi}\int_{-\infty}^{+\infty} F(\omega)e^{j\omega t'}d\omega \\ &= Ae^{-jb}f(t') \end{aligned} \tag{2.186}$$

따라서 왜곡(Distortion)이 없는 시스템의 출력 시간함수는 다음과 같이 쓸 수 있다.

$$f_o(t'+a) = f_o(t) = Ae^{-jb}f(t-a) \tag{2.187}$$

이제 도파관의 경우를 보면 도파관내 전자계의 횡방향변화는 Mode가 주어지면 주파수에 무관하고, 주파수의 함수로 나타내어지는 부분은 z방향성분인 $e^{-\beta_g z}$ 밖에 없으며, 그 때의 위상정수, β_g는 (2.171) 식에 따라 아래와 같이 주파수의 함수로 주어진다.

$$\beta_g = \sqrt{(\omega^2\mu_o\varepsilon_o - k_c^2)},\ c = 1/\mu_o\varepsilon_o \tag{2.188}$$

그런데 (2-173) 식은 주파수영역에서 기술된 식이므로 길이가 l 인 도파관은 주파수 의존도가 $e^{-j\beta l}$ 인 필터로 간주될 수 있는데, 전파상수는 ω 에 정비례 못하기 때문에 당연히 어느 정도의 신호왜곡(Signal Distortion)을 동반하게 된다. 이상적인 TEM-파 전송선로는 $\beta = \omega / c$ 로서 전혀 왜곡이 없는 전송이 가능하지만, 실제 선로에서서는 평행 2-선 선로조차도 감쇠상수가 주파수의 함수이기 때문에 왜곡이 발생되게 된다. 협대역(Narrow-band) 신호의 경우에는 아주 긴 선로를 사용하지 않는 한, 도파관 등의 어떠한 선로에서도 심각한 왜곡이 발생되지 않는다.

이제 도파관에 새로운 형태의 신호입력을 고려하기 위하여 대역이 $-f_m$과 f_m 사이의 대역을 갖는 시간함수 $f(t)$를 가지고 $f_c \gg f_m$ 인 반송파를 변조시킨다 하면, 적변조(Product Modulation)된 신호는 다음과 같이 나타내어진다.

$$S(t) = f(t)\cos\omega_c t = R_e(f(t)e^{j\omega_c t}) \tag{2.189}$$

상기의 식을 Fourier 변환한 $S(t)$의 스펙트럼 $F_s(\omega)$는 다음과 같이 쓸 수 있다.

$$\begin{aligned} F_s(\omega) &= \int_{-\infty}^{+\infty} [f(t)\cos\omega_c t]e^{-j\omega t}dt \\ &= \int_{-\infty}^{+\infty} e^{-j\omega t} f(t) \frac{e^{j\omega_c t} + e^{-j\omega_c t}}{2} dt \\ &= \frac{1}{2}\int_{-\infty}^{+\infty} f(t)(e^{-j(\omega - \omega_c)t} + e^{-j(\omega + \omega_c)t})dt \\ &= \frac{1}{2}(F(\omega - \omega_c) + F(\omega + \omega_c)) \end{aligned} \tag{2.190}$$

그런데 모든 물리적인 시스템의 $|H(\omega)|$는 ω 에 대하여 우함수이고, $\phi(\omega)$는 ω 에 대하여 기함수로 나타내어지는 데 비해, 도파관의 주파수응답 $e^{-j\beta g(\omega)l}$에서는 $\beta g(\omega)$가 (2.188) 식에서 알 수 있듯이 ω 에 대하여 우함수이기 때문에, 양의 ω 에 대해서는 $e^{-j\beta g(\omega)l}$을 사용하지만, 음의 ω 에 대해서는 도파관의 주파수 응답으로 $e^{-j\beta g(\omega)l}$을 선택하여야 한다.

그 이유는 $\pm\omega$ 값에 따라 시간변화(Time Dependence) $e^{j\omega t}$ 또는 $e^{-j\omega t}$와 함께 위상이 $-(\omega t^{-\beta_g z})$ 또는 $(\omega t^{-\beta_g z})$로 되어 전자파가 진행하면서 항상 시간과 위치에 따라 특정 위상점이 이동함을 정의할 수 있기 때문이다.

따라서 (2.190) 식의 스펙트럼을 갖는 신호를 길이가 l 인 도파관에 입력시켰을 때의 출력스펙트럼 $F_o(\omega)$와 출력신호는 다음과 같이 쓸 수 있다.

$$F_o(\omega) = \frac{1}{2}(F(\omega - \omega_c)e^{-j\beta_g(\omega)l} + F(\omega + \omega_c)e^{j\beta_g(\omega)l})$$

$$S_o(t) = \frac{1}{2\pi}\int_{-\infty}^{+\infty} F_o(w)e^{j\omega t}d\omega \qquad (2.191)$$

만일 변조파를 복소형태로 $f(t) \quad e^{j\omega t}$와 같이 나타낸다면 그 스펙트럼은 $F(\omega - \omega_c)$로서 $-\omega_m \le \omega \le \omega_m$의 대역내에서만 “0” 이 아닌 값을 갖게 되고, 상기의 스펙트럼중 한 쪽에 대해서만 고려하면 되므로 계산이 매우 간단해질 수 있으며, 그 경우에 출력신호 $S_o(t)$는 실함수로 아래와 같이 구해진다.

$$S_o(t) = Re\left[\frac{1}{2\pi}\int_{\omega_c - \omega_m}^{\omega_c + \omega_m} F(\omega - \omega_c)e^{j(\omega t - \beta g(\omega)l)}d\omega\right] \qquad (2.192)$$

그리고 변조파의 대역폭이 반송파 주파수에 비하여 충분히 좁아서 $\omega_m \ll \omega_c$일 경우에 대역내의 모든 주파수는 ω_c 값에 근접해 있다고 볼 수 있으며, 따라서 $\beta_g(\omega)$를 ω_c 근처에서 Taylor 급수로 다음과 같이 전개 및 근사될 수 있다.

$$\beta_g(\omega) = \beta_g(\omega_c) + \left.\frac{d\beta_g}{d\omega}\right|_{\omega_c}(\omega - \omega_c)^2 + \frac{1}{2}\left.\frac{d^2\beta_g}{d\omega^2}\right|_{\omega_c}(\omega - \omega_c)^2 +$$

$$\fallingdotseq \beta_g(\omega_c) + \left.\frac{d\beta_g}{d\omega}\right|_{\omega_c}(\omega - \omega_c) \qquad (2.193)$$

여기에서 첫 번째 및 두 번째 항을 각각 다음과 같이 간단히 표기하면

$$\beta_g(\omega_c) = \beta_o \qquad \left.\frac{d\beta_g}{d\omega}\right|_{\omega_c} = \beta_o{}' \qquad (2.194)$$

(2.192) 식은 아래와 같이 쓸 수 있다.

$$S_o(t) = Re\left(\frac{1}{2\pi}\int_{\omega_c - \omega_m}^{\omega_c + \omega_m} F(\omega - \omega_c)e^{j(\omega t - [\beta_0 + \beta_o{}'(\omega - \omega_c)]l}d\omega\right) \qquad (2.195)$$

$$= Re\left(\frac{1}{2\pi}\int_{\omega_c - \omega_m}^{\omega_c + \omega_m} F(\omega - \omega_c)e^{j\omega(t - \beta_o{}'l)}\, e^{-j(\beta_o l + \beta_o{}' l\omega_c)}d\omega\right)$$

$$= Re\left(\frac{e^{-j(\beta_o l + \beta_o{}' l\omega_c)}}{2\pi}\int_{\omega_c - \omega_m}^{\omega_c + \omega_m} F(\omega - \omega_c)e^{j\omega(t - \beta_o{}'l)}d\omega\right)$$

윗식의 변수를 치환하여 $t - \beta_o{}'l = t'$을 대입하면

$$S_o(t) = Re\frac{e^{-j\beta_o l + j\beta_o' l\omega_c}}{2\pi}\int_{-\omega_m}^{+\omega_m} F(\omega-\omega_c)e^{j(\omega-\omega_c)t'}d(\omega-\omega_c)e^{j\omega_c t'}$$
$$= Re\left(e^{-j\beta_o l + j\beta_o' l\omega_c}f(t')e^{j\omega_c t'}\right)$$
$$= Re\left(e^{-j\beta_o l + j\beta_o' l\omega_c}f(t-\beta_o' l)e^{j\omega_c(t-\beta_o' l)}\right)$$
$$= Re\left(f(t-\beta_o' l)e^{j(\omega_c t - \beta_o l)}\right)$$
$$= f(t-\beta_o' l)\cos(\omega_c t - \beta_o l) \tag{2.196}$$

(2.193) 식에서 $\beta_g(\omega)$가 $-\omega_m \le \omega \le \omega_m$ 범위 내에서 무왜곡조건(Distortion-Free Condition)이 되었기 때문에, 윗식에서 입력신호 $f(t)$가 시간지연이 $\beta_o' l$ 만큼 있을 뿐, 전혀 왜곡됨이 없이 완전히 재생되었음을 알 수 있으며, 따라서 그 경우에 시간지연에 의해 군속도(Group Velocity)를 v_g를 정의할 수 있고, 그 크기는 아래와 같이 길이 l을 지연시간으로 나눈 것이 된다.

$$V_g = \frac{1}{\beta_o' l} = \left(\frac{d\beta_g}{d\omega}\right)^{-1} \tag{2.197}$$

이 군속도가 신호의 속도로서 이는 주파수대역이 충분히 좁아서 β_g가 선형적으로 근사될 수 있을 경우에만 의미가 있고, 대역이 넓을 경우에는 (2.193) 식에서 2차항 이상을 고려하여야 하므로 필연적으로 신호의 왜곡을 수반하게 되며, 유일한 신호의 속도를 정의할 수 없기 때문에 (2.194) 식의 군속도는 더 이상 신호의 속도를 나타내지 못한다. 그 경우에 대역의 각 부분 신호마다 다른 속도로 진행하기 때문에 결과적인 신호는 시간 및 공간적으로 퍼지게 된다.

도파관의 경우에는 (2.194) 식에 (2.190) 식을 대입하면 다음과 같은 군속도를 얻는다.

$$V_g = \left(\frac{d\beta_g}{d\omega}\right)^{-1} = \left(\frac{d\beta_g}{d(c\beta)}\right)^{-1} = c\frac{d\beta}{d\beta_g} \tag{2.198}$$
$$= \left(\frac{(\sqrt{\omega^2/c^2 - k_c^2})}{d\omega}\right)^{-1}$$
$$= \left(\frac{1}{2}\frac{2\omega/c^2}{\sqrt{(\omega^2/c^2 - k_c^2)}}\right)^{-1}$$
$$= \left(\frac{\omega/c^2}{\beta_g}\right)^{-1} = \left(\frac{\omega\lambda_g}{2\pi c^2}\right)^{-1}$$

$$= \frac{2\pi c^2}{\omega\lambda_g} = \frac{2\pi c f \lambda_o}{2\pi f \lambda_g} = \frac{\lambda_o/2\pi}{\lambda_g/2\pi} c$$

$$= \frac{\beta}{\beta_g} c = \frac{\lambda_o}{\lambda_g} c$$

여기에서 $\beta = \omega\sqrt{\mu_o \varepsilon_o}$; 자유공간의 전파상수 (2.199)

$\beta_g = \sqrt{(\omega^2 \mu_o \varepsilon_o - k_c^2)}$; 도파관의 전파상수 (2.200)

$c = 1/\mu_o \varepsilon_o = f\lambda_o$; 빛의 속도

그런데 $\lambda_g > \lambda_o$이므로 $v_g < c$이고, 또한 (2.188) 식을 (2.172) 식과 비교하여 보면 $v_g v_p = c^2$임을 쉽게 알 수 있다.

도파관에 있어 β와 β_g 사이의 통상적인 관계를 〈그림 3-8〉에 보였는데, 그로부터 주파수가 높아질수록 β와 β_g가 거의 일치하므로 차단주파수보다 훨씬 높은 주파수에서는 Dispersion에 의한 왜곡도 없고 빛의 속도로 전파됨을 알 수 있고, 또한 차단 주파수 근처에서라도 대역폭이 아주 작을 경우에는 β_g에 대한 일차근사가 상당히 정확해짐을 알 수 있다. 차단 주파수 이하에서는 어떠한 신호도 도파관을 따라 진행할 수 없다.

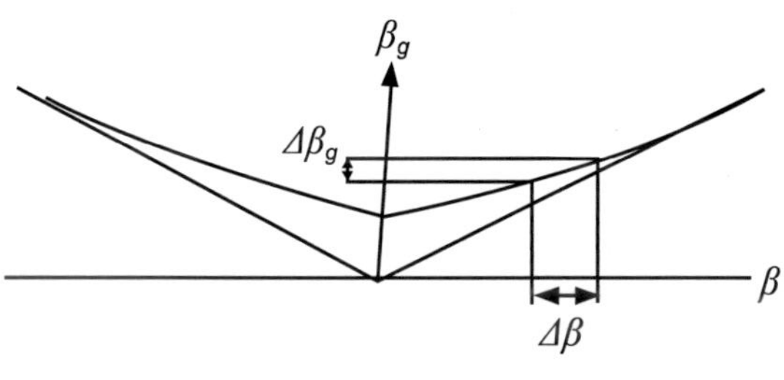

〈그림 3-8〉 β에 대한 β_g의 변화

4 마이크로웨이브 신호 제어소자

4.1 개 요

- ❑ 마이크로웨이브 신호 제어소자는 마이크로웨이브 신호의 주파수, 전력, 기타 신호특성들을 제어하는 소자로서 주로 도파관, 평면형 전송선로(stripline, microstrip line), 페라이트체, 반도체 등의 성질을 이용하여 구성되는 소자들을 말한다.
- ❑ 마이크로웨이브 신호 제어소자로는 종단기(terminator), 방향성 결합기(directional coupler), 혼합기(mixer), 격리기(isolator), 회전자(circulator), 필터(filter), 다중화기(multiplex), 감쇠기(attenuator), 스위치(switch), 위상편이기(phase shifter), 검파기(detector) 등이 있다.

4.2 소자구성체의 기본성질

4.2.1 평면형 전송선로(stripline & microstripline)

4.2.1.1 스트립라인

가. 개 요

- ❑ 스트립라인은 동축케이블과 비교될 수 있다.
- ❑ 기본구조는 2개의 상·하평면파 사이에 도체를 설치하고 그 사이에 유전체를 채운다.
- ❑ 스트립라인은 도파관이나 동축케이블보다 작고 이용주파수대역 폭이 넓다.
  - 이용주파수 범위는 1~20GHz
- ❑ 구조적으로 거의 차폐되어 있어 복사손실을 무시할 수 있고 완전히 대칭적인 구조를 가지고 있어 완전한 TEM선로라 할 수 있다.
  - 이와 같은 특성을 이용하여 필터나 전력분배기, 결합기 등의 수동회로설계에 적합하다.
  - 그러나 surface mount가 어렵고 자체에 구멍을 낸다든지 할 경우 회로의 특성이 변화하여 가공이 어렵다.

나. 구 조

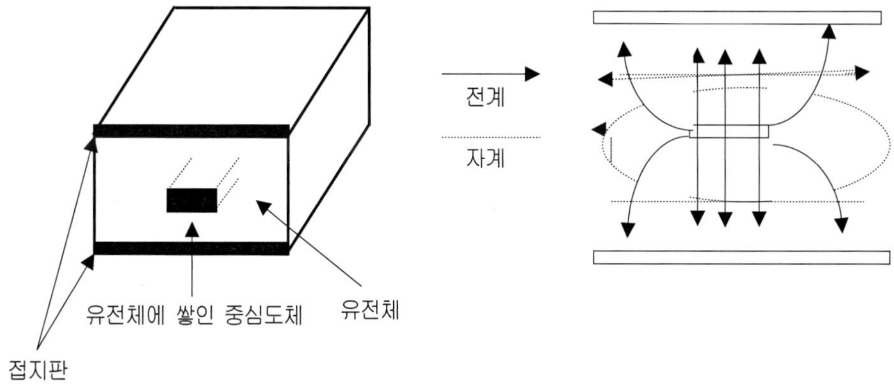

〈그림 4-1〉 스트립라인 구조

다. 특성 임피던스

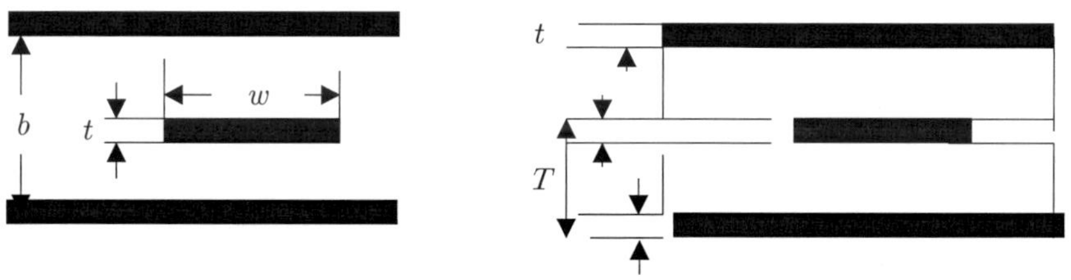

〈그림 4-2〉 스트립라인 특성

○ 고임피던스 영역 : $w/(b-t) < 0.35$, $t/b < 0.25$

$$Z_o = \frac{60}{\sqrt{\varepsilon}} 1n \frac{4b}{\pi d_o}\ \Omega \qquad (2.201)$$

– 여기서

$$d_o = \frac{w}{2}[1 + (\frac{t}{\pi w})(1 + \ln(4\pi \frac{w}{t}) + 0.51\pi(\frac{t}{w})^2) \qquad (2.202)$$

○ 저임피던스 영역 : $\frac{w}{b-t} > 0.35$

$$Z_o = \frac{94.15}{\sqrt{\varepsilon_r}} \frac{1}{[(w/ba)+c]} \qquad (2.203)$$

여기서 $a = \left(1 - \frac{t}{b}\right)$

$$c = \frac{1}{\pi}\left[\frac{2}{a}\ \ln\left(\frac{1}{a}+1\right) - \left(\frac{1}{a}-1\right)\ln\left(\frac{1}{a^2-1}\right)\right] \tag{2.204}$$

- 전파속도 $v = \frac{c}{\sqrt{\varepsilon_r}}(\mathrm{m/s})$

- 파 장 $\lambda = \frac{\lambda_o}{\sqrt{\varepsilon_r}}$ (2.205)

4.2.1.2 마이크로스트립

가. 개 요

○ 스트립라인과 같은 상판이 없으므로 손실이 많다.

○ 프린트기판위에 구현이 쉽고 반도체소자와 함께 사용이 용이하다.

○ 전계의 일부는 공기중에 일부는 유전체내에 존재한다.

- 선로를 중심으로 본 전자계의 분포가 균일하지 않고 대칭적이지 않아 각 공간점의 전파특성이 상이하다.

○ 회로내 다이오드, 트랜지스터, FET 등의 소자간의 상호접속이 용이하다.

○ 교류신호와 함께 직류도 전달될 수 있고 평면형으로 프린트가 쉽다.

○ 선로파장이 자유공간파장의 1/3정도로 물리적 크기가 작고 비교적 높은 전압 및 큰 전력수준에서 동작 가능하다.

나. 구 조

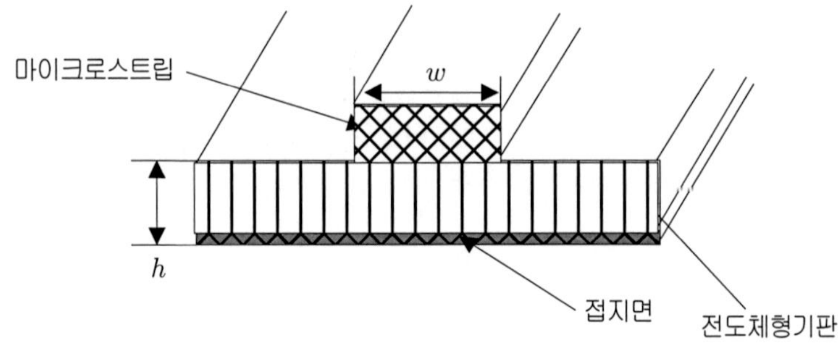

〈그림 4-3〉 마이크로스트립 라인 구조

다. 특성임피던스

○ 선폭(w/h)이 비교적 작은 경우로서 $w/h < 3.3$인 경우

$$Z_o = A(C - B) \tag{2.206}$$

$$\text{A } = A = \frac{119.9}{\sqrt{2(\varepsilon_r + 1)}} \tag{2.207}$$

$$B = \frac{1}{2}\left(\frac{\varepsilon_r - 1}{\varepsilon_r + 1}\right)\left(\ln\frac{\pi}{2} + \frac{\ln\frac{\pi}{4}}{\varepsilon_r}\right) \tag{2.208}$$

$$C = \ln\left(\frac{4h}{w} + \sqrt{(4h/w)^2 + 2}\right) \tag{2.209}$$

$$D = \frac{59.95\pi}{\sqrt{\varepsilon_r}} \tag{2.210}$$

○ 선폭이 비교적 넓은 경우로서 $w/h > 3.3$일 경우

$$Z_o = \frac{D}{\left[\frac{w}{2h} + 0.44127 + \frac{0.08226(\epsilon_r - 1)}{\epsilon_r^2} + \frac{\epsilon_r + 1}{2\pi\epsilon_r}(1.4516 + l_n(\frac{w}{2h} + 0.94))\right]} \tag{2.211}$$

라. 실효유전율 ε_{eff}

○ $w/h < 1.3$일 경우

$$\frac{\varepsilon_r + 1}{2\left(1 - \frac{B}{C}\right)^2} \tag{2.212}$$

○ $w/h > 1.3$ 일 경우

$$\frac{\varepsilon_r + 1}{2} + \frac{\varepsilon_r - 1}{2\left(1 + 10\frac{h}{w}\right)^{0.555}} \tag{2.213}$$

4.2.2 페라이트(ferrite)체

4.2.2.1 개 요

- 페라이트는 MeO, Fe_2O_3의 한계열로서 Me는 2가 철금속으로 철산화물내 일부 철원자를 아연과 같은 다른 금속원자로 대체하여 만들어진다(아연페라이트 : Zn Fe_2O_3).
- 즉 페라이트는 철산화물 화합물로서 철은 도체이지만 철산화물은 절연체이다.
- 따라서 마이크로웨이브 신호가 철산화물 페라이트체를 통과할 수 있고 페라이트내

의 철원자는 자기성질을 가지므로 마이크로웨이브 신호의 자계와 상호작용을 하도록 할 수 있다.

- ❑ 페라이트내의 전자는 전하를 가지고 있고 회전하고 있기 때문에 자체적으로 자계를 형성하여 얇은 자석과 같은 성질을 가진다.
- ❑ 페라이트가 외부로부터 자계의 영향을 받으면 페라이트는 Faraday 회절현상을 나타낸다.
- ❑ 페라이트에 외부자계가 가해질 때 물질내에서 쌍을 이루지 못하고 있는 전자는 자신의 자기쌍극자 모멘트로 인하여 가해진 자계에 따라 정렬하려 한다.
- ❑ 그러나 자계내의 전자는 질량을 가지고 있고 회전운동을 하고 있기 때문에 전자의 자기 모멘트는 외부 자계에 의해 정렬되지 않고 대신 외부 자계의 힘에 의하여 현재회전하고 있는 축을 벗어나 각운동을 하게 되고 새로운 축을 중심으로 하여 세차운동을 한다.
- ❑ 세차운동의 정도는 외부자계의 세기에 의해 결정되고 이 세차 주파수를 자이로마그네틱 주파수라고 한다.
- ❑ 외부 자계와 페라이트체의 자계방향이 페라이트 공진주파수 이하에서 서로 반대일 경우 마이크로파 신호는 감쇠되지 않고 페라이트내를 지나가게 된다.
- ❑ 마이크로파 신호의 위상은 페라이트의 영향을 받아 편이된다.
- ❑ 내부 자계와 외부 자계의 세기가 커지면 전자의 토크와 세차가 증가하고 그 영역을 지나는 전자파는 감쇠한다.
- ❑ 이 감쇠는 공진주파수 영역에서 가장 크며 이 때 감쇠된 신호는 페라이트체 내에서 열로 소모된다.
- ❑ 감쇠가 최대로 일어나는 점을 자이로마그네틱 공진주파수 점이라 한다.
- ❑ 전자파의 위상편이는 페라이트 재질에 의해 영향을 받고 외부 자계강도에 의해 변화한다.

4.2.2.2 페라이트 재료

- ❑ 자계 H가 물질에 가해질 때 물질의 자속밀도 B가 선형적으로 변한다.
- ❑ 공기와 같은 비자성체는 비투자율이 1이므로 투자율에 의해 자속밀도가 자계에 비례한다.
- ❑ 선형자성체는 일반적으로 비투자율이 상자성체나 비자성체에 비해 각각 1보다 약간 크거나 그 이하이다.
- ❑ 페라이트는 비선형 자성 세라믹체로서 0.5Wb/m^3 또는 그 이하에서 포화된다.
- ❑ 철과 니켈과 같은 금속체는 상자성체로서 각각 2와 0.5Wb/m^3에서 포화된다.
- ❑ 반자성체나 상자성체는 자계에 의해 결정되는 비투자율을 가지며 그 범위는 1에서 >10,000이다.

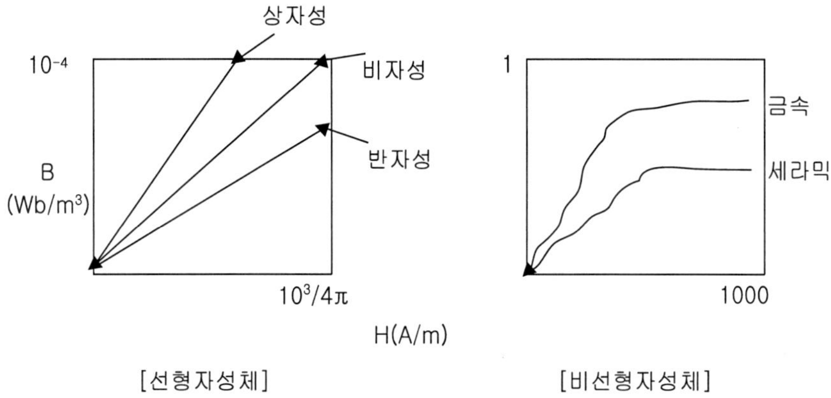

〈그림 4-4〉 페라이트재료 특성

4.2.2.3 페라이트의 구조

- ❑ 대부분의 원자에 있어서 전자가 쌍을 이루고 있어 한 전자가 다른 전자의 회전과 평형을 이루기 때문에 순수한 회전은 생기지 않는다.
- ❑ 그러나 철, 니켈, 크로뮴과 같은 자성체의 원자에 있어서는 하나의 쌍을 이루고 있지 않은 전자가 있어 이 회전전자는 아주 작은 유선루프의 전류와 같고 아주 작은 자성막대기와 같은 그 물체의 중심에 자계를 발생시킨다.
- ❑ 고체내에는 아주 강한 결정력이 있어 원자의 자성막대기를 한 방향으로 정렬시킨다.
- ❑ 자성체에서는 결정력이 자성막대기를 상자성을 주도록 병렬로 배열시키거나 반자성체가 되도록 병렬이 되지 않도록 배열시킨다.
- ❑ 페라이트는 반자성체로서 상자성체와 반자성체의 중간성질을 가지므로 결정격자의 어느 곳에서는 아주 규칙적인 모양내에 있는 것보다 매우 강한 자성막대기를 갖는다.
- ❑ 다이폴은 하나의 것이 더 크거나 작을 때 역방향으로 배열된다.
- ❑ 산화물로 형성되는 반자성체만이 마이크로웨이브 응용에 이용된다.
  - YIG(Yttrium Iron Garnet)가 마이크로웨이브 소자에 광범위하게 이용되고 있음. ($Y_3\ Fe_5\ O_{12} = Y_3\ Fe_2\ Fe_3\ O_{12}$)

4.2.2.4 마이크로웨이브 영향

- ❑ DC자계가 회전전자에 가해지면 이 마그네틱 운동은 중력장내의 자이로스코프와 같이 세차운동을 하며 세차운동은 자계에 의해 결정되는 회전주파수에서 일어난다.
- ❑ 페라이트 자성막대기와 가해진 자계의 자이로스코픽 특성간의 이 결합을 gyro-magnetic coupling이라 하며 마이크로웨이브의 세차주파수와 DC 자계간의 관계를 gyromagnetic 비라고 한다.
  - $f = \gamma H$(전형적으로 이 비는 3.5kHz/A/m)

- 전자 세차운동의 방향은 외부자계의 방향에 의해 결정되고 외부 자계강도가 변하면 세차운동 주파수도 변화된다.
- 마이크로웨이브의 자계가 외부 자계에 수직이고 주파수가 세차운동 주파수와 동일할 때 결합이 가장 잘 일어난다.
  - 이때 세차운동은 공진상태에 들어가고 gyromagnetic 공진은 투자율이 가장 완전한 계수가 되게 한다.

4.2.2.5 원형편파와 Faraday 회전

- 선형적으로 편파된 파로서 예를 들어 TEM파가 외부 자계의 방향과 반대방향으로 페라이트체를 통해 전파해 가면 파의 편파가 변화됨. 이것을 Faraday 회전이라고 한다.
  - 선형적으로 편파된 파가 $z=0$에서 길이가 d인 페라이트에 들어가면 $z=0$에서의 마이크로파 자계의 방향은 x이고 두 개의 반대방향으로 회전하는 원형편파된 파의 혼합 성분으로 간주할 수 있다.
  - 이 두 개의 반대방향으로 회전하는 원형적으로 편파된 파들은 서로 다르게 페라이트와 상호작용을 하는데, 이로써 다른 위상 편이를 겪게 된다.
  - 따라서 페라이트를 거쳐 나온 파는 위상과 진폭에 있어서 페라이트에 입력 당시의 것과 다르게 된다.
- 마이크로웨이브 신호가 선로상을 +, −간을 정현적으로 전파해 갈 때 이 신호는 선형적으로 편파되고 이 신호가 진폭공간에서 벡터로 나타날 때 이것은 선형적으로 편파됨.
  - 이것은 왼쪽이나 오른쪽으로 원선회할 수 있는데, 원편파는 벡터의 회전방향이 마그네틱 막대기의 회전방향과 같은 방향일 때만 가장 강한 상호작용을 가지며 방향이 반대이면 실제적으로 상호작용이 일어나지 않는다.
- 선형편파란 진폭이 동일한 그러나 반대방향으로 회전하는 두 개의 원편파의 합으로 표현할 수 있다.

4.2.2.6 외부 자계세기와 신호의 감쇠, 속도차, 결합관계

❑ 외부 자계세기와 신호의 감쇠

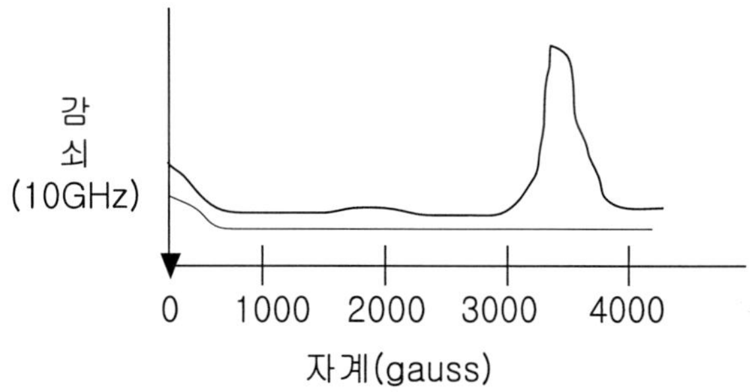

〈그림 4-5〉 외부자계와 신호감쇠관계

❑ 외부 자계세기와 속도차

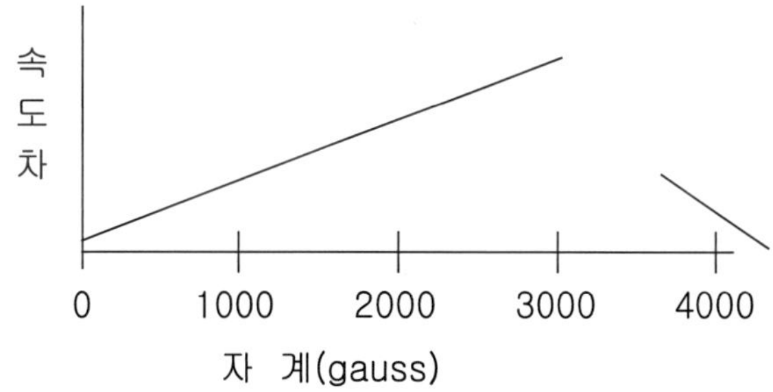

〈그림 4-6〉 외부자계와 속도차 관계

❑ 외부 자계세기와 공진주파수

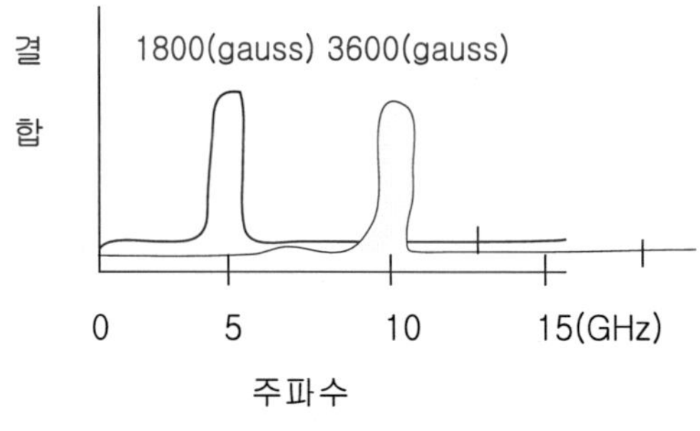

〈그림 4-7〉 외부자계와 공진주파수관계

4.3 마이크로웨이브 도파관 소자

4.3.1 마이크로파 공동기(cavity)

4.3.1.1 개 요

- ❑ 전자계를 모을 수 있도록 된 금속 통으로 공동기내에 축적된 전계, 자계에너지는 공동기에 대한 등가적인 인덕턴스와 커패시턴스를 결정하는 요소가 된다.
  - 공동기 벽면의 도전율한계로 인하여 소모되는 전력으로부터 등가저항을 구한다.
- ❑ 공동공진기내에 인가된 신호의 주파수와 공진주파수가 동일할 때 최대진폭을 갖는 정재파가 발생한다.
  - 정재파가 발생할 경우 전계와 자계에 축적되는 첨두치 에너지가 동일하게 된다.
  - 최저 공진주파수를 갖는 모드를 주모드 또는 기본모드라고 한다.

4.3.1.2 직사각형 공동공진기

- ❑ 구형도파관의 양 끝을 막은 구조인 직사각형 공동공진기(Rectangular Cavity Resonator)는 〈그림 4-8〉와 같으며 그 내부에서의 전자파는 z 방향으로도 도체표면에서 경계조건을 만족해야 한다.

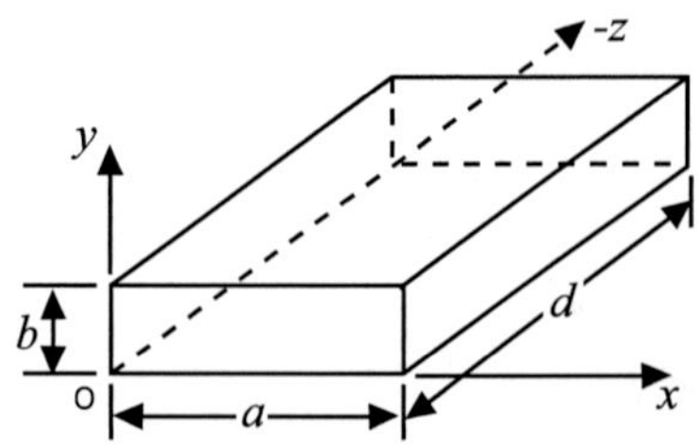

〈그림 4-8〉 직사각형 공동공진기

- 따라서 TE 공진모드를 위해서는 다음과 같은 경계조건을 대입함으로써 미정계수들을 구한다.

$$E_x = E_{ox}\cos\frac{m\pi x}{a}\sin\frac{n\pi y}{b}(A\sin k_z z + B\cos k_z z) \tag{2.214}$$

$$E_y = E_{oy}\sin\frac{m\pi x}{a}\cos\frac{n\pi y}{b}(A\sin k_z z + B\cos k_z z) \tag{2.215}$$

$$H_x = H_{ox}\sin\frac{m\pi x}{a}\cos\frac{n\pi y}{b}(C\sin k_z z + D\cos k_z z) \tag{2.216}$$

$$H_y = H_{oy}\cos\frac{m\pi x}{a}\sin\frac{n\pi y}{b}(C\sin k_z z + D\cos k_z z) \tag{2.217}$$

$$H_z = H_{oz}\cos\frac{m\pi x}{a}\cos\frac{n\pi y}{b}(A\sin k_z z + B\cos k_z z) \tag{2.118}$$

- 여기에 $z=0$, d에서 전계의 접선성분과 자계의 법선성분이 "0"인 조건을 고려하면, 즉

$$E_x|_{z=0} = E_y|_{z=0} = H_z|_{z=0} = 0 \tag{2.219}$$

으로부터 $B=0$임을 알 수 있고

$$E_x|_{z=d} = E_y|_{z=d} = H_z|_{z=d} = 0 \tag{2.220}$$

이므로

$$\sin k_z d = 0, \quad k_z = \frac{p\pi}{d}, \quad p = 1, 2, 3, 4, ... \tag{2.221}$$

이다. 또한 $z=0$, d 에서 $\nabla \times H = j\omega\varepsilon E = 0$과 $H_z = 0$ 으로부터

$$\frac{\partial H_x}{\partial z}|_{z=0} = \frac{\partial H_y}{\partial z}|_{z=o} = 0 \tag{2.222}$$

이고 따라서 $C=0$임을 알 수 있다.

- 결국 TE_{mnp} 모드의 전자계 해는 다음과 같이 나타내어진다.

$$E_x = E_{ox}\cos\frac{m\pi x}{a}\sin\frac{n\pi y}{b}\sin\frac{p\pi z}{d} \tag{2.223}$$

$$E_y = E_{oy}\sin\frac{m\pi x}{a}\cos\frac{n\pi y}{b}\sin\frac{p\pi z}{d} \tag{2.224}$$

$$E_z = 0$$

$$H_x = H_{ox}\sin\frac{m\pi x}{a}\cos\frac{n\pi y}{b}\cos\frac{p\pi z}{d} \tag{2.225}$$

$$H_y = H_{oy}\cos\frac{m\pi x}{a}\sin\frac{n\pi y}{b}\cos\frac{p\pi z}{d} \tag{2.226}$$

$$H_z = H_{oz}\cos\frac{m\pi x}{a}\cos\frac{n\pi y}{b}\sin\frac{p\pi z}{d} \tag{2.227}$$

m, n, p : 각각 0,1,2,3...

- 마찬가지 방법으로 구해진 TM_{mnp} 모드의 전자계 解는 다음과 같다.

$$E_z = E_{oz}\sin\frac{m\pi x}{a}\sin\frac{n\pi y}{b}\cos\frac{p\pi z}{d} \tag{2.228}$$

m, n : 1,2,3,4... p : 0,1,2,3...(각각 x, y, z방향의 반파장 주기수)

- TE 모드와 TM 모드의 Separation Equation은 共히 다음과 같고

$$k^2 = \left(\frac{m\pi}{a}\right)^2 + \left(\frac{n\pi}{b}\right)^2 + \left(\frac{p\pi}{d}\right)^2 \tag{2.229}$$

- 공진기가 무손실의 유전체로 채워진 경우의 공진주파수는 다음으로 주어진다.

$$f_r = \frac{1}{2\sqrt{\mu\varepsilon}}\sqrt{\left(\frac{m}{a}\right)^2 + \left(\frac{n}{b}\right)^2 + \left(\frac{p}{d}\right)^2} \;;\; \mathrm{TE}_{mnp},\ \mathrm{TM}_{mnp} \tag{2.230}$$

- 만일 $a > b < d$ 이라면 고유모드(Dominant Mode)는 TE_{101} 모드이다.
- 이와 같은 공동공진기의 경우에는 임의의 축을 z 축으로 취할 수 있기 때문에 (2.230) 식은 TE 및 TM Mode 모두에 적용될 수 있고, 따라서 주어진 공진주파수에 대하여 한 개 이상의 해가 존재하지만 그들이 새로운 해를 나타내는 것은 아니다.

4.3.1.3 원형 공동공진기

❑ 경계조건 및 구조

- 경계조건은 구형 공동공진기와 동일하다.

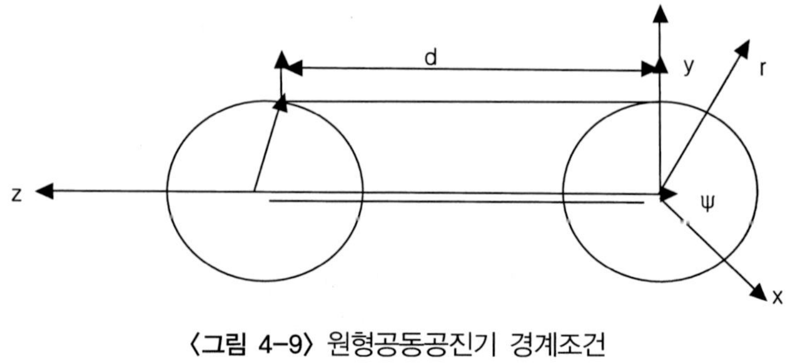

〈그림 4-9〉 원형공동공진기 경계조건

❑ 자계

$$\mathrm{Hz} : H_{zo}J_n\left(\frac{X'_{np}r}{a}\right)\cos(n\psi)\sin\left(\frac{q\pi z}{d}\right) \;;\; \mathrm{TE}_{npq} \tag{2.231}$$

- n : 0, 1, 2, 3...(Ψ방향의 주기수)
- p, q : 1, 2, 3, 4...(각기 r 방향에서 필드가 0이 되는 수 및 축방향에서의 반파장수)
- J_n : 제1종 Bessel 함수

❑ 전계

$$E_z = E_{oz} Jn\left(\frac{X_{np}r}{a}\right)\cos(n\psi)\cos\left(\frac{q\pi z}{d}\right) \tag{2.232}$$

- n, q : 0, 1, 2, 3... p : 1, 2, 3, 4...

❑ 공진주파수

$$\text{TE파의 } f_r = \frac{1}{2\sqrt{\mu\varepsilon}}\sqrt{\left(\frac{X'_{np}}{a}\right)^2 + \left(\frac{q\pi}{d}\right)^2} \tag{2.233}$$

$$\text{TM파의 } f_r = \frac{1}{2\sqrt{\mu\varepsilon}}\sqrt{\left(\frac{X_{np}}{a}\right)^2 + \left(\frac{q\pi}{d}\right)^2} \tag{2.234}$$

4.3.2 하이브리드 회로

4.3.2.1 T형 도파관(E평면 T, H평면 T)

❑ 개요

- 마이크로파 회로에서 3개의 독립적인 단자를 갖는 도파관이나 동축 선로의 접합

❑ E평면 T(직렬 T)

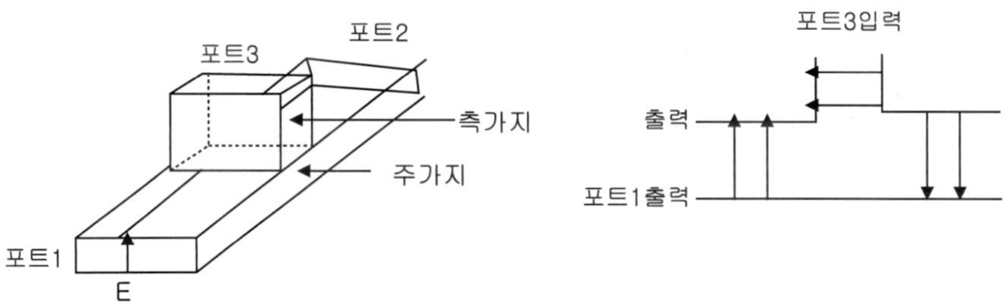

〈그림 4-10〉 E평면 T형도파관 구조

$$S13 = -S23$$

$$S = \begin{bmatrix} 0 & S12 & S13 \\ S21 & 0 & S23 \\ S31 & S32 & 0 \end{bmatrix} \quad (2.235)$$

– 어떤 행에 다른 행의 공액 복소수를 곱한 각항의 곱들의 합이 0.

$$S11(S12) + S21(S22) + S31(S32) = 0 \quad (2.236)$$

– 따라서 $S13(S23) = 0$

– 어떤 열의 각항에 그 공액복소수의 곱한 것의 합은 1

$$S21(S21) + S31(S31) = 1 \quad (2.237)$$

$$S12(S12) + S32(S32) = 1$$

$$S13(S13) + S23(S23) = 1$$

– 대칭항의 값

$$S12 = S21,\ S13 = S31,\ S23 = S32 \quad (2.238)$$

– 따라서

$$(S12)2 = 1 - (S13)2 = 1 - (S23)2 \quad (2.239)$$

- $S13$이 0이면 $S23$도 0. 이것은 위의 공식과 맞지 않음.
- 이것은 S행렬의 대각선 요소가 모두 0이 아니라는 것으로 접합이 세가지에 모두 정합될 수 없음을 의미한다.

– 보통 주가지가 측가지에 대하여 대칭이므로

$$S13 = S23, \quad S11 = S22 \quad (2.240)$$

– 따라서 S행렬은

$$\begin{pmatrix} S11 & S12 & S13 \\ S12 & S11 & -S13 \\ S13 & -S13 & S33 \end{pmatrix} \quad (2.241)$$

□ H평면 T(병렬 T)

– 2개의 입력파가 포트1과 포트2로 들어오면 포트3에서의 출력파는 동상으로 2입력파는 합쳐진다.

– 포트3으로 신호가 입력되면 신호는 포트1과 포트2로 반반씩 나누어진다. (전력분배기)

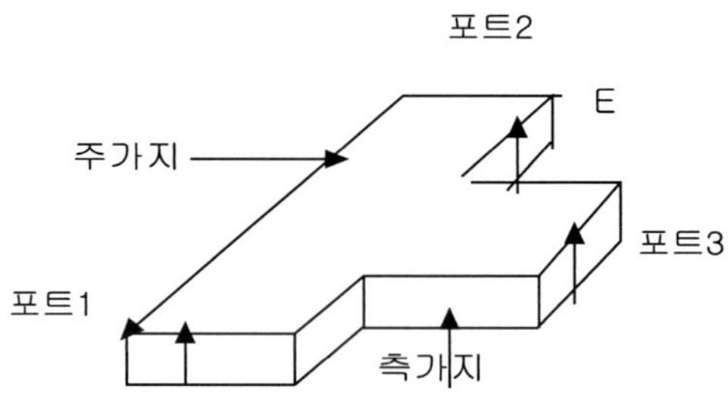

〈그림 4-11〉 H평면 T형도파관 구조

4.3.2.2 Magic T(Hybrid T)

- 매직 T는 E평면 T와 H평면 T의 조합이다.
- 일반적 특성
  - 동일한 진폭 및 동위상의 두 신호가 포트1과 포트2에 입사되면 포트3에서의 출력은 0이 되고 포트4에서의 출력은 두 파를 합한 것이 된다.
  - 어떤 신호가 포트4에 이력되면 주가지의 포트1과 포트2간에 균등하게 분배되어 출력되지만 포트3에는 출력되지 않는다.
  - 어떤 신호가 포트3에 입사되면 포트1 및 포트2에는 동일 진폭, 반대 위상의 출력이 나타난다. 포트4의 출력은 0이 되므로

    S43=S34=0
  - 어떤 신호가 주가지중 하나인 포트1 이나 포트2에 입력되면 H가 지는 위상을 빠르게 하고 E가지는 위상지연을 야기시키기 때문에 주가지의 다른 쪽 포트1이나 포트2에는 출력이 나타나지 않는다.

    $S12 = S21 = 0$

$$S = \begin{bmatrix} 0 & 0 & S13 & S14 \\ 0 & 0 & S23 & S24 \\ S31 & S32 & 0 & 0 \\ S41 & S42 & 0 & 0 \end{bmatrix} \tag{2.242}$$

신호입력 포트	신호출력 포트
1	3과 4
2	3과 4
3	1과 2
4	1과 2

4.3.2.3 Hybrid ring 회로

❑ 개요

- 정재파를 유지할 수 있는 적절한 전기적 길이의 환상선로로 구성된다.
- 포트1로 신호가 입력되면 시계방향 및 반시계방향으로 진행하는 신호의 위상차가 180도가 되므로 포트3에는 출력이 나타나지 않는다. 이러한 이유에 의해 포트2로 신호가 입력되면 포트4에는 출력이 나타나지 않는다. 이 위상상쇄는 특정한 주파수에서만 발생된다.

❑ 전기적 길이

- 포트 1과 2간, 2와 3간, 3과 4간은 $\dfrac{\lambda}{4}$
- 포트 1과 4간은 $\dfrac{3\lambda}{4}$

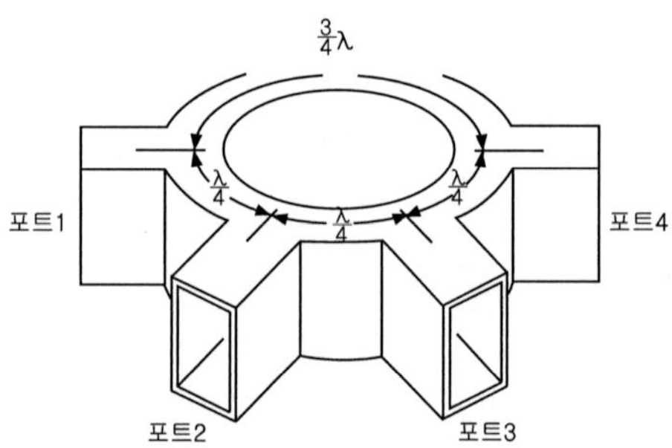

〈그림 4-12〉 하이브리드 링 구조

❑ S행렬

$$\begin{bmatrix} 0 & S12 & 0 & S14 \\ S21 & 0 & S23 & 0 \\ 0 & 32 & 0 & 34 \\ S41 & 0 & S43 & 0 \end{bmatrix} \qquad (2.243)$$

- 어느 한 포트로 입력된 신호는 2개의 경로로 출력되고 나머지 하나는 무반사 정합된다.
- 2경로간의 길이에 있어서의 차이가 2신호간의 위상차를 결정하게 된다.
  - 예를 들어 포트1과 포트2간의 2경로는 4분의1 파장과 4분의5 파장이다. 따라서 경로차는 1파장이다.
- 이것은 위상차가 360도 또는 0도와 등가이다.

입력포트	출 력 포 트			
	1	2	3	4
1	–	360도	180도	0
2	360도	–	360	180
3	180	360	–	360
4	0	180	360	–

4.3.2.4 방향성 결합기(directional coupler)

❑ 개 요

- 방향성 결합기는 전송선에 전파되는 전력을 한 방향으로 추출해내는 것을 말한다.
- 결합기의 중요한 특성은 결합손실, 격리, 방향성이다.
- 결합계수는 결합전력대 입력전력(p1/p4)과의 비로 일반적으로 3, 6, 10, 20, 30, 40, 50dB의 값을 갖는다.
- 방향성(삽입손실)은 출력전력대 입력전력의 비(p4/p3)로서 1차 도파관에서 입사된 신호가 2차 도파관의 어느 단자와 얼마나 잘 결합되는가를 나타내는 척도이다.
- 도파관 결합기는 동축케이블이나 마이크로스트립 결합기에 비하여 전송전력이 크고 방향성이 높은 반면 통과 주파수 대역범위가 좁다.

❑ 기본구조와 동작원리

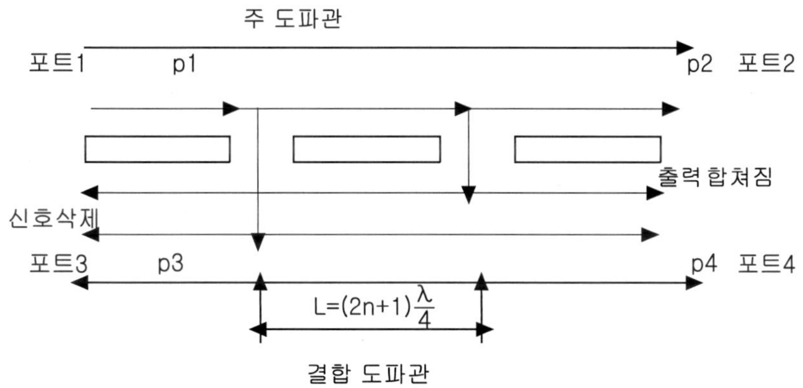

〈그림 4-13〉 방향성결합기 구조

- 두 도파관을 결합시키는 구멍이 크면 결합이 크게 되며 구멍의 간격은 방향성 성질을 얻기 위해 $\lambda/4$로 한다.
- 1번 포트로 신호가 입사되면 신호가 주도파관을 따라 진행하면서 첫 번째 구멍을

통해 신호전력의 일부가 결합도파관을 진행되고 두 번째 구멍을 통해 그 일부가 결합도파관으로 진행되며 나머지가 2번 포트로 출력된다.

- 이 때 결합도파관을 통해 진행하는 신호는 전달거리가 동일하여 합쳐져서 결합도파관의 출력포트로 출력된다.
- 한편 이와 반대방향으로 신호가 진행해가면 첫째 구멍에서 결합된 신호는 둘째 구멍에서 결합된 신호보다 반파장 더 진행을 했기 때문에 180도의 위상차이가 생겨 신호가 나타나지 않는다.
- 4개의 단자가 모두 완전히 정합되었다고 볼 때 S행렬의 대각선요소는 0이 된다.

$$S11 = S22 = S33 = S44 = 0$$

$$S13 = S31 = S24 = S42 = 0$$

- 결과적으로 방향성 결합기의 S행렬은

$$\begin{bmatrix} 0 & S12 & 0 & S14 \\ S21 & 0 & S23 & 0 \\ 0 & S32 & 0 & S34 \\ S41 & 0 & S43 & 0 \end{bmatrix} \tag{2.244}$$

4.4 Substrate Lines Component

4.4.1 결합기(COUPLERS)

4.4.1.1 전자계 결합기

- ❑ 결합된 마이크로 스트립라인상에서 홀수와 짝수대칭모드에 대한 전계는 〈그림 4-14(a)〉 및 〈그림 4-14(b)〉와 같다.
- ❑ 스트립라인과 함께 도체는 균일 유전체로 쌓여 있고 반면 마이크함께 유전체는 공기와 기판 인터페이스에서 불연속이 된다.
- ❑ 이것은 짝수 모드와 홀수 모드에 대한 상대투자율에서 차이를 나타내고 이것은 높은 마이크로웨이브 주파수에서 중요하게 된다.

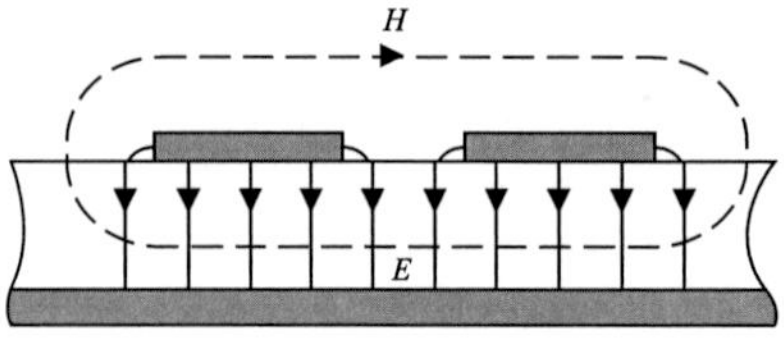

(a)짝수모드

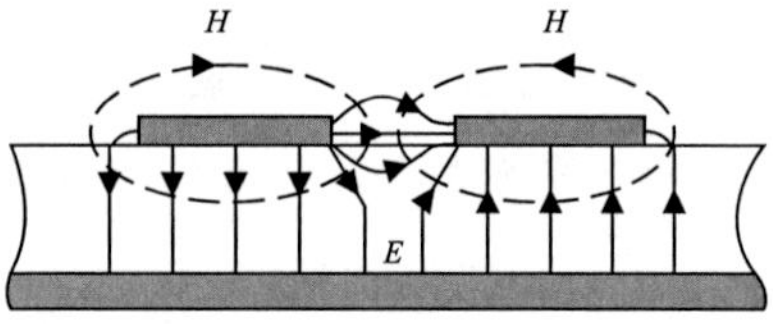

(b)홀수모드

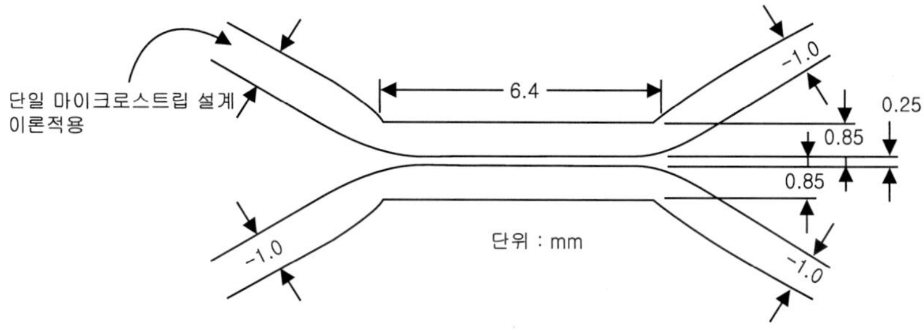

(c)10dB용 결합기설계도

〈그림 4-14〉 마이크로스트립상모드와 결합기설계 예

- 결과적으로 이것은 모드들에 대한 상이한 파장을 갖게 되나 해석상 동일하다고 가정한다.
- 각각의 모드는 자체 특성 임피던스를 갖으며 이 값은 기본설계 파라미터이며 설계를 위한 결합지수 C와 시스템 특성 임피던스 Z_o와의 관계는 다음과 같다.
  - 입력 임피던스 Z_{oi}

$$Z_{oi} = Z_o \sqrt{\frac{1+C}{1-C}} \tag{2.245}$$

  - 출력 임피던스 Z_{oo}

$$Z_{oo} = Z_o \sqrt{\frac{1-C}{1+C}} \tag{2.246}$$

- 설계절차상 특별히 요구되는 것은 substrate line크기를 구하는 것이다.
- 〈그림 4-14(c)〉와 같이 설계 할 경우 단일 마이크로 스트립 인입선 임피던스는 50 Ω, 중심주파수는 5GHz, Z_{oei} = 69.5, Z_{oo} = 36Ω

4.4.1.2 가지 결합기(branch coupler)

- 전송선은 연결가지에 의해서도 결합될 수 있다. 이러한 결합기를 가지선 결합기라고 한다.
- 필드결합기에 비해 가지선 결합기는 조밀한 결합을 할 수 있고 높은 전력을 취급할 수 있다.
- 가지들은 쵸크나 필터로 구성될 수 있는데, 이것들은 설계에 있어 유연성을 제공한다.
- 〈그림 4-15(a)〉는 단일면 가지선 결합기로서 여기에서는 특성 어드미턴스에 의해 해석하는 것이 편리하다.

- 시스템 특성 임피던스는 Y_o로서 $1/Z_o$이다.
- 포트1로부터 포트2까지의 한 개 선과 포트3으로부터 포트4까지의 한 개 선은 각각 $\sqrt{2}\,Y_o$의 특성 어드미턴스를 갖는다.
- 이들 2선을 연결하는 가지선의 특성 어드미턴스는 각각 Y_o이다.
- 짝수 대칭모드에대해 $\frac{\lambda}{8}$ stub가 개방회로이므로 $+jY_o$ 서셉턴스로 나타낼 수 있다.
- 홀수 대칭모드에 대해 $\frac{\lambda}{8}$stub가 단락회로 이므로 $-jY_o$서셉턴스로 나타낼 수 있다.

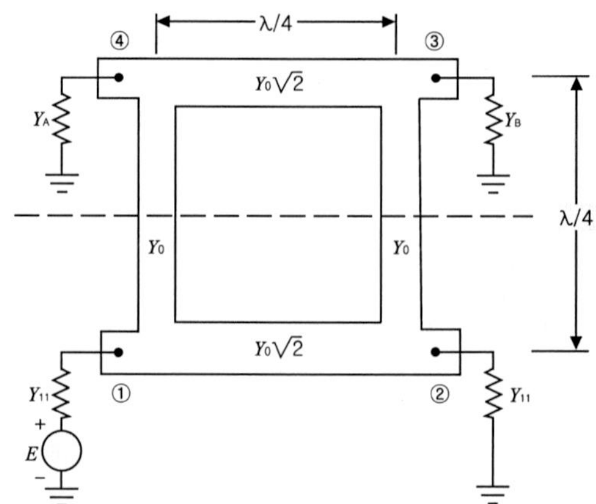

(a) 단일면 가지선로 결합기

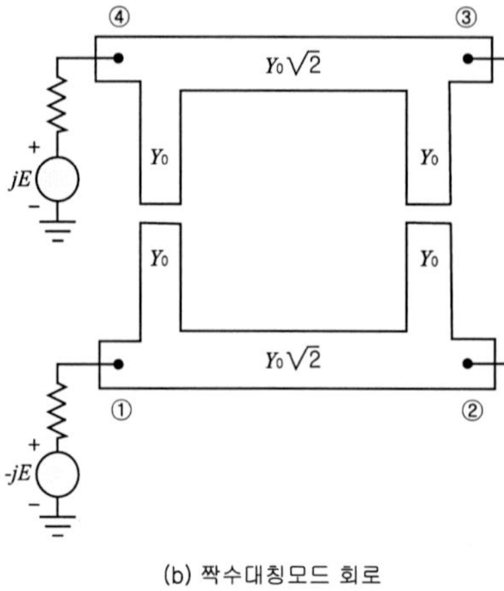

(b) 짝수대칭모드 회로

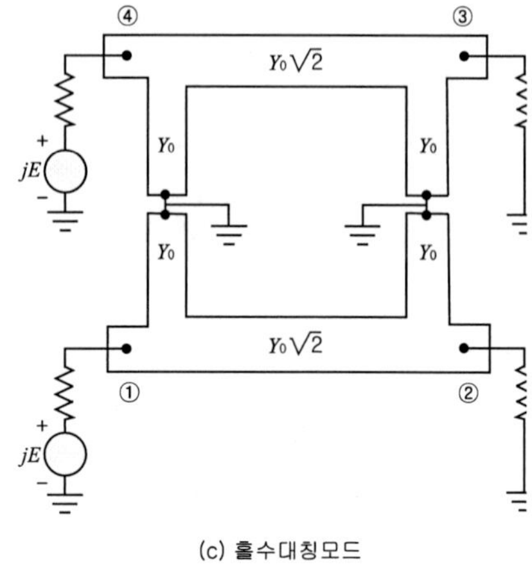

(c) 홀수대칭모드

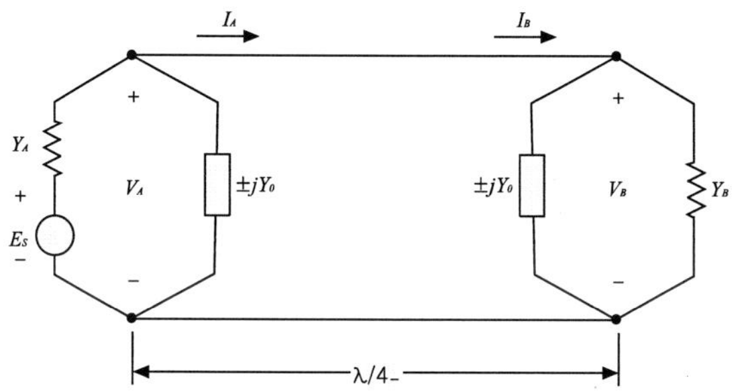

(d) 단일등가회로

〈그림 4-15〉 단일면(single section) 가지선 결합기

- 2개의 대칭모드회로는 다음과 같이 하나의 등가회로로 나타낼 수 있다.
  - 〈그림 4-15(d)〉에서 ∓ 또는 ± 의 기호가 표시되는데 이 기호의 위쪽기호는 짝수 모드해석에 이용되고 아래쪽 기호는 홀수 모드해석에 이용됨.
  - 이 그림에서 부하 어드미턴스는

$$Y_B = Y_o(1 \pm j) \tag{2.247}$$

이것이 $\frac{\lambda}{4}$ 변성기를 통해 입력에 전이될 때

$$Y_A = \frac{(\sqrt{2}\,Y_O)^2}{Y_B} = Y_o(1 \mp j) \tag{2.248}$$

- 따라서 입력 어드미턴스는

$$\begin{aligned} Y_{in} &= \pm j Y_o + Y_o(1 \mp j) \\ &= (\pm j Y_o + Y_A) \\ &= Y_o \end{aligned} \tag{2.249}$$

- 따라서 입력전압 V_A는

$$V_A = \frac{1}{2} Es \tag{2.250}$$

$$V_B = -j\frac{I_A}{\sqrt{2}\,Y_0} = -j\frac{V_A Y_A}{\sqrt{2\,Y_o}} = -j\frac{E_S(1 \mp j)}{2\sqrt{2}} \tag{2.251}$$

포트1에서의 전압은

$$V_1 = V_{AB} + V_{AO} \tag{2.252}$$

$$= \frac{1}{2}\left(\frac{1}{2}E\right) + \frac{1}{2}\left(\frac{1}{2}E\right)$$

$$= \frac{1}{2}E$$

$$V_2 = V_{Be} + V_{Bo} \tag{2.253}$$

$$= -j\frac{\left(\frac{1}{2}E\right)(1+j)}{2\sqrt{2}} \pm j\left(\frac{1}{2}\sqrt{2}\right) = \frac{-jE}{2\sqrt{2}}$$

$V_3 = V_{Be} + V_{Bo}$ (짝수 모드 $Es = E/2$, 홀수 모드 $Es = -(E/2)$)

$$= \frac{-j(\frac{1}{2}E)(1-j)}{2\sqrt{2}} + \frac{-j(\frac{1}{2}E)(1+j)}{2\sqrt{2}}$$

$$= \frac{-E}{2\sqrt{2}} \tag{2.254}$$

$V_4 = V_{Ae} + V_{Ao}$ (짝수 모드 $Es = \frac{E}{2}$, 홀수 모드 $Es = \frac{-E}{2}$)

$$= \frac{1}{2}(\frac{1}{2}E) + \frac{1}{2}(-\frac{1}{2}E)$$

$$= 0 \tag{2.255}$$

4.4.2 하이브리드 링(전력분배기)

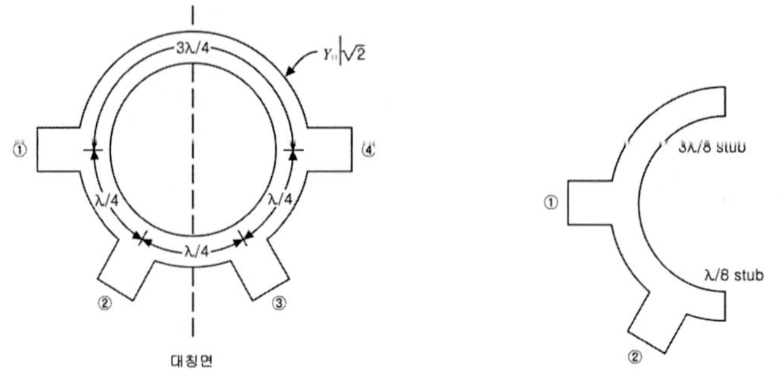

(a) Ring 결합기 (b) 회로의 $\frac{1}{2}$부분

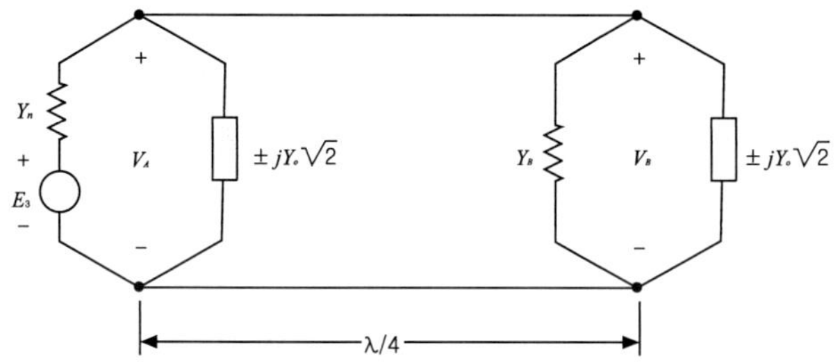

(c) 그림(b)의 등가회로

〈그림 4-16〉 링결합기와 등가회로

❑ 시스템의 특성 어드미턴스와 접속링의 특성 어드미턴스는

$$\frac{Y_0}{\sqrt{2}} \tag{2.256}$$

❑ 〈그림 4-16〉의 링은 대칭적으로 나누어서 해석할 수 있다.

❑ 등가회로를 기준으로 하여 해석하면

- 등가 부하 어드미턴스는

$$Y_B = Y_o(1 \pm \frac{j}{\sqrt{2}}) \tag{2.257}$$

$$Y_A = \frac{(Y_0/\sqrt{2})^2}{Y_B} = \frac{Y_0}{2\left(1 \pm \frac{j}{\sqrt{2}}\right)} = \frac{Y_0}{3}\left(1 \mp \frac{j}{\sqrt{2}}\right) \tag{2.258}$$

입력 어드미턴스는

$$\begin{aligned} Y_{in} &= \mp j\frac{Y_o}{\sqrt{2}} + Y_A \\ &= \mp j\frac{Y_0}{\sqrt{2}} + \frac{Y_0}{3}(1 \mp \frac{j}{\sqrt{2}}) \\ &= \frac{Y_0}{3}(1 \mp j2\sqrt{2}) \end{aligned} \tag{2.259}$$

❑ 따라서 전압 V_A는

$$V_A = \frac{E_S Y_0}{Y_0 + Y_{in}} \tag{2.260}$$

$$= \frac{E_S Y_0}{Y_0 + (\frac{Y_0}{3})(1 \mp j2\sqrt{2})}$$

$$= \frac{E_S}{2}(1 \pm \frac{j}{\sqrt{2}})$$

$$V_B = -jI_A \frac{\sqrt{2}}{Y_0} \quad (2.261)$$

$$= -jV_A Y_A \frac{\sqrt{2}}{Y_0}$$

$$= -j\frac{E_S}{2\sqrt{2}}$$

– 포트 전압은

$$V_1 = V_{Ae} + V_{Ao} \quad (E_s = \frac{E}{2}) \quad (2.262)$$
$$= \frac{E}{2}$$

$$V_2 = V_{Be} + V_{Bo} \quad (E_s = \frac{E}{2}) \quad (2.263)$$
$$= -j\frac{E}{2\sqrt{2}}$$

$$V_3 = V_{Be} + V_{Bo} \quad (\text{짝수 모드 } E_s = \frac{E}{2} \text{ 홀수 모드 } E_s = \frac{-E}{2}) \quad (2.264)$$
$$= 0$$

$$V_4 = V_{Ae} + V_{Ao} \quad (\text{짝수 모드 } E_s = \frac{E}{2} \text{ 홀수 모드 } E_s = \frac{-E}{2}) \quad (2.265)$$
$$= j\frac{E}{2\sqrt{2}}$$

- ❑ 포트1에 신호전력이 입력되면 포트2와 4에 균등 분배되고 포트3에는 나타나지 않는다.
- ❑ 포트2에 신호전력이 입력되면 포트1과 포트3에 균등분배되고 포트4에는 나타나지 않는다.

4.4.3 전력결합기(power combiner)

- ❑ 〈그림 4-17〉의 전력결합기도 등가회로를 홀수 모드와 짝수 모드의 대칭회로로 나누어 질 수 있다.
- ❑ 짝수 모드회로에 대해 $\frac{\lambda}{4}$ 변성기는 $2Z_o$ 부하를 Z_o 입력 임피던스로 변경하고 홀수 모드에 대해 출력 단락회로는 입력에서 개방회로로 변경된다.

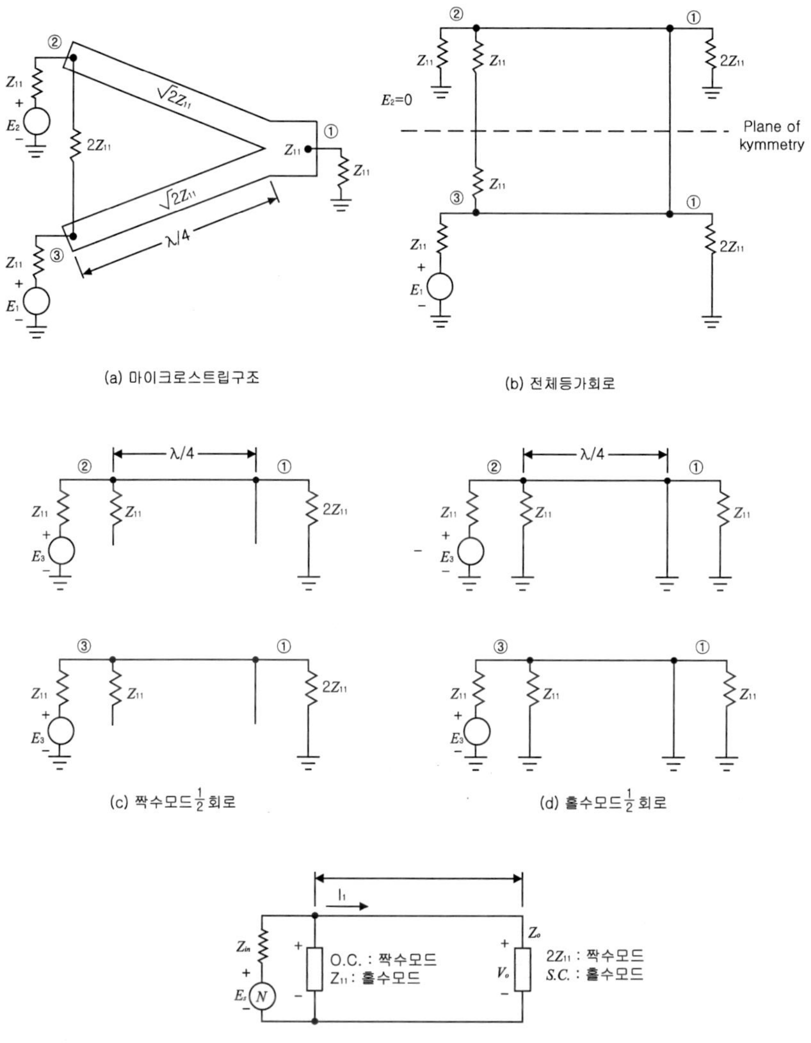

(a) 마이크로스트립구조 (b) 전체등가회로

(c) 짝수모드$\frac{1}{2}$회로 (d) 홀수모드$\frac{1}{2}$회로

(e) 일반화된 등가$\frac{1}{2}$회로

〈그림 4-17〉 전력결합기와 등가회로

❑ 따라서 입력 임피던스는 간단히 Z_o가 된다.

❑ 홀수 모드와 짝수 모드 각각의 회로에 대한 입력전압은

$$V_A = \frac{E_S}{2} \tag{2.266}$$

❑ 부하 임피던스 Z_B는 홀수 모드 회로에 대해 단락회로 그리고 짝수 모드 회로에 대

해서는 $2Z_o$이다.

- 따라서 홀수 모드에 대한 전압 V_B는 0이 되고 짝수 모드에 대해서는

$$V_{Be} = -jI_A(\sqrt{2}\,Z_o) \qquad (2.267)$$
$$= \frac{E_S}{2Z_0}(\sqrt{2}\,Z_0)$$
$$= -j\frac{E_s}{\sqrt{2}}$$

- 포트출력은

$$V_1 = V_{Be} \qquad (2.268)$$
$$= -j\frac{E_S}{\sqrt{2}}$$
$$= -j\frac{E_3}{2\sqrt{2}}$$

$$V_2 = V_{Ae} + V_{Ao} \text{ (짝수 모드 } E_s = \frac{E_3}{2} \text{ 홀수 모드 } E_s = \frac{-E_3}{2} = 0) \qquad (2.269)$$

$$V_3 = V_{Ae} + V_{Ao}(E_s = \frac{E_3}{2}) \qquad (2.270)$$
$$= \frac{1}{2}(E_3) + \frac{1}{2}(-\frac{1}{2}E_3)$$
$$= \frac{E_3}{2}$$

- 이 공식에서 보면 입력과 출력은 90도의 위상차를 갖고 3dB손실치가 발생하며 3dB손실은 포트2와 포트3간에 접속된 평형저항에 의해 발생한다. 즉 $2Z_o$평형저항에 V_3가 모두 걸리므로 V_2는 0이 된다.

4.5 페라이트 소자

4.5.1 위상편이기(phase shifter)

- 도파관내에서 위상편이는 도파관내에 있는 페라이트 봉의 자화에 의해 이루어짐
- 도파관 중심에서의 자계는 선형적으로 편파 된다.
  - 자계는 중심에서 멀어질수록 비선형이 되고 운용모드는 점점 복잡해진다.

❑ 도파관내에 직사각형의 페라이트 판을 설치해서 위상편이를 일으킬 수 있으며 페라이트 판 모양은 전계와 자계의 분포를 변경시키고 실제 필드의 분포는 페라이트 판의 설치위치와 판의 두께에 의해 민감하게 변화한다.

❑ 도파관에 입사하여 진행하는 파와 출력측으로부터 반사되어 오는 파가 페라이트 판에 의해 받는 영향이 상이하여 다른 위상편이가 발생한다.

4.5.2 격리기(isolator)

가. 개 요

❑ 신호를 한 방향으로만 전송되도록 하는 소자로서 출력측의 반사파에 의해 입력측에 미치는 영향 방지, 주파수의 안정도 개선 등을 위해 사용되는 소자이다.

- 즉 역방향의 신호에 대하여 감쇠가 매우 커짐

❑ 영구자석에 의해 외부에서 공급되는 자계에 의해 페라이트를 자화시키는 것이다.

나. Faraday 회전 격리기(Faraday rotation isolator)

❑ 〈그림 4-18〉은 Faraday 회전 격리기의 단면을 보여 주고 있는데 그림에서 세로 방향으로 자화된 페라이트 봉이 원형도파관내에 설치되어있다.

❑ 페라이트는 포트1로부터 포트2로 진행하는 신호에 대해 반시계 방향으로 45도 Faraday 회전이 일어나도록 조정된다.

❑ 따라서 포트2에서의 입력신호 편파는 포트2에서 포트1로 지나가는 방향에서 반시계방향으로 45도 회전한다.

❑ 포트1에서의 입력신호는 첫 번째 저항판과 전계가 수직으로 감쇠가 생기지 않고 중앙부를 지나면서 페라이트 봉에 의해 45도 회전되고 이것은 2차 저항판과 수직이 되므로 또한 감쇠가 생기지 않는다.

❑ 포트2에서의 입력신호는 이 포트에 있는 첫 번째 저항판과 수직으로 감쇠가 생기지 않으나 페라이트 봉에서 반시계방향으로 45도 회전하므로 포트1의 저항판과 병렬이 되어 감쇠가 일어난다.

❑ 즉 신호가 포트2에서 포트1로 들어가지 못한다.

다. 필드 변이 격리기(field displacement isolator)

❑ 이 격리기는 페라이트 판에 의해 순방향과 역방향 신호파의 필드에 대한 분포를 상이하게 변경시킨다.

❑ 페라이트 판의 설치위치는 순방향의 전계가 페라이트 판 벽에서는 거의 0이 되고 역방향의 전계는 상대적으로 큰 값을 갖게 한다.

❑ 페라이트 벽면에 저항판을 붙임으로써 역방향신호전력은 흡수하고 순방향 신호전력은 흡수되지 않게 한다.

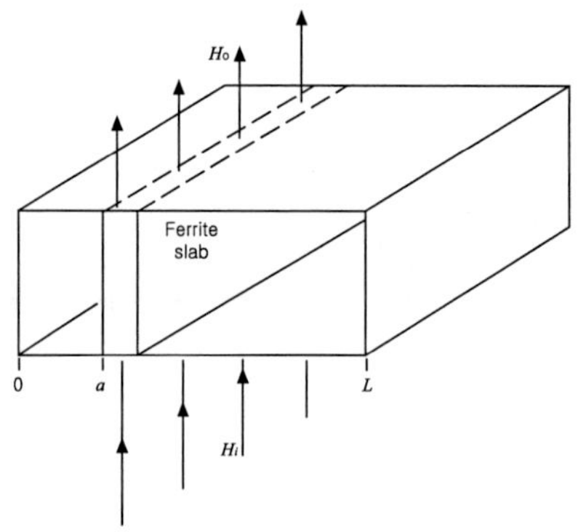

(a)

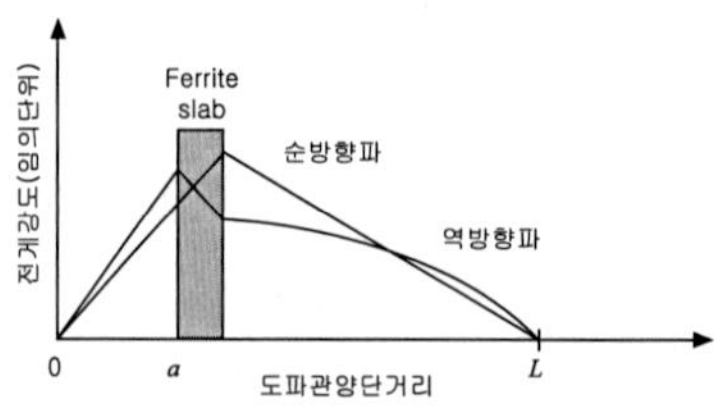

(b)

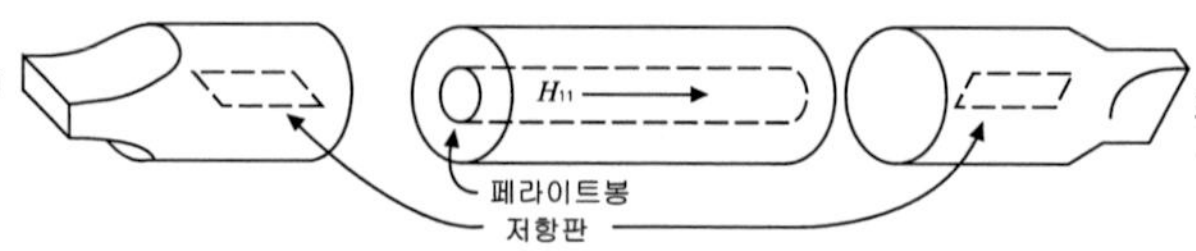

(c) 파라데이 회전 격리기의 단면도

〈그림 4-18〉 파라데이 회전 격리기 원리 및 구조

4.5.3 회전자(circulator)

가. Faraday 화전자

- ❑ 〈그림 4-19〉는 Faraday 회전자의 단면도로서 이것은 격리기와 비교 하지만 포트3과 포트4의 추가 포트를 가진다.
- ❑ 저항파은 금속 격벽이 되고 직사각형 부분에서 신호가 TE가 되고 전계는 이에 따라 도파관의 넓은 벽면에 수직이 된다.
- ❑ 즉 포트1로 들어간 신호는 포트3에는 나타나지 않고 저항판의 영향이 거의 없이 원통부분의 페라이트 봉을 지나면서 45도의 반시계방향 위상편이가 일어나 포트2 에 나타난다.

❑ 포트2로 신호가 입력되면 포트4를 바이패스해서 포트2에서 볼 때 시계방향으로 45도 회전하여 포트3에 나타나는데(TE파로) 이 때 금속격면은 반사기로서 작용하여 포트3으로 신호가 출력되는 것을 돕는다.

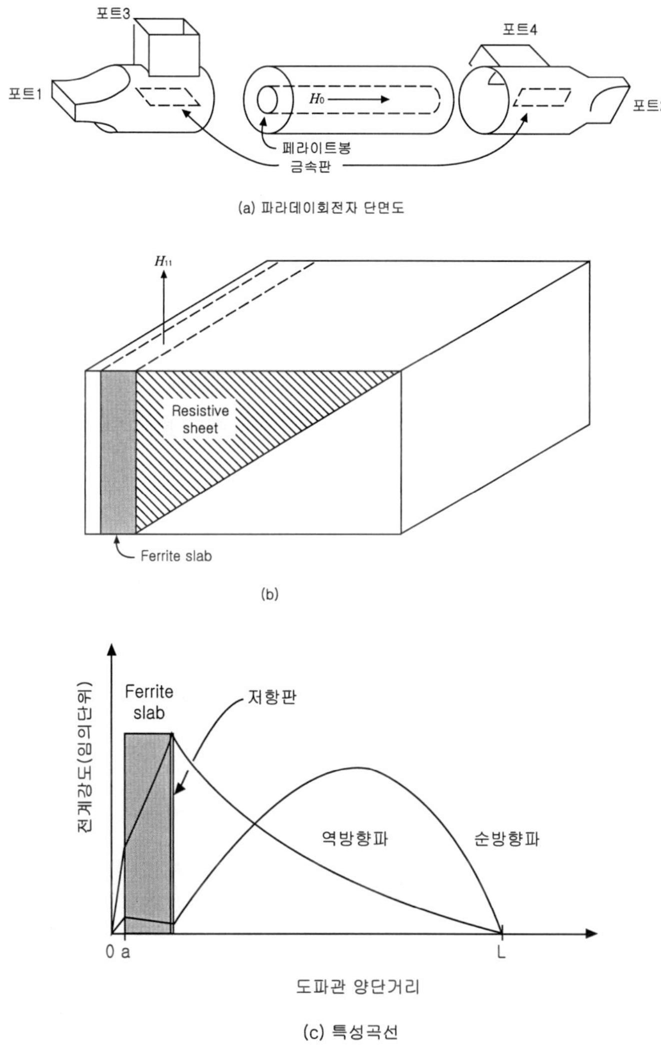

〈그림 4-19〉 페라이트 회전기 구조 및 원리

❑ 다음 포트4로 들어온 신호는 페라이트 봉에서 45도 위상편이되어 포트1로 출력된다.

❑ 즉 신호의 회전순서는 1-2-3-4-1.......이 되는 것이다.

나. 연결회전자(junction circulator)

❑ 〈그림 4-20〉 및 〈그림 4-21〉은 현재 가장 널리 사용되고 있는 소-중전력용 3포트 접합회전자이다.

- 포트1로 들어간 신호전력은 포트2로 출력되고 포트2로 입력된 신호전력은 포트3으로 출력된다.
- 즉 입사파는 그 진행방향의 다음 첫 번째 포트로만 출력된다.

$$[S] = \begin{bmatrix} 0 & S12 & 0 \\ 0 & 0 & S23 \\ S31 & 0 & 0 \end{bmatrix} \qquad (2.271)$$

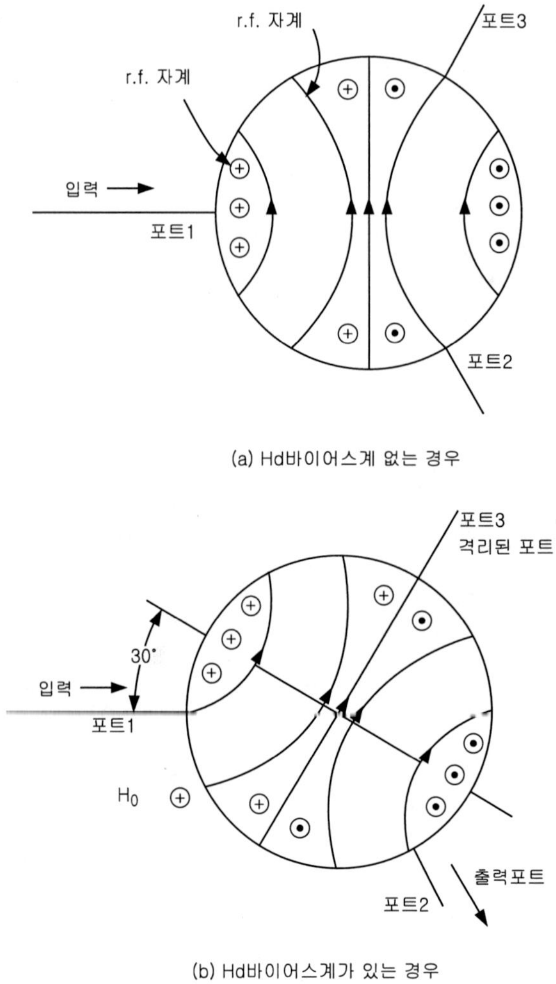

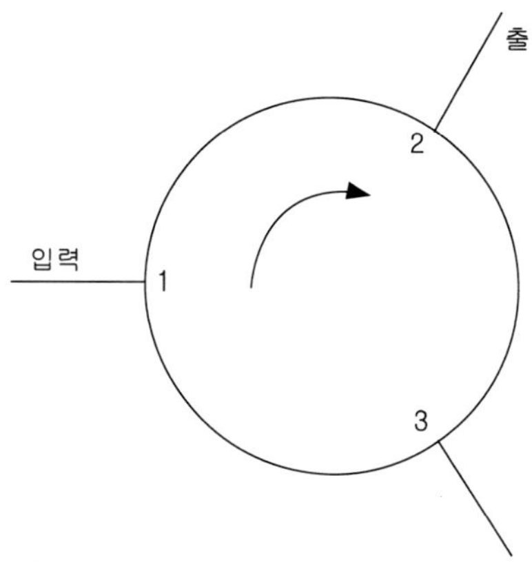

(c) 연결회전자구조

〈그림 4-20〉 연결회전자 원리와 구조

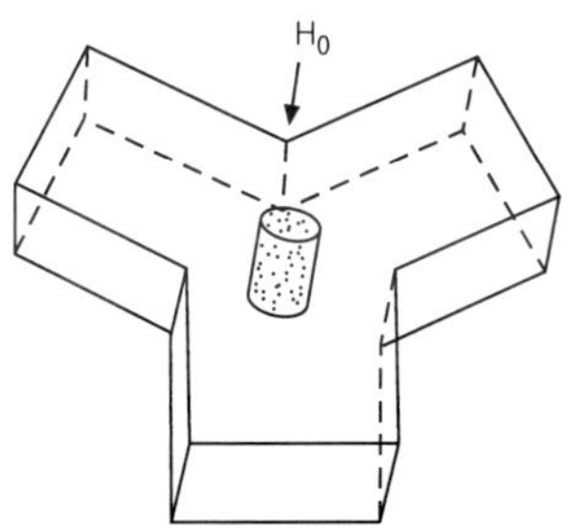

(a) 도파관형

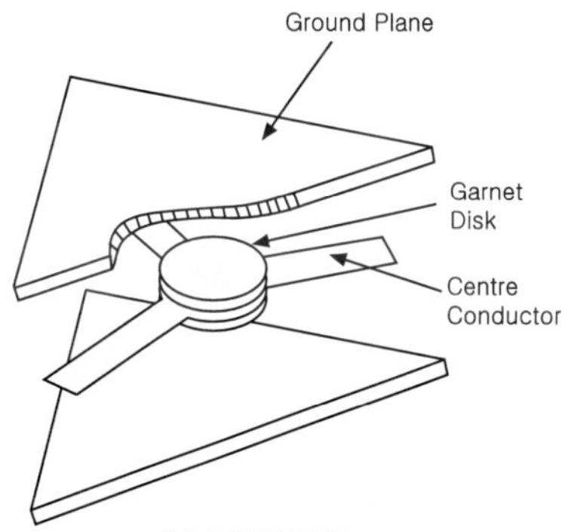

(b) 스트립라인형

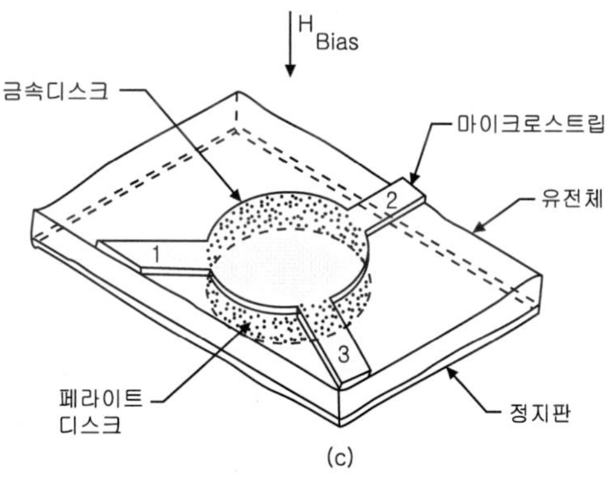

(c) 마이크로스트립형

〈그림 4-21〉 회전자 유형별 구조

- 회전자내에서 손실이 없을 경우 $|S12| = |S23| = |S31| = 1$

☐ 한 개의 회전자를 이용하여 송신기와 수신기를 같이 사용할 경우 포트1에 송신기 포트2에 안테나, 포트3에 수신기를 접속할 수 있음.

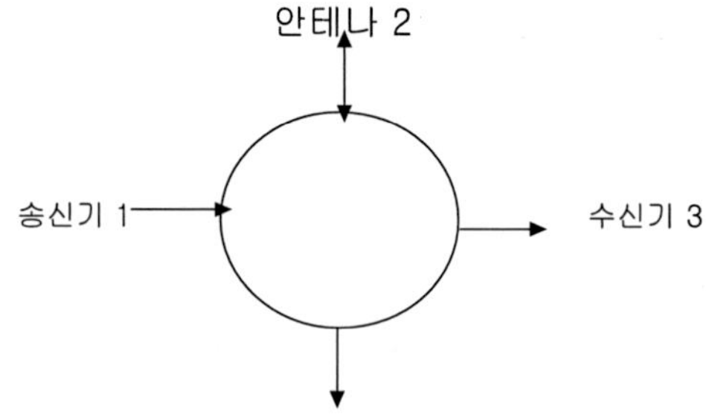

$$[S] = \begin{bmatrix} 0 & S12 & 0 & 0 \\ 0 & 0 & S23 & 0 \\ 0 & 0 & 0 & S34 \\ S41 & 0 & 0 & 0 \end{bmatrix} \tag{2.272}$$

☐ 자화된 페라이트 디스크의 가장 낮은 유전체 공진주파수는 대략 전계가 디스크면에 수직이고 자계가 디스크면내에 있는 다이폴 모드일 때

$$\beta r = 1.84 \tag{2.273}$$

여기서 $$\beta^2 = \frac{\omega^2\, \varepsilon_0\, \varepsilon_r\, \mu_0 (\mu^2 - k^2)}{\mu} \tag{2.274}$$

☐ 포트1로 입력된 신호전력은 포트2와 포트3에 각각 세기가 입력전압의 1/2씩 나타난다.

- 신호의 방향은 각각 반대방향이며 포트1에서 포트2로 진행하는 신호는 시계방향과 반시계방향으로 진행하는 신호의 위상편이가 일어나지 않도록 페라이트에 가하는 자계를 조정하고
- 포트1에서 포트3으로 진행하는 신호는 시계방향의 신호와 반시계방향의 신호에 대한 위상차가 180도가 되도록 하여 두 신호가 상쇄되도록 하여 신호전력이 나타나지 않도록 하는 것이다.

☐ 따라서 포트3에서의 전계 벡터는 아주 작거나 이상적으로 0이 되며 포트2의 전압은 대부분 포트1의 입력전압과 거의 같은 크기이다.

❑ 포트1과 포트3간의 격리정도 및 포트1과 포트2간의 손실정도는 다음과 같이 계산할 수 있다.

$$\eta = 10\log\left(\frac{VSWR+1}{VSWR-1}\right)^2 \qquad (2.275)$$

$$\delta = 10\log\frac{(VSWR+1)^2}{4\times VSWR}$$

❑ 전체의 운용하는 대역폭에 결쳐서 20dB 이상의 격리도를 얻기 위해서는 VSWR이 1.22 이하이어야 한다.

❑ 정합은 스트립라인 회전자의 공진기 자화를 조정하고 각 포트에 멀티 섹션 변성기를 사용한다.

4.5.3 페라이트 스위치

❑ 회전자의 공급 자계방향을 역으로 함으로써 스위치로 사용한다.

 - 이 경우 회전방향은 반대이고 격리 포트가 출력 포트가 된다.

❑ 〈그림 4-22〉와 같이 자기 경로가 폐쇄루프일 때 어느 페라이트의 $B-H$곡선이 아주 강한 히스테리시스 현상을 나타낸다.

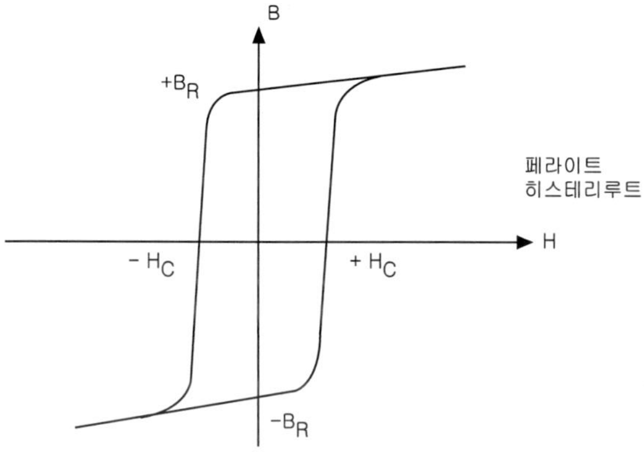

〈그림 4-22〉 페라이트 히스테리 시스 $B-H$곡성

❑ 외부 공급자계를 제거하면 자속이 아주 높은 BR부근에 잔류하게 된다.

 - 따라서 페라이트는 외부 자계없이 자체적으로 바이어싱된다.

❑ 이것은 실제로 A/I비가 높아야하고 그래야 전류구동기가 hollow 페라이트 판의 중앙을 거치는 하나의 선이 될 수 있다.

 - 이 선은 전류펄스에 의해 구동될 수 있으며 장시간 고전류상태로 유지하여서는 아니된다.

4.6 감쇠기(attenuator)

4.6.1 개요

❑ 감쇠기는 신호의 전력레벨을 조정하는 데 사용하며 고정, 기계적인 가변, 전자적인 가변 감쇠기가 있다.

4.6.2 고정 동축케이블 감쇠기(PAD)

❑ 케이블의 중심도체의 일부와 케이블내에 감쇠를 일으키는 재료를 삽입하여 신호를 감쇠시킨다.

❑ 〈그림 4-23〉과 같이 감쇠재료는 T형의 모양을 하고 있고 이 감쇠재료는 신호를 반사시키지 않고 원하는 감쇠량만큼 신호의 전력을 흡수한다.

❑ 사용주파수 범위는 DC ~ 18GHz 감쇠정도는 3, 6, 10, 20dB이다.

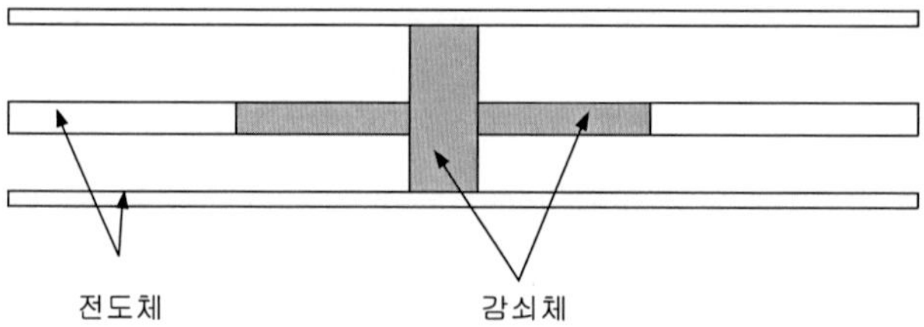

〈그림 4-23〉 고정동축케이블 감쇠기

4.6.3 고정도파관형 감쇠기

❑ 도파관 내벽에 흡수체판을 부착하여 감쇠를 일으키게 한다.

❑ 흡수체판은 저항성 필름으로 쌓인 유전체 판으로서 신호가 통과할 때 판내에 전류가 발생하여 전력이 소모되어 신호전력이 감쇠한다.

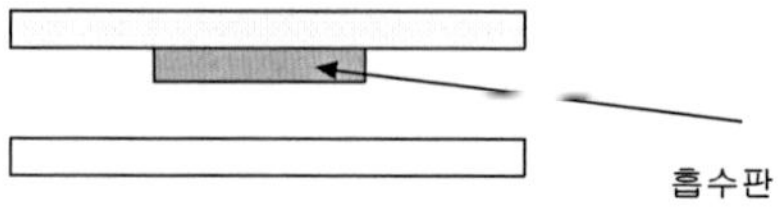

〈그림 4-24〉 고정파관형 감쇠기

4.6.4 기계적 가변 감쇠기

❑ 도파관벽에 구멍을 내어 신호의 감쇠를 일으키는 신호 흡수체를 도파관내에 삽입한다.

- 흡수체판이 도파관에 삽입되는 정도에 따라 감쇠정도가 정해진다.

4.6.5 전자가변 감쇠기(PIN diode이용)

- ❑ 다이오드를 전송선에 설치하고 순방향 바이어스를 걸면 다이오드가 도통되어 전류가 흐르게 되며 이 때 다이오드는 저항성을 띠게 된다.
  - 즉 바이어스 전류가 증가하면 다이오드의 저항성분이 적어지는 것과 같아 전도체성이 강해지므로 이 도체에서 신호의 반사가 일어나 이 반사손실에 의해 출력 신호전력이 감소하며 이것을 반사기형이라고 한다.
  - 입력되는 신호전력을 다이오드에서 흡수시켜 신호전력을 감쇠시키는 것을 흡수기형이라고 한다. 즉 신호전력을 다이오드에서 소모시키는 것이다.

4.7 종단기(terminator)

- ❑ 종단기는 주위의 다른 장치에 신호전력이 넘어가고 후방반사되는 것을 방지하기 위해 마이크로웨이브 장치를 종단하는 것이다.
  즉 반사가 일어나지 않도록 전송선 종단에서 전전력을 흡수하는 소자이다.
- ❑ 종단기는 탄소주입 유전체로 만들어 지는데, 이 유전체는 마이크로웨이브 전력을 흡수해서 반사시키지 않는다.
- ❑ 종단기의 중요한 특성은 입력 SWR과 취급전력이다.

구 분	동축 케이블	마이크로스트립	도파관	고전력 도파관
SWR	1.25	1.3	1.015	1.10
전 력	2W	10W	10W	250W

4.8 위상편이기

- ❑ 신호가 하나의 포트로 입력되어 서로 길이가 다른 경로로 전달되어갈 때 출력에서 두 신호간에는 경로길이 차이에 의해 위상차이가 발생한다(신호세기는 양 쪽으로 나누어짐).
  - 1단에서의 경로간 길이는 $\frac{\lambda}{16}$ (22.5도)
  - 2단에서의 경로간 길이는 $\frac{\lambda}{8}$ (45도)
  - 3단에서의 경로간 길이는 $\frac{\lambda}{4}$ (90도)
- ❑ 신호가 택하는 경로에 따라 22.5도, 45도, 67.5도, 90도, 112.5도, 157.5도의 어느 위상편이를 얻을 수 있다.

5 마이크로파 반도체 소자

5.1 개 요

가. 마이크로파 고체소자의 구분

- 4개 그룹으로 구분
  - 마이크로웨이브 TR : BJT, HBT, Tunnel diode
  - 전계효과 TR : JFET, MESFET, HEMT, NMOS, PMOS, CMOS, CCD, memories
  - 전이전자소자(TED : Transferred electron device) : Gunn diode, LSA, InP, CdTe diode
  - Avalanche transit-time 소자 : Read, IMPATT, TRAPATT, BARITT diode

나. GaAs의 쇼트키접합을 이용한 MESFET가 최근 상당한 진보를 하여 왔다.

- GaAs FET는 Ku대역용으로 10와트출력, K대역에서 1.25와트출력을 갖는 것들이 상용화 된다.

다. 애벌런치 다이오드는 X대역에서 8W, Ku대역에서 6W, 94GHz에서 약 100mW

5.2 마이크로웨이브 TR

5.2.1 BJT(Bipolar Junction TR)

5.2.1.1 개 요

- 1984년 DELL연구소에서 William Shockley와 그의 동료들에 의해 개발되었다.
- 기본적인 동작원리는 저주파소자와 같지만 크기나 공정제어, 패키징, 방열처리 등에서 고도의 기술이 필요하다.
- 실리콘 TR은 경제성, 내구성, 집적성 등이 좋으며 전계효과 트랜지스터보다 가용이득이 높다.
- GaAs MESFET보다도 RF증폭기에서 잡음지수와 잡음특성이 10-20dB정도 좋다.
  - 낮은 대역의 마이크로파용 증폭기와 국부발진기의 소자로서 사용된다.

5.2.1.2 동작원리

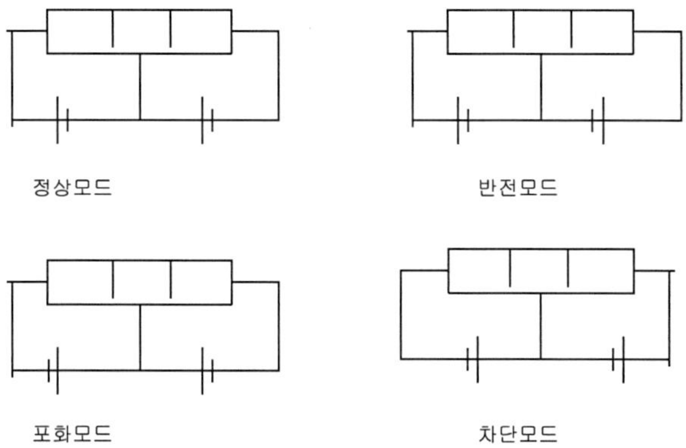

〈그림 5-1〉 BJT 동작원리

- ❑ 접합부에 가해지는 전압의 극성에 따라 정상 모드, 포화 모드, 차단 모드와 반전 모드의 4개 모드로 동작한다.
- ❑ 캐리어가 에미터-컬렉터구간의 길이를 통과하는데 걸리는 시간에 의해 트랜지스터의 차단주파수를 구하면

$$F_c = \frac{1}{2}\pi\tau \tag{2.276}$$

* τ는 주행시간으로서 베이스 주행시간 + 베이스-컬렉터 공핍층 주행시간이다.

5.2.2 헤테로 접합 바이폴라 트랜지스터(HBT)

5.2.2.1 개요

- ❑ 호모 접합 트랜지스터 : 실리콘과 실리콘, 게르마늄과 게르마늄처럼 두 개의 유사한 매질로 접합된 경우
- ❑ 헤테로 접합 트랜지스터 : Ge과 GaAs와 같이 다른 매질로 접합된 경우
- ❑ GaAs MESFET와 같은 고속스위칭 소자로서 사용될 수 있는 가장 유력한 소자

5.2.2.2 헤테로 접합 4가지

- ❑ p-Ge와 p-GaAs
- ❑ p-Ge와 n-GaAs
- ❑ n-Ge와 p-GaAs
- ❑ n-Ge와 n-GaAs

5.2.3 터널 다이오드

- ❑ 1958년 Esaki가 터널 다이오드에 대한 논문 발표
- ❑ 단위시간당 양자의 천이확률에 의해 설명
- ❑ 가격이 저렴하고 경량이며 잡음이 적고 저전력으로 동작되어 마이크로파용 증폭기, 공진기, 2진기억소자로 이용된다.
- ❑ 부성저항을 갖는 p-n다이오드
- ❑ 부성저항은 p-n접합에서 전자의 터널효과에 의해 생긴다.
- ❑ 터널 다이오드의 p와 n영역의 불순물 농도가 매우 높고 접합면 공핍층 장벽이 매우 얇다.
- ❑ 부성저항을 이용하여 증폭기 및 발진기로 이용한다.
- ❑ 부하선에서 2개의 안정상태를 가지므로 쌍안정이 되어 스위칭회로에서 2진소자로 이용된다.

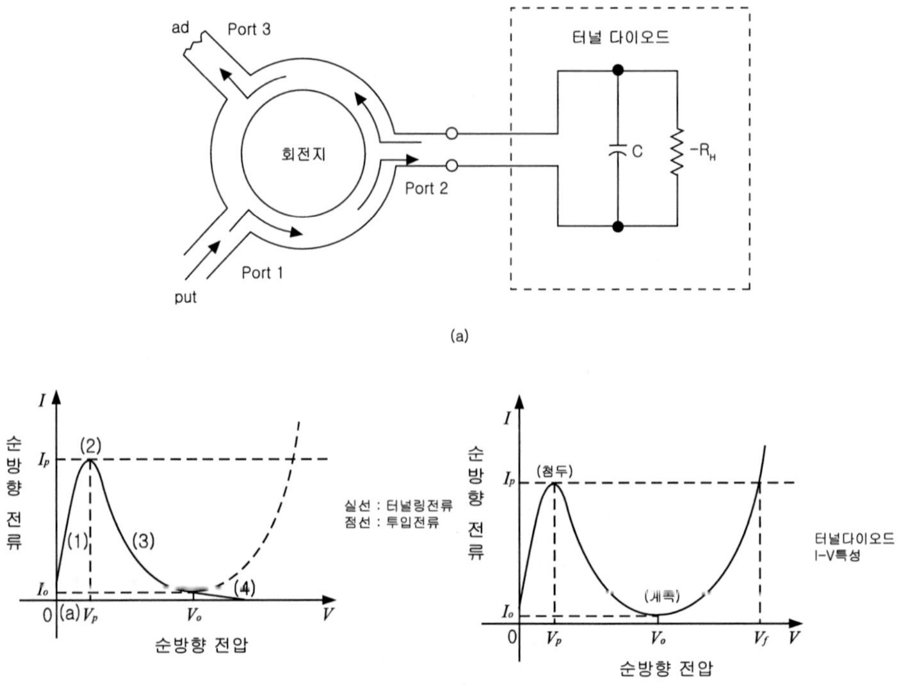

〈그림 5-2〉 터널다이오드의 응용 및 전류-전압 특성

5.3 마이크로파 전계효과 TR(FET)

5.3.1 개 요

- 1952년 Shockley가 새로운 형태의 TR인 FET를 제안했다.
- 전류에 의해 구동되며 다수 캐리어와 소수 캐리어를 동시에 갖는 BJT에 비해 한 가지 캐리어만 가지므로 Unipolar TR이라고도 했다.
- 전압에 의해 제어되고 X대역에서도 저잡음 특성으로 소신호를 증폭가능하고 파라메트릭증폭기에 비하여 제작이 간편하고 제작 단가가 저렴한다.
- BJT와 비교할 때의 장점
  - 효율이 높음
  - 동작주파수가 K대역까지 가능
  - 잡음지수가 낮음
  - 입력저항이 높음(수 MΩ)
- FET의 종류
  - JFET
  - MISFET
  - MOSFET
  - MESFET
  - HEMT
- 현재 Ku대역의 GaAs MESFET가 보편화되어 잡음지수 1.2dB인 저잡음 GaAs FET,출력 18W인 전력 GaAs FET, 잡음지수 0.7dB이하의 HEMT 등이 상품화되어 있다.
  - C대역의 경우 잡음지수가 0.6dB, 출력이 20W인 GaAs FET가 판매되고 있다.

5.3.2 JFET(n형)

- 2개의 p채널 사이에 n채널이 존재
- p채널 양면은 gate, n채널 접합면은 drain과 source
- gate전압이 가해지지 않으면 drain전류가 흐르지 않고 따라서 gate접합사이의 채널은 완전히 개방된 상태가 된다(ON상태).
- gate전압이 인가되면 공간전하영역이 넓어져 결국은 drain전압을 증가시켜도 drain전류는 더 이상 흐르지 않는 핀치 오프 상태가 된다(OFF상태). 이 gate전압을 핀치 오프전압이라고 한다.

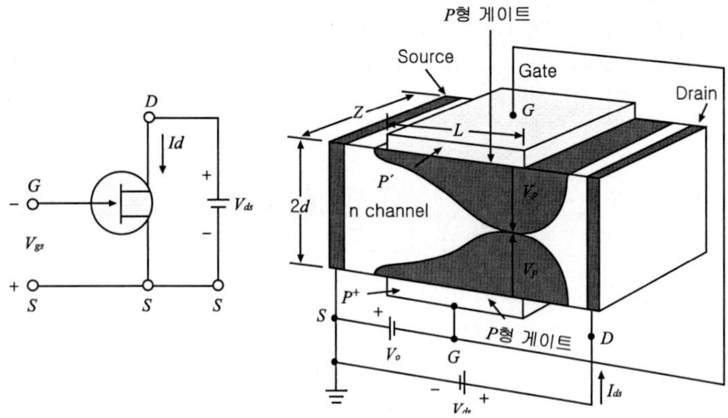

〈그림 5-3〉 n채널 JFET의 스키마 선도와 회로기호

5.3.3 MESFET

- ❑ 전계효과 트랜지스터가 금속-반도체 쇼트키 장벽 다이오드로 이루어진 소자
- ❑ GaAs MESFET의 전자이동도, 전계 그리고 전자의 포화 드리프트 속도가 실리콘 소자의 것보다 높고 크기 때문에 출력이 실리콘보다 커질 수 있다.
- ❑ 전자의 이동도가 높기 때문에 고온이나 고출력에서 동작시킬 수 있어 잡음지수가 낮다.
  - 고출력, 저잡음, 광대역 증폭기를 위한 마이크로파 집적회로에 많이 사용
- ❑ 약 100마이크로 두께의 반절연체기판(GaAs에 Cr로 도핑 : 고유저항이 높음)위에 버퍼층(높은 고유저항의 GaAs에피텍셜층) 그리고 그 위에 n형 에피텍셜 GaAs를 drain과 source의 접점으로 한다.

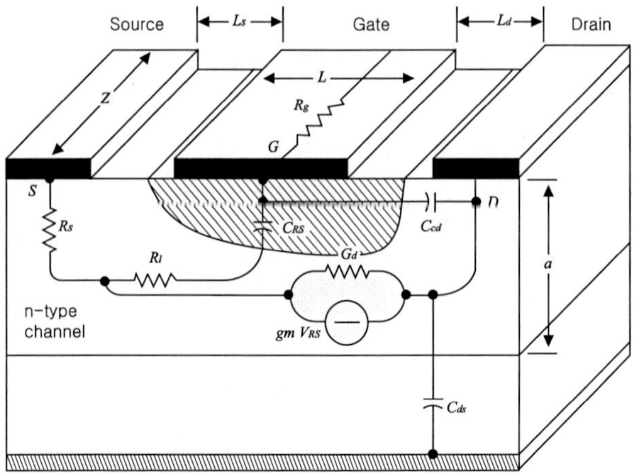

(a) 단면도

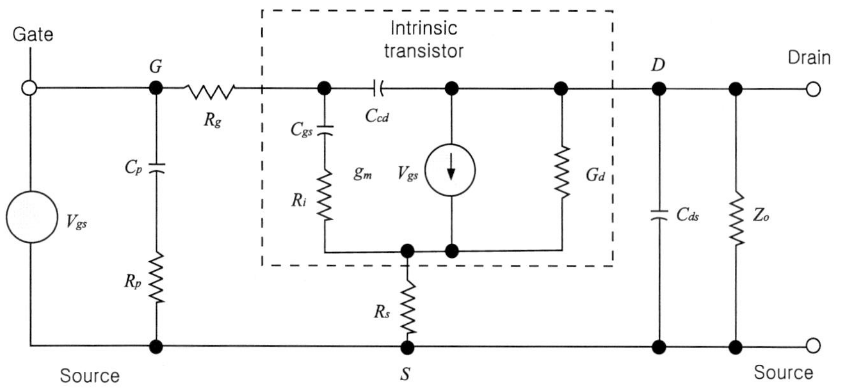

(b) 등가회로

〈그림 5-4〉 MESFET의 단면도와 등가회로

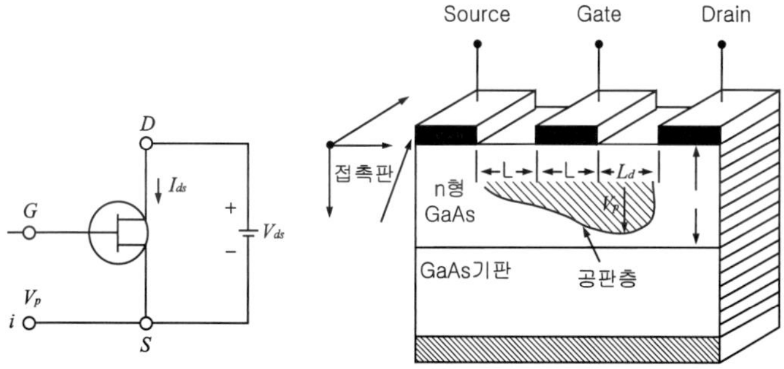

〈그림 5-5〉 GaAs MESFET의 스키마 선도와 회로기로

5.3.4 HEMT

- ❑ 동작주파수가 높고 잡음특성이 좋으며 고속소자 40−70GHz의 증폭기가 제작되고 있고 60GHz증폭기는 4.5−6.5dB의 이득을 갖는다.
- ❑ MESFET보다 gate길이가 짧고 gate와 source의 접촉성 저항이 줄고 최적화된 도핑구조를 갖는다.
- ❑ 다른 소자와의 비교

소 자	주파수(GHz)	잡 음	전 력	속 도
HEMT	70이상	아주양호	아주양호	매우양호
GaAs MESFET	40	양호	양호	양호
″-AlGaAs HBT	20	〃	〃	매우양호
Si MOSFET	10	불량	아주양호	아주양호
Si Bipolar TR	1	〃	불량	양호

5.3.5 MOSFET

5.3.5.1 개 요

- ❑ 소스, 게이트, 드레인, 기판의 4개 단자를 갖는다.
- ❑ 흐르는 전류는 인가전계에 의해 조절된다.
  - 소스에 대하여 +의 전압이 게이트에 인가되면 전류가 흐르기 위해 −전하가 채널내에 유기된다.
- ❑ 구조가 간단하고 가격이 저렴하기 때문에 Bipolar TR 대신에 전자회로에 사용된다.
- ❑ 구조 : $Al-SiO_2-Si$
- ❑ MOSFET의 기본소자인 MISFET의 구조 : Al금속, 반도체 Ge, Si, GaAs 절연체 SiO_2, Si_3N_4, Al_2O_3를 사용한다.

5.3.5.2 구조(n 채널 MOSFET)

- ❑ 강하게 도핑된 n+영역과 약하게 도핑된 p형 반도체 기판으로 구성된다.
- ❑ 2개의 n+영역간 간격은 약 $0.5\mu m$정도(채널길이), 절연막(SiO_2)의 두께는 채널의 깊이 Z는 $5\mu m$, n+영역의 접합두께 $0.2\mu m$

5.3.5.3 동작모드

- ❑ n채널 증가형(OFF 상태모드)
  - 전류가 흐리기 위해 n채널 형성이 필요하고 이를 위해 게이트에 +전압이 인가되어야 하는 모드
- ❑ n채널 공핍형(ON 상태모드)
  - 영바이어스상태에서 n채널이 형성되어 있고 이를 제거하기 위해 −전압이 게이트에 인가되어야 하는 모드
- ❑ p채널 증가형(OFF 상태모드)
  - p채널을 형성하기 위해 −전압이 게이트에 인가되어야 하는 모드
- ❑ p채널 공핍형(ON 상태모드)
  - 채널내의 캐리어를 제거하기 위해 게이트에 +전압이 인가되는 모드

5.3.6 CCD(Charge-Coupled Device) 또는 CTD(Charge Transfer Device)

- ❑ MOS내의 전하가 클럭펄스(게이트전압)의 제어의 의해 미리 정해진 경로를 따라 횡적으로 이동한다.
- ❑ 기본기능은 전하다발을 저장하고 이것을 한 전위우물에서 다른 전위우물로 이동시키는 것이다.

5.4 전이전자소자(TED)

5.4.1 개요

- ❑ 트랜지스터는 접합이나 게이트로 동작하는 반면 TED는 접합이나 게이트가 없는 벌크 소자이다.
- ❑ 트랜지스터는 실리콘이나 게르마늄으로 제조되는 반면 TED는 GaAs, InP, CdTe 등과 같은 화합물 반도체로 제조된다.
- ❑ 트랜지스터는 반도체에서 전자의 열에너지보다 그다지 크지 않은 에너지를 가진 전자로 동작하나 TED는 열에너지보다 훨씬 큰 에너지를 가진 뜨거운 전자로 동작한다.

5.4.2 Gunn 효과 다이오드(GaAs 다이오드)

- ❑ n형 GaAs시료에 임계치를 넘는 전압이 가해지면 시료에 흐르는 전류는 주기적인 파동을 일으킨다.
- ❑ 높은 이동도의 에너지대역으로부터 낮은 이동도의 에너지대역으로 전자를 옮김으로써 벌크 반도체에서 부성 미분 이동도를 얻는다.
  - 캐리어가 충분히 높은 온도를 가질 때 무거운 질량, 낮은 이동도의 부대역으로 이동할 수 있도록 부대역에 있는 가벼운 질량, 높은 이동도의 캐리어를 가열하는 것
  - 전도대역에서 적당한 부대역을 가질 수 있는 화합물 : Ge-Si합금 및 3-5족 화합물
- ❑ 부성 저항성질이 나타나는 것으로 부성저항에서는 전류와 전압의 위상이 180도 차이가 있고 부성 저항과 관련한 전력공급에 의해 $-I^2R$만큼의 전력을 발생(증폭)
- ❑ 부성 미분 저항
  - 3-5족 화합물 시재의 양단에 전압 혹은 전계나 전류를 인가하였을 때 벌크 고체소자내에 부성 미분 저항성질이 나타난다.
  - 부성 저항소자에는 전류제어형과 전압제어형의 2가지가 있다.

5.4.3 터널다이오드

- ❑ 터널다이오드는 p-n접합다이오드로서 양쪽이 높게 도핑된 것이다.
- ❑ 통상 p-n접합에서 에너지장벽은 순방향 바이어스를 접합에 공급함으로써 장벽을 낮추어 전류가 흐르게 한다.

- 도핑레벨이 지수 1000이나 그 이상으로 양측에서 증가하면 공핍층 폭이 아주 얇아진다.
- 초기전압을 공급하면 전류가 증가하나 어느 이상 전류를 계속하여 증가하면 전류가 감소하는 부성 저항특성이 나타난다.
- 이 특성을 이용하여 증폭기, 발진기에 사용

5.4.4 LSA(Limited Spacecharge Accumulation)diode, InP diode, CdTe diode : 생략

5.5 애벌런치 천이-시간 다이오드

5.5.1 개요

- 전압항복효과 이용
- p와 n영역이 강하게 도핑되고 마이크로파 영역에서 부성저항을 나타내기 위해 캐리어 충격 이온화와 반도체 접합의 고전계영역에서의 드리프트를 이용

5.5.2 IMPATT diode

- 충격 이온화 애벌런치와 전하 캐리어의 천이시간의 상호작용 메커니즘 이용을 이용하여 부성저항의 특성을 발생
  - 충격 이온화 애벌런치 효과 : 캐리어 전류와 ac전압이 90도의 위상차가 생기게 한다.
  - 천이시간효과 : 외부전류가 ac전압에 비해 90도의 위상지연이 발생

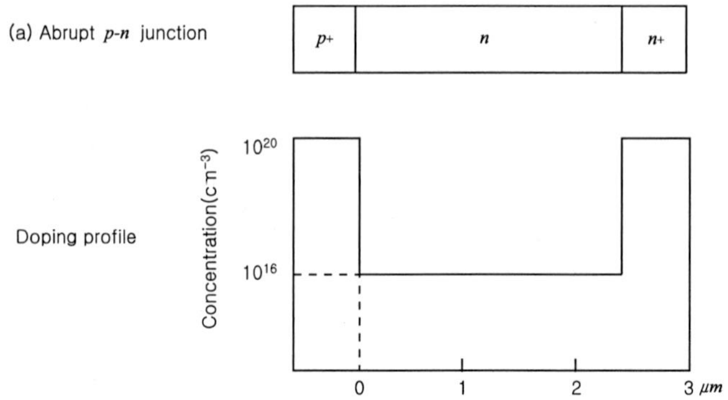

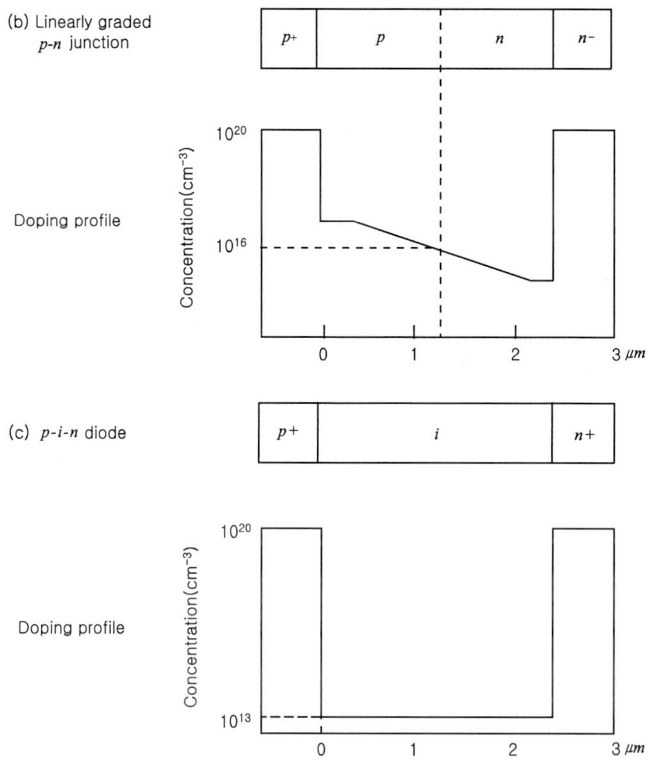

〈그림 5-6〉 전이전자소자 접합형태별 도핑 프로파일

5.5.3 TRAPATT(Trapped Plasma Triggered Transit)

- ❑ 수백MHz-수GHz까지 동작능력을 가진 고효율 마이크로파 발생기에 사용

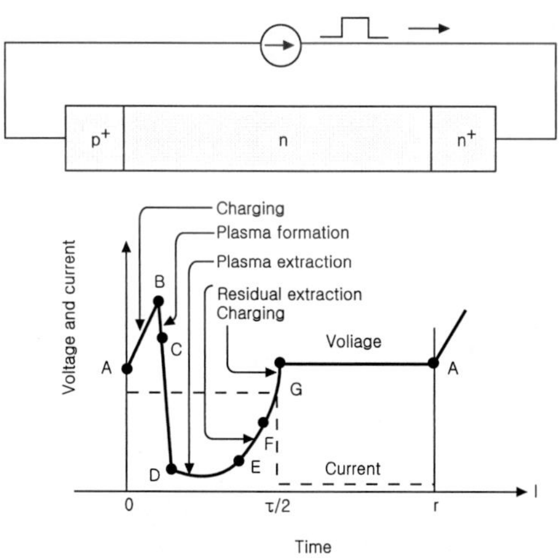

〈그림 5-7〉 TRAPATT 구조 및 특성

5.5.4 BARITT(Barrier Injected Transit-Time)

- ❑ IMPATT diode보다 매우 적은 잡음 발생
- ❑ 사용 주파수 대역이 협대역이고 전력출력이 수 mW로 제한된다.

5.5.5 파라메트릭소자

- ❑ 마이크로파관, 트랜지스터, 레이저에 비해 매우 작은 양의 열잡음을 발생
  - 저잡음 증폭기에 사용

6 마이크로웨이브 진공관(Microwave tube)

6.1 마이크로웨이브 진공관과 반도체 소자

❑ 평균 전력비교

- 반도체 1GHz 100W, 10GHz 10W, 100GHz 1W
- 진공관은 반도체의 4배 이상
  - 이것은 전자의 이동속도가 반도체 재질내에서 보다 1000배 정도 빠르기 때문이다.
  - 실리콘 또는 갈륨아세나이드 내에서의 전자속도는 빛속도의 1/3000정도
  - 진공내에서는 빛의 속도의 1/3정도
- 주어진 주파수에서 진공관의 내부크기는 반도체 내부크기보다 1000배 정도 크다(mm).
  - 반도체 내부크기는 1마이크론 이하
- 진공관은 수명이 짧다.
  - 반도체소자의 전자는 반도체 자체의 재질내에서 생산되나 진공관은 바리움 표면으로 부터 약 1000도의 열을 가하여 얻어진다.
  - 캐소드 표면으로부터 바륨이 고갈되면 진공관은 더 이상 동작할 수 없게 된다.
  - 진공관의 수명은 수 천에서 10만시간으로 1년 운용기간은 약 8500시간 정도가 된다.
- 진공관내에 고진공(10^{-11})을 유지하여야 하는것도 진공관의 단점
- 진공관은 특수 고진공 금속이나 세라믹 재료로 만들어 지며 온도 800 ~ 1000도에서 금속과 세라믹을 함께 녹여 만든다.

• 금속과 세라믹내에 있는 가스를 방출시키기 위해 관을 600도로 가열하는 동안 진공관내에 있는 공기를 빼낸다.

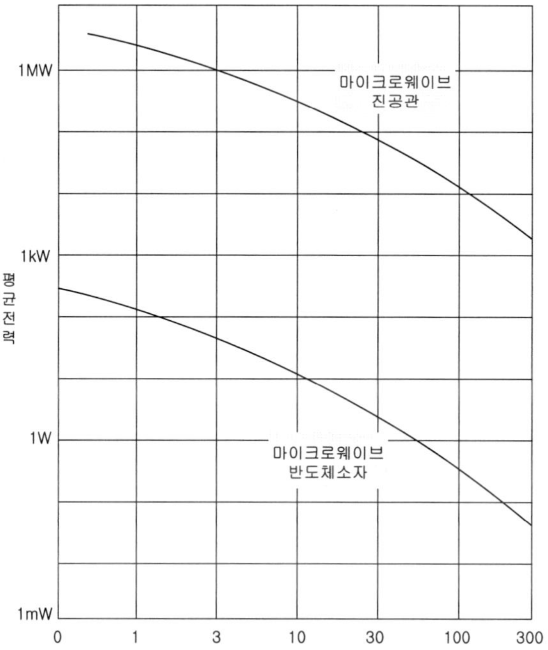

〈그림 6-1〉 M/W 진공관과 반도체소자 특성

❑ 진공관의 종류

– 그리드관, 클라이스트론, 진행파관, 마그네트론관 등

6.2 그리드 진공관

❑ 구성 : 캐소드, 그리드, 플레이트

– M/W공동기내에 관을 부착시켜서 리드리액턴스를 최소화시킨다.

– 관의 전극간 간격을 좁혀서 전자의 전이시간을 짧게 한다.

❑ 동작원리

– 그리드와 캐소드사이에 증폭될 미약한 M/W신호를 공급

– 그리드에 공급되는 신호전압에 의해 캐소드로부터 나오는 전자의 수를 제어한다.

  • 그리드에 입력되는 신호가 +일 때 많은 전자가 진공관내에서 이동하고 신호가 –일 때 적은 전자가 이동한다.

  - 이 그리드에 공급되는 신호와 전자가 혼합(변조)되어 플레이트에 가해진다.
  - 이에 따라 플레이트에 전류가 흐르고 부하에 전압이 걸리게 하고 이에 의해 이득이 얻어지게 된다.
- 전자들이 플레이트로 이동하는 동안 출력공동기내에 큰 M/W계를 만들게 된다.
- 〈그림 6-2(b)〉의 왼쪽 그림 : 전자뭉치들이 공동기를 통해 지나가고 이에 의해 그리드 접공동기 벽에 +전하를 발생
- 〈그림 6-2(b)〉의 중앙 그림 : 동일한 양의 전하가 공동기 그리드와 프레이트 벽에 발생한다.
  - 전자가 공동기를 거쳐 갈 때 공동기벽에 전류가 흐르고 이 전류에 의해 공동기내에 M/W계를 발생
- 〈그림 6-2(b)〉의 오른쪽 그림 : 전자가 플레이트면에 도착

❑ 출력공동기는 M/W신호최대치에서 공동기 양단 전압이 플레이트 전압과 동일하게 설계되어야 한다.

❑ 공동기내를 지나가는 전자들은 공동기내에 발생한 M/W계에 의해 속도가 늦어지고 이때 공동기내 M/W계에 전자자체 에너지를 전달시킨다.

❑ 특징

- 소형 경량 낮은 운용전압 고효율 운용이 용이, 운용주파수대역폭이 좁다.

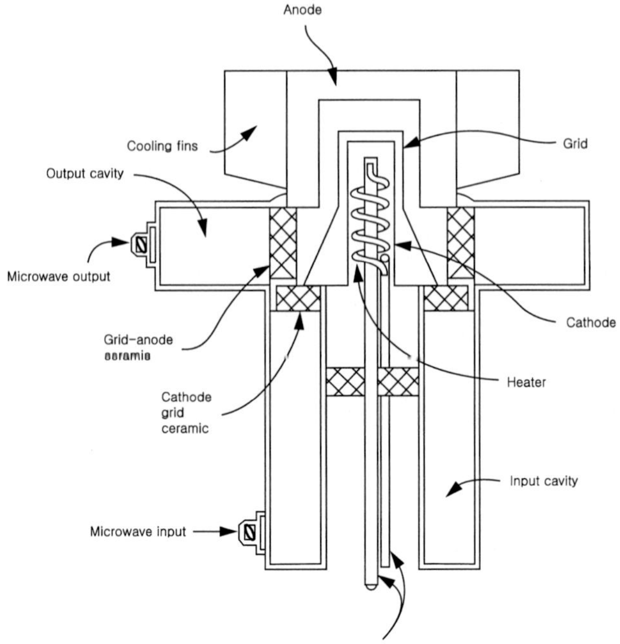

(a) 구조

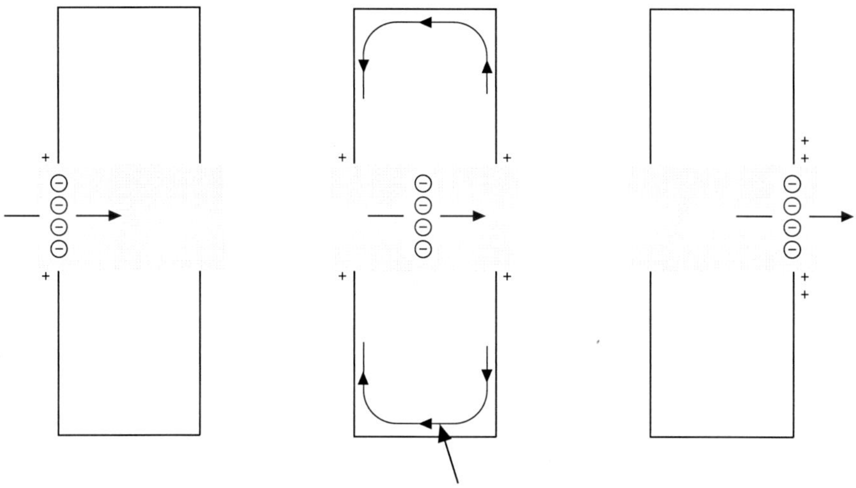

(b) 공동기내 전자흐름

전자빔번칭에 의한 마이크로웨이브 전력발진

〈그림 6-2〉 그리드 진공관 구조 및 전자흐름

6.3 클라이스트론

□ 특 징

- 30GHz까지 고첨두전력, 고평균전력, 양호한 효율, 고이득, 낮은 스프리어스 신호, 협대역폭

□ 구 조

- 전자총 : 전자빔을 형성하고 가속시킨다.
- 집중자석 : 공동기를 지나가는 전자빔을 집중시킨다.
- 공동기 : 전자빔 전력을 M/W전력으로 바꾼다.

□ 동작원리

- 증폭하고자 하는 신호가 입력공동기에 주입되면 입력신호는 전자빔을 변조시킨다.
- 전자빔뭉치는 중간공동기에서 연속적으로 증폭된다.
  - 변조된 전자빔이 출력공동기를 지나갈 때 M/W계를 발생
- M/W계는 전자를 감속시키고 이로 인해 전자에너지가 M/W계에 전달된다.
- 전자가속 전압은 수 천~수 만 볼트로 M/W관의 전력 레벨에 의해 결정된다.

- 속도 변조관에서는 전자빔이 일정한 전압으로 캐소드로 발사되기 때문에 전자총을 떠나는 전자수는 시간과 더불어 일정하다.
  - 따라서 모든 전자는 속도가 동일하다.
- 전자총으로부터 발사된 전자빔은 입력공동기를 통해 이동해 간다.
- 이 전자빔은 증폭되기 위해 입력되는 신호와 상호작용하여 공동기 양단에 적은 전계를 만든다.
- 전자가 가속전압 10,000볼트로 가속될 때 속도가 대략 빛속도의 20%
- 이때 입력공동기 양단 전압은 약 1볼트 정도뿐이다.
  - 아주 작기는 하지만 전자빔내에 있는 어느 정도의 전자를 가속시키고 다른 것은 감속시키는데, 이것은 입력공동기내의 입력신호 위상에 의해 결정된다.
- 이것을 속도변조라고 하며 이에 의해 속도가 가속된 전자는 속도가 감속된 전자를 따라잡아 전자빔의 뭉치를 만든다.
  - 이 부분적으로 뭉쳐진 전자들에 의해 2공동기에 M/W계가 형성되고 이 계는 다시 전자빔과 상호작용을 하여 가속전자는 더욱 가속시키고 감속전자는 더욱 느리게 만든다.
- 콜렉터는 출력공동기를 지나온 전자빔을 수집한다.
  - 콜렉터면에서 빔 전력밀도에서 요구되는 전자속도 감속을 얻는 데 필요한 정도로 크게 만들어진다.
  - 전자가 콜렉터면에 부딪치면 열로 이 전력을 변환시키고 이 열은 공기나 액체 냉각에 의해 제거되어야 한다.

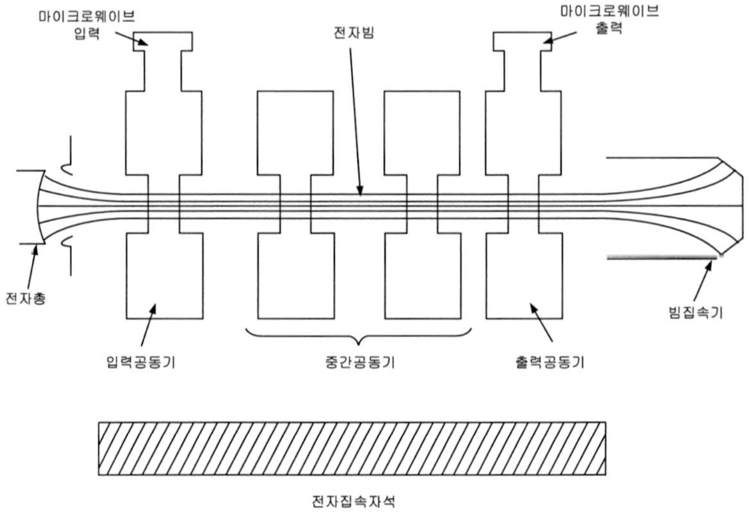

〈그림 6-3〉 클라이스트론 진공관 구조 및 전자흐름

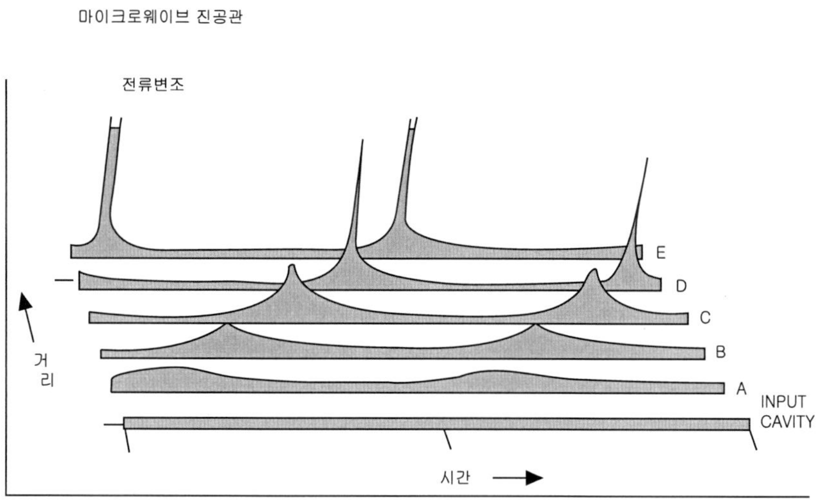

〈그림 6-4〉 진공관내 전류변조과정

6.4 진행파관(TWT)

6.4.1 개 요

❑ 광대역폭, 고이득, 중간정도의 첨두전력 및 평균전력 그리고 저효율

❑ 구 조

- 전자총, 집중자석, 콜렉터, 입력창, 상호작용 구조(Interaction structure), 내부 감쇠기(반사전력을 흡수)

* 클라이스트론과 차이점 : 클라이스트론의 공동기와 진행파관의 상호작용체

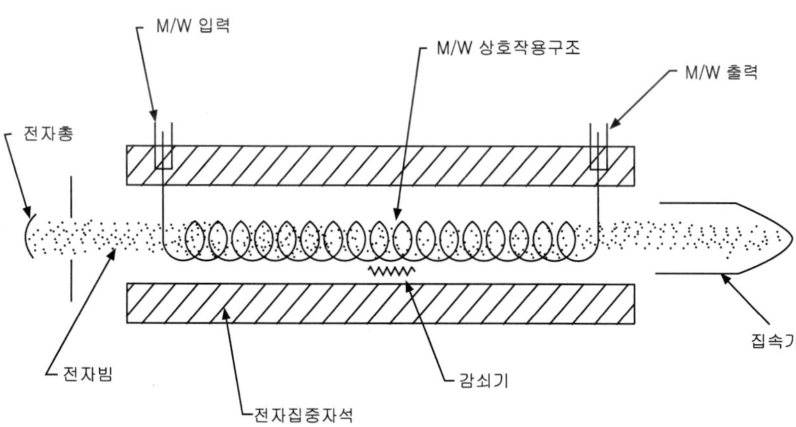

〈그림 6-5〉 진행파관의 구조

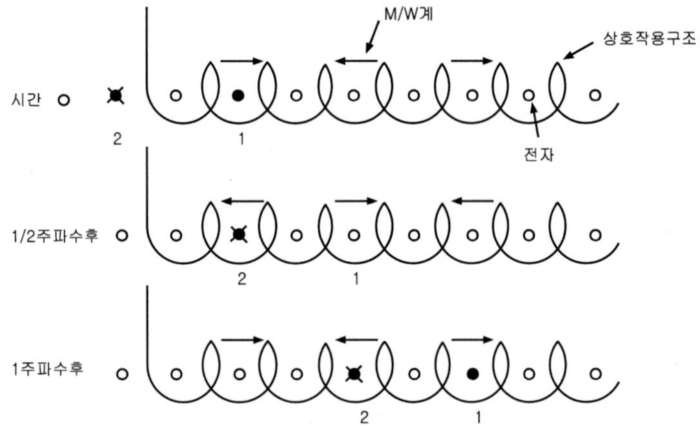

〈그림 6-6〉 IWT 속조변도 과정

- ❑ 클라이스트론과 같이 속도변조를 이용하며 주요한 특징은 상호작용체상의 전자와 M/W신호의 이동속도가 동일하다는 것이다.
- ❑ 전자가 M/W입력신호의 + 위상중에 상호작용체에 입력되면 이동속도가 가속되고 이것은 진행되는 동안 계속된다.
- ❑ 전자가 M/W입력신호의 – 위상중에 상호작용체에 입력되면 이동속도가 감속되고 이것은 진행되는 동안 계속된다.
- ❑ 즉 M/W파의 위상에 따라 전자가 감속되거나 가속된다.
- ❑ 〈그림 6-6〉에서 시간 0에서 전자1이 전계가 가속되는 위치에 있고 이 때 전자2는 입력되지 않은 상태이다.
  - – 입력신호 1/2주기후, 전자1은 그만큼 더 이동하고 이 때 M/W 신호의 이동시간도 동일하므로 전자1은 계속하여 가속중인 계내에 있게 된다.
    - • 이 시간에 전자2는 시간0에서의 전자1의 위치에 있게 되고 이 위치에서 전계는 감속되고 전자2는 속도가 느려지게 된다.
  - – 입력신호 1주기후, 전자1과 전자2는 동일한 상태로 계속 이동하여 전계는 계속하여 전자1을 가속시키고 전자2는 감속시킨다.

    * 효율 : TWT 10~30%, Klystron 30~50%
- ❑ 상호작용체 구조
  - – HELIX
    - • 텅스텐과 세라믹 지지봉을 이용, 광대역 커버(2 ~8GHz), 평균전력이 낮음

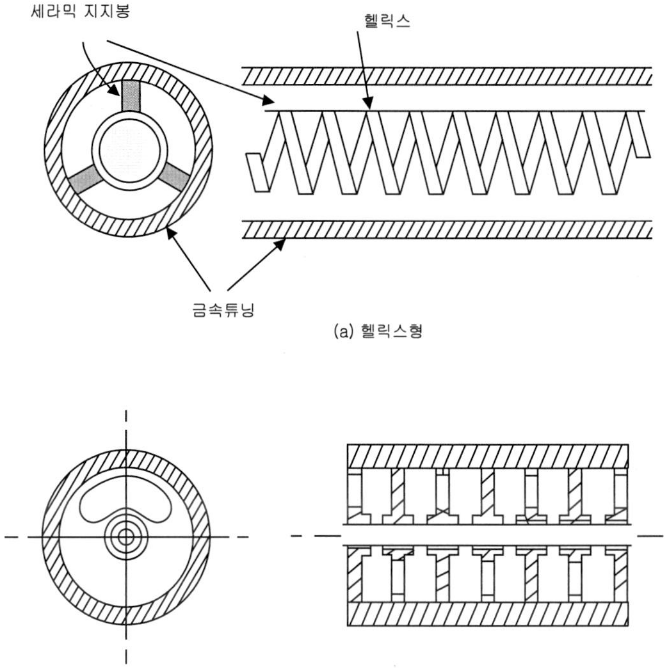

(a) 헬릭스형

(b) 결합공동기형

〈그림 6-7〉 진행파관 상호작용구조

6.5 교차계 증폭기(Crossed-field)

❑ 진행파관의 저효율문제가 이 증폭기에 의해 해결된다.
- 효율이 80%로서 어느 증폭기보다 효율이 좋다.

❑ **특성** : 광대역폭, 고첨두전력, 저이득, 저잡음출력, 저평균전력, 전력값이 정해졌을 때 다른 관에 비해 아주 작은 전압에서 운용이 가능함(첨두전력 1mW를 기준으로 하여 클라이스트론관은 100KV교차계 진공관은 40KV)

❑ **구조**

- 전자총 : 전자빔 형성 및 가속
- 상호작용체 : 증폭될 신호와 전자빔이 상호작용
- 콜렉터 : 신호를 최종 증폭시키고 출력단을 거친 전자를 모아 열처리
- 단 전극(sole electrode) : 상호작용체에 외부자계를 공급

* 진행파관과 상이한 점 : 속도변조를 하는 방법

❑ 동작원리

- 속도변조과정 : 교차전계와 자계영역에서 이루어 진다.
- 잔자빔의 이동 : 직선 빔은 상호작용체와 sole라고 하는 -전극 사이에서 발생
  - sole : 전자빔 이동방향에 직각으로 전계를 공급하고 이 필드력(field force)는 전자들이 상호작용체를 향하도록 하는 역할을 한다.
- 자계는 전자의 이동방향과 전계에 직각이다.
- 이동하는 전자빔과 자계의 혼합작용은 -전극에 의해 만들어지는 전계와 반작용하여 전자가 상호작용체에서 멀어지도록 작용한다.

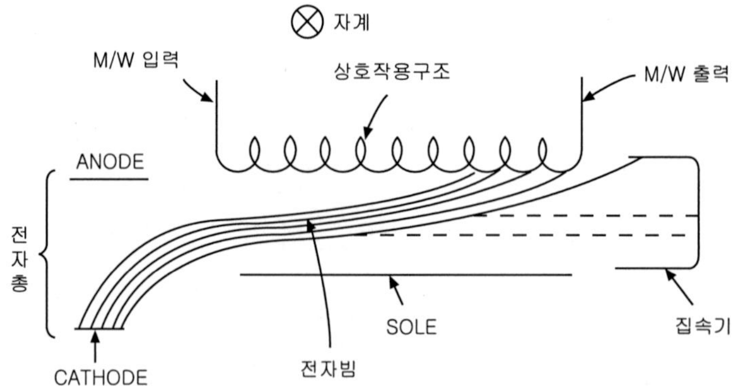

(a) 구조

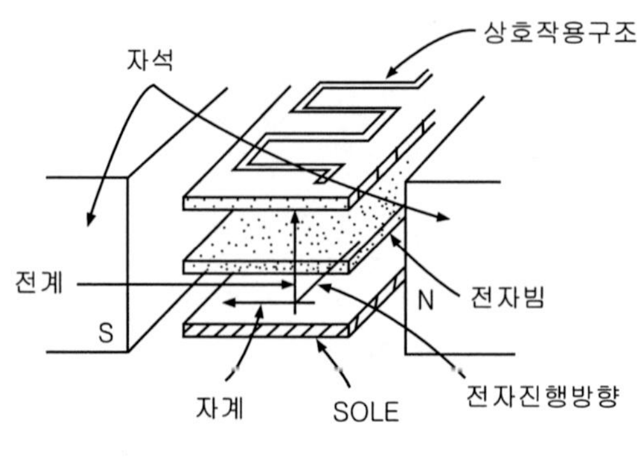

(b) 상호작용영역

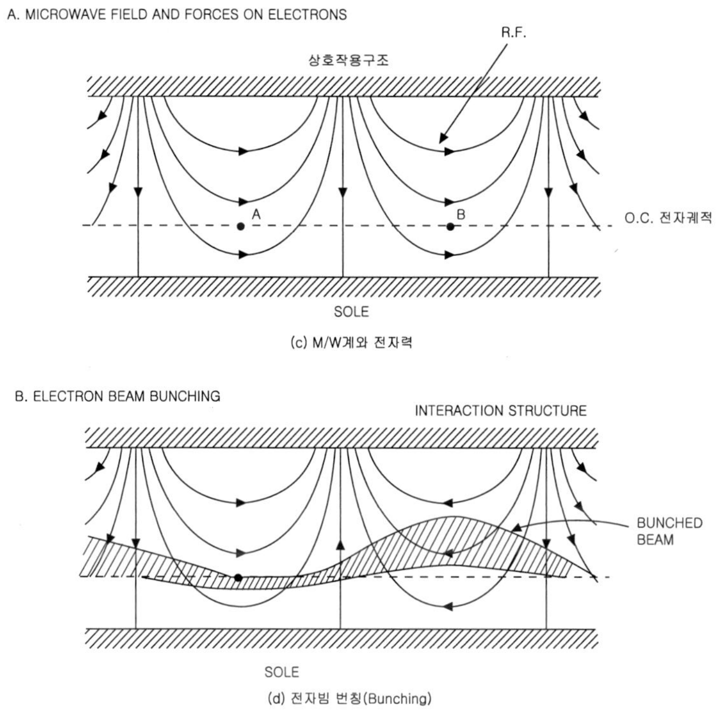

〈그림 6-8〉 교차계 진공관 동작원리

- (−)전극전압과 자계강도는 두 힘이 정확하게 상호 반작용하도록 조정된다.
- 마이크로웨이브 입력신호가 없으면 전자는 점선을 따라 관축을 따라 직선으로 이동한다.
- (−)전극과 상호작용체내 전계와 자계 그리고 전자속도는 모두 상호 직각으로 작용하는데, 이것이 상호작용과정의 중요한 특징이다.
  - 진행파관과 클라이스톤내 자계는 단지 공동기나 상호작용체내의 전자빔이 집중되도록 하는 역할만을 행한다.
  - 즉 전자빔이 관내에서 전자적으로 집중된다면 자계가 없어도 됨
- 그러나 이 진공관에서의 자계는 전자를 모으는 역할뿐만 아니라 속도변조를 행하는 역할을 한다.
- 마이크로웨이브 신호가 입력되지 않으면 −전극과 상호작용체간 전계로부터의 전기력은 자력과 이동전자빔에 의해 정확하게 평형상태가 됨으로 전자는 관축을 따라 직선을 이동한다.
- 그러나 신호가 상호작용체에 입력되면 위치 A의 전자 속도가 빨라지고 속도B에서는 느려진다.
  - 진행파관에서처럼 전자속도는 신호속도와 동일하다.

- 위치 A에서의 전자속도가 자계강도와 전자속도 크기에 따라 빨라지므로 자력은 커지고 –전극에 의해 만들어진 전기력 보다 더 커지게 된다.
  - 따라서 전자가 축 방향으로 이동하는 대신에 회로로 곡선을 그리면서 진행하여 나가게 된다.
- 위치 B에서는 –전극으로부터의 전기력이 자력보다 커져 전자는 상호작용체를 향하여 진행하여 나가게 된다.
- 이와 같이 마이크로웨이브의 신호위상에 따라 전자의 진행상태가 달라지는 속도변조를 일으키게 되는 것이다.
- 전자들은 교차전계와 자계에 의해 상호작용체를 축으로 뭉쳐져서 진행하여 가지 않고 상호작용체에 근접하거나 멀어져서 이동해 가게 된다.
- 진행파관에서는 전자가 증폭하고자 하는 신호의 위상과 상호작용하여 전자뭉치를 형성하고 전자의 속도가 변하나 이 진공관에서는 전자의 속도가 관축을 따라 변하지 않고 동일하다.
  - 즉 전자는 전력이 전자빔으로 부터 마이크로웨이브 계에 전이됨으로써 속도가 느려지지 않는 것이다.
- 마이크로웨이브에 대한 전력은 전자의 전위 에너지로부터 나오는데,
  - 전자들이 상호작용체를 따라 이동하면서 속도가 느려지지 않기 때문에 모든 전력이 전자빔으로부터 상호작용체로 전이될 때까지 상호작용과정이 계속될 수 있어 효율이 높아지게 된다.
- 기본적으로 교차 전계와 자계내를 이동하는 전자빔은 불안정하므로 어느 작은 잡음 변조라도 그 자체가 증가하게 된다.
  - 결과적으로 관내의 상호작용영역이 길어지면 캐소드내에서 균일하게 발생된 잡음빔이 증폭되어 목적하는 신호보다도 잡음이 커지게 될 것이다.

  * 진행파관이나 클라이스트론 진공관에서는 원하는 이득을 얻기 위해 상호작용영역을 필요한 만큼 길게 할 수 있지만 이 진공관에서는 이러한 이유 때문에 제한을 받게된다(이득비교 : 전자 50~60dB, 후자 10~15dB).
- 높은 효율을 얻기 위해 이 진공관 내에서의 전자빔이동이 상호작용체에 근접하여 이동하는 것이 필요하고 실제로 이동하는 빔이 상호작용체에 부딪치게 된다.
- 대부분의 출력이 전자빔으로부터 추출되지만 나머지 일부는 상호작용체에 흡수되어 열로 소모된다.
  - 진행파관이나 클라이스트론관에서는 전자빔이 외부 자계에 의해 관의 중심에 집중되어 진행하므로 상호작용체에는 거의 부딛치지 않고 대부분 콜렉터에 흡수되므로 이 진공관의 평균전력이 상대적으로 낮은 원인이 되고 있다.

- 이 진공관에서는 20%정도의 대역폭내에서 수 메가 와트의 첨두전력을 공급하기 위해 결합공동기(coupled-cavity) 상호작용체를 사용하고 있다.
  - 캐소드전압은 sole 전압과 거의 동일하고 애노드 전압은 상호작용체 전압과 거의 동일하다.
  - 그러나 전자가 캐소드에서 이동해 가기 시작하면 이것은 자계에 의해 움직이고 이에 따라 전자들의 궤적이 구부러지며
  - 따라서 전자가 상호작용영역으로 들어가서 캐소드와 직각으로 이동한다.
- 대부분의 이 진공관은 전자총으로 에미팅 sole를 사용하며 여기서 전자가 방출되고 자계에 의해 축을 따라 구부러져 이동하게 된다.
  - 에미팅 sole는 진행파관이나 클라이스트론관에의 전자총보다 많은 전류를 공급한다.
  - 구조는 대개 원통형으로 이는 전자방출을 위한 가열이 쉽기 때문이다.
  - 원형구조의 상호작용체는 보다 완벽하고 교차자계를 공급하는데 용이하다.
  - 원형구조에서는 콜렉터가 없는데, 이것은 대부분의 전자가 상호작용체에 충돌하기 때문이다.

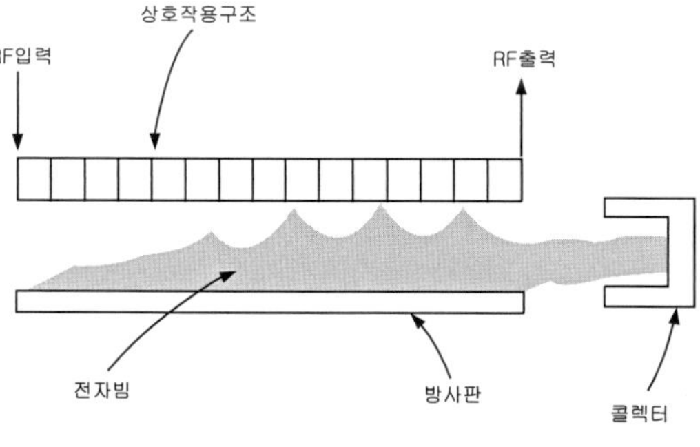

(a) 사각형

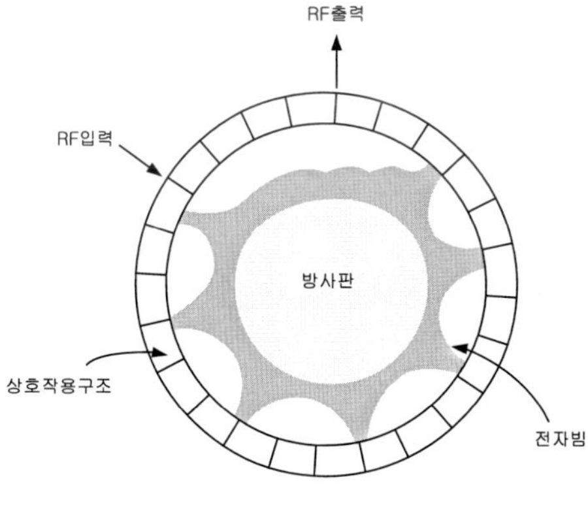

(b) 원형

〈그림 6-9〉 교차계 진공관 상호작용체 구조

6.6 마그네트론 진공관(Magnetron)

- 마그네트론관은 마이크로웨이브 진공관 중에서 구조가 가장 간단한 것이다.
- 기본적으로 다이오드 구조로서 마이크로웨이브 회로를 가지고 있는 원형애노드가 원통형 캐우드를 둘러 싸고 있는 구조
  - 이 노드는 접지전위로서 –D.C 또는 펄스 전압을 캐소드에 공급한다.
- 이 진공관은 애노드의 공진에 따라 고정주파수로 자려발진함

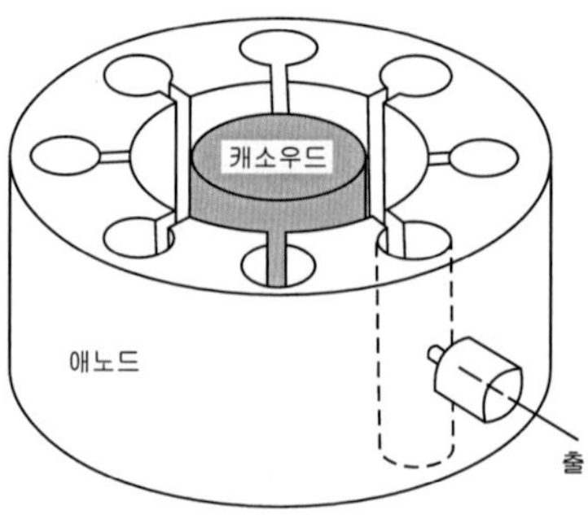

(a)

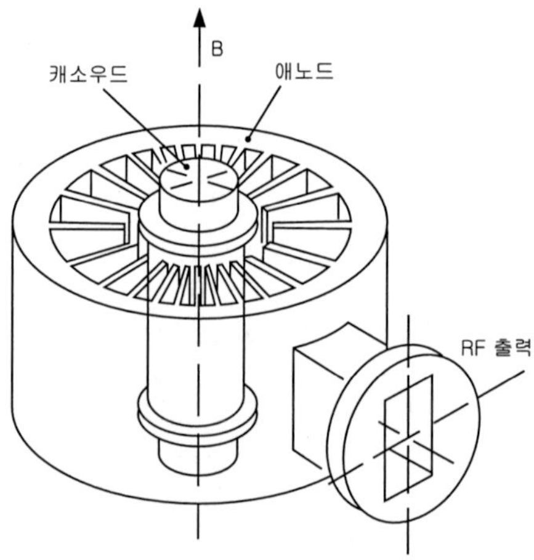

(b)

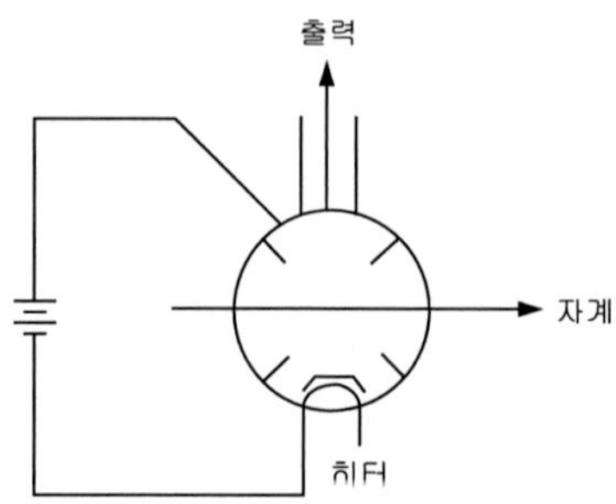

(b)

(a) Anode and cathode structure of a cavity magnetron; (b) magnetron circuit symbol and circuit.

〈그림 6-10〉 (a) 공동마그네트론의 애노드와 케소우드 구조 (b) 마그네트론 회로 심볼과 회로

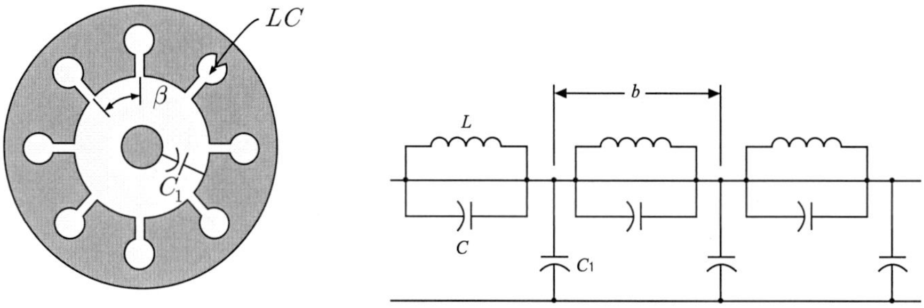

(a) (b)

〈그림 6-11〉 (a) 마그네트론 등가회로 (b) 대역통과 필터형 회로

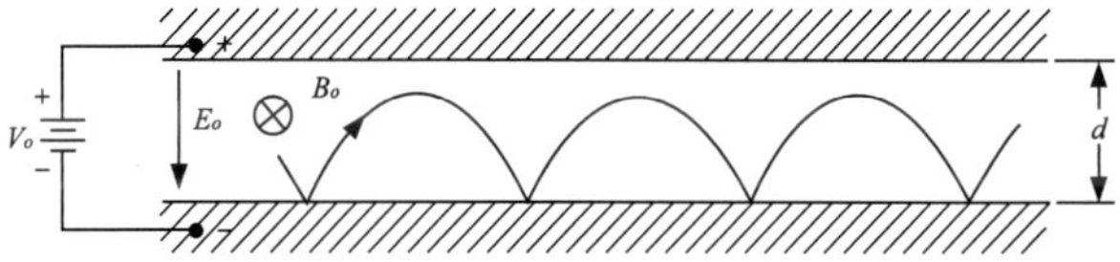

(a)

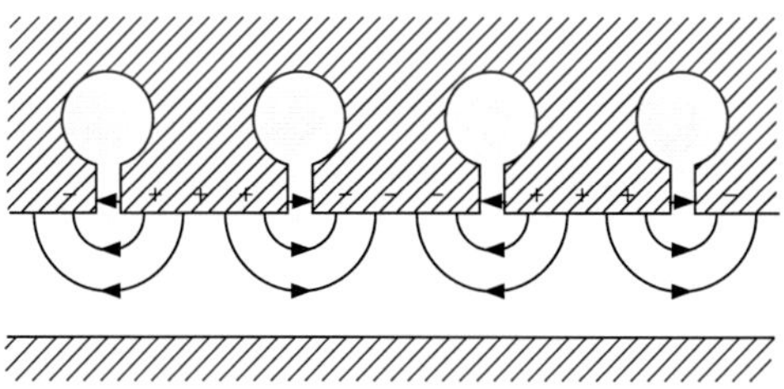

(b)

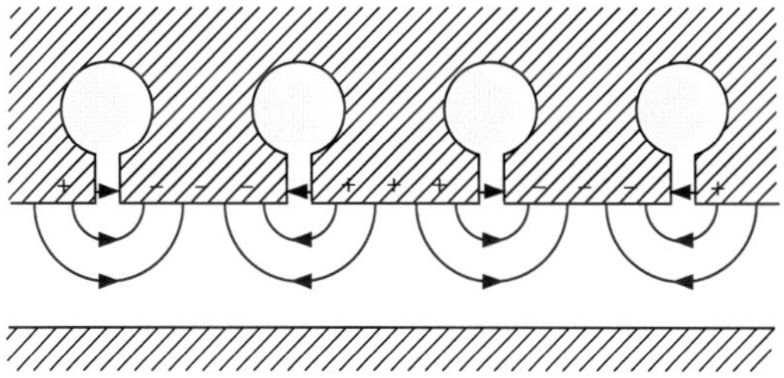

(c)

〈그림 6-12〉 (a) 정적계에 대한 평면 전극간 전자궤적 (b) 공진기 전계 (c) (b)의 반주기 후전계

❑ 캐소드는 통상 간접 가열되는 산회코팅되거나 주입된 것 또는 직접 가열되는 필라멘트로 구성됨(미사일이나 오븐)

❑ 애노드 기능
- 전자빔과 상호작용하는 지연선을 지지
- 상호작용후에 전자를 받아들이고 이때의 충격에 의한 열에너지 소모
- 수 개의 애노드 세그먼트로 구성되고 길이가 1/4파장이며 이에 따라 인접 세그먼트 간 간격은 한 개의 공진기가 구성된 것으로 기능
- 인접공동기는 전계와 자계에 의해 결합되므로 애노드 구조는 필터형 회로처럼 동작

❑ 공진기를 포함하고 있는 애노드와 캐소드간 공간은 완전하게 비어 있어야 한다.

❑ 캐소드에서 방출되는 전자들은 빈 공간에서 완전한 궤적을 가지며 이것은 애노드에서 받게 된다.

❑ 전자들은 궤적을 그리며 이동하는 동안 공진기가 발진하도록 여기 시킨다.

❑ 이 출력은 작은 결합루프를 사용하여 공진기중 하나에서 얻어진다.

❑ 애노드에 +전압을 공급하기 위한 전압이 필요하다.
- 전자들이 곡성 궤적에 전향되도록 하기 위해 캐소드축에 병렬로 전자계의 공급이 필요

❑ 동작원리
- 평면 전극구조 내에서의 전자의 운동을 이해하므로써 원리의 이해가 용이하다.
- 자계 내에서의 전자의 운동은 전향력을 만들고 이에 대한 전자의 경로는 원형을 형성
  - 캐소드를 떠나는 전자의 초기속도가 0이라고 가정한다.
- 이러한 운동의 결과는 z방향으로의 전자의 평균속도는 일정하다는 것이다.

$$V_{z},\, au = E_0 \,/\, B_o \qquad (2.277)$$

  - 여기서 $E_0 = B_o / d$ 로서 정전계의 크기, B_o는 정자계의 크기
- 발진은 랜덤전자운동에 의하여 첫 순간에 시작된다.
- 계는 정재파 형태로 시변한다(반파장후 극성이 바뀜).
  - 정재파의 한 개 파는 전방향으로 다른 하나는 후방향으로 이동한다.
  - 진행파의 속도는 평균전자 속도와 동기됨. 따라서 전자는 진행파로부터 나타나는 일정한 전계와 작용한다.
- 〈그림 6-13〉은 진행파의 전계성분이 운동방향과 같은 상태로서 정자계와 결합하여 전자의 호 운동을 하게 한다.

❑ 이 새로운 전자운동은 2개의 성분을 갖는데 진행운동에 반대인 수평 성분과 애노드방향을 향하는 수직 성분이다.
- 수평 성분은 전방향 전자속도를 감소시키고 이 감소 에너지는 운동 에너지로서 전방향 진행파의 전위 에너지(전압)를 증가시키므로써 나타나는 것이다.

- 동시에 애노드 방향을 향한 운동은 운동 에너지를 증가시키는데, 이경우의 에너지는 정계(steady field)로부터 나오는 것이다.
- 따라서 전자의 전체 운동 에너지는 거의 일정하나 에너지 전이가 전계로부터 진행파 계로 일어난다.
  - 이 전이에 영향을 주는 전자를 일전자(working electron)라고 하며 이외의 진행파계의 다른 영역과 더불어 동기되는 기타 전자들이 있지만 이것들은 일전자들보다 캐소드에 빠르게 회귀한다.
- 공동기 1개에서의 위상편이를 θ라 하고 전체공동기수를 N이라고 하면 위상편이크기 θ는 공동기간 간격 β와 공동기 높이 P의 곱이 된다.

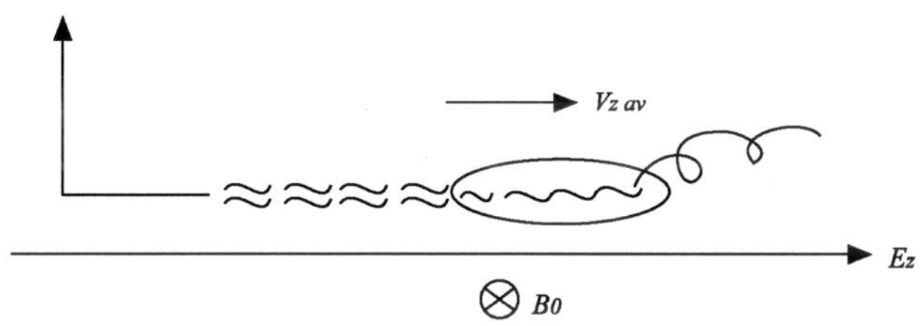

〈그림 6-13〉 순방향파의 전계 E_z, 위상속도 D_z, au

- 결국 애노우드 둘레의 공동기를 한 바퀴 돌았을 때 위상편이 크기는 $N\theta = 2\pi n$이 된다. 여기서 $n=1,\ 2,\ \cdots\ N/2\cdots\ N=$공동기수
- 전방파와 후방파 2개가 이 전체 위상편이를 갖게 되므로 위상차는 2θ가 된다.

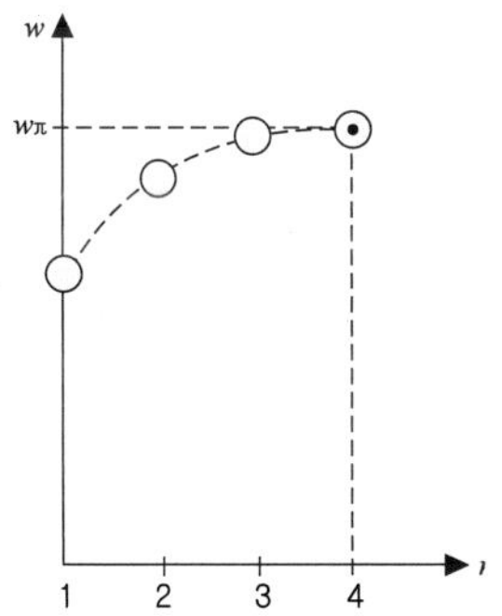

〈그림 6-14〉 그림 7-14에 대한 모드주파수

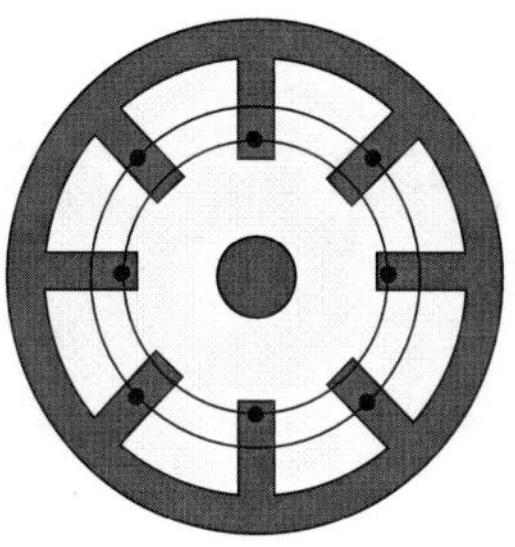

〈그림 6-15〉 애노우드 연결도

- 각각의 공동기는 LC공진회로와 등가이고 공동기간 결합은 극판면과 캐소드간의 결합 커패시터에 의해 이루어짐
- 위 식에 의해 이 회로가 정확한 위상관계를 가질 수 있는 주파수는

$$w^2 = \frac{1}{L\left[C + \dfrac{Cc}{2(1-\cos\theta)}\right]} \qquad (2.278)$$

- 이 주파수를 모드 주파수라하고 n값에 의해 달라진다.
- 가장 중요한 모드의 하나는 $n = N/2$ 일 때로써 이때 $\theta = \pi$이고 이 때 모드를 π 모드라고 함

- 모드간 주파수격리 방법은 공동기를 하나 걸러 금속선에 의해 결합시키므로써 가능하다.
  - π 모드에서 다음 번 공동기가 동일극성을 가지므로 π 모드 전류가 스트랩에 흐르지 않고 따라서 스트랩 인덕턴스는 영향이 없다.
  - 단 스트랩간 커패시턴스는 π 모드에 대해 공동기 양단에 반대극성으로 스트랩이 연결되기 때문에 각 공동기내 커패시턴스 C에 병렬로 추가된다.
  - C가 증가하면 π 모드주파수는 감소한다.
  - 기타 모드에 대해 인접공동기간 위상은 더 이상 π 라디언이 아니다.
  - 커패시터 영향이 감소되고 동시에 스트랩에 전류가 흘러 인덕티브 장을 발생시킨다.
  - 인덕턴스는 공동기에 병렬이고 결과적으로 공동기 커패시턴스가 감소하므로 원하지 않는 모드 주파수를 발생시킨다.
  - 따라서 전체 스트립핑 영향은 π 모드와 더 높은 인접모드간 주파수 격리를 증가시킨다.
- 모드 주파수들의 격리를 위한 다른 방법은 다음 공동기의 등가 LC 값을 교대로 틀리게 하는 것으로 일출형(rising sun)이라고 불리는 애노드구조를 갖는 것이다.

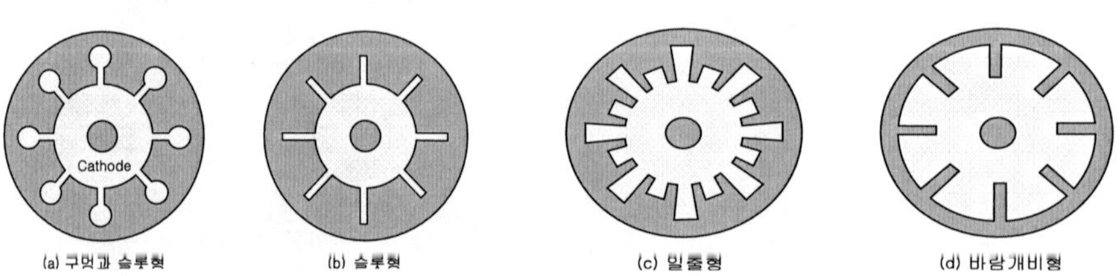

〈그림 6-16〉 공동 마그네트론용 공동

□ 용 도

- M/W 전력원, 증폭기, OVEN(915MHz또는 2.45GHz에서 600W)
- 사용주파수대 : 수 100MHz ~ 100GHz
- 첨두전력 : S대역에서 5MW, 평균전력 수 KW
- 효율 : 통상50%(75%까지 가능)

6.7 마이크로웨이브 진공관 특성 비교

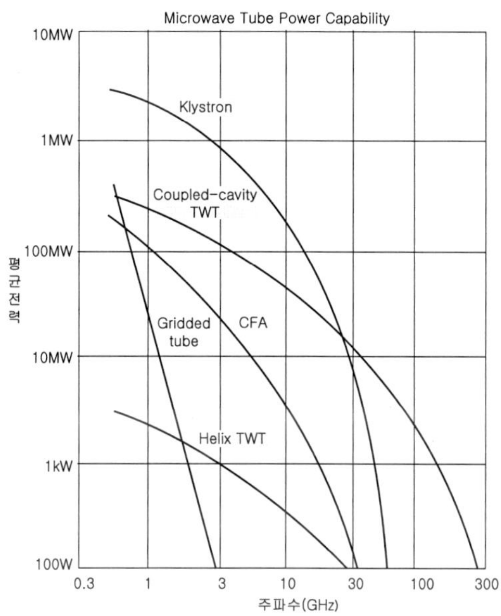

(a) 마이크로웨이브진공관 평균전력 비교

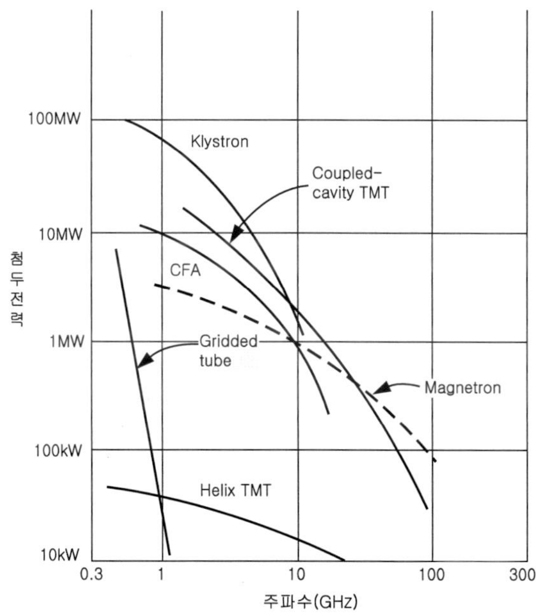

(b) 마이크로웨이브진공관 첨두전력 비교

〈그림 6-17〉 마이크로웨이브 진공관 특성 비교

7 마이크로웨이브 반도체 증폭기

7.1 증폭기 성능 특성

- ❑ 전력, 이득, 효율, 대역폭, 위상 편이, 고조파 및 스푸리어스 전력, 상호 변조적
- ❑ 전력 : 입력 마이크로웨이브 신호전력, 출력 마이크로웨이브 신호전력, 전원공급 전력
- ❑ 이득 : $\dfrac{\text{출력 신호전력}}{\text{입력 신호전력}}$ (2.279)

(dB) = 출력 신호전력 – 입력 신호전력

- 이득은 출력 신호전력 값에 따라 연속적으로 변하며 3개의 중요한 이득값이 있다.
  - 선형 또는 소신호 이득 : 출력이 입력값에 정확히 비례
  - 포화 이득 : 출력이 최초 포화값에 도달하는 때의 값으로 입력 신호가 증가하여도 출력이 더 이상 증가하지 않게 되는 이득
  - 1dB감소점 이득 : 선형적으로 증가할 경우의 이득보다 1dB 감소하는 이득

- ❑ 효율 : $\dfrac{\text{출력}}{(\text{공급DC전력} + \text{입력 신호전력})}$ (2.280)
  - 입력 신호값은 전원DC전력 값에 비해 매우 작으므로 효율에서 이값을 무시할 수 있다.
  - 따라서 전원 DC 값에 의해 효율이 변화되는데, 전원값이 일정하게 유지되므로 포화점에서 출력이 최대일 때 효율도 최대가 되고 포화가 진행되어감에 따라 효율은 포화이전 값의 증가율보다 떨어지게 된다.
  - 1dB 감소점에서 전력은 3dB까지 감소되므로 효율은 포화값의 1/2 또는 5% 감소하게 된다.
- ❑ 대역폭 : 이득과 전력을 포함한 특성 요구 조건에 부합되는 주파수 범위
  - 1dB 감소점에서 증폭기는 $f_1 \Rightarrow f_H$까지의 조건을 만족시키게 된다.
  - 즉 이 증폭기의 주파수 범위는 전력 조건에 의해 f_H로 그리고 이득 요구조건에 의해 f_L로 제한된다.
  - 즉 대역폭 = $\dfrac{(f_H - f_L)}{f_M}$ (2.281)
    - f_M은 중심주파수로서 고주파수와 저주파수간의 평균주파수이다.

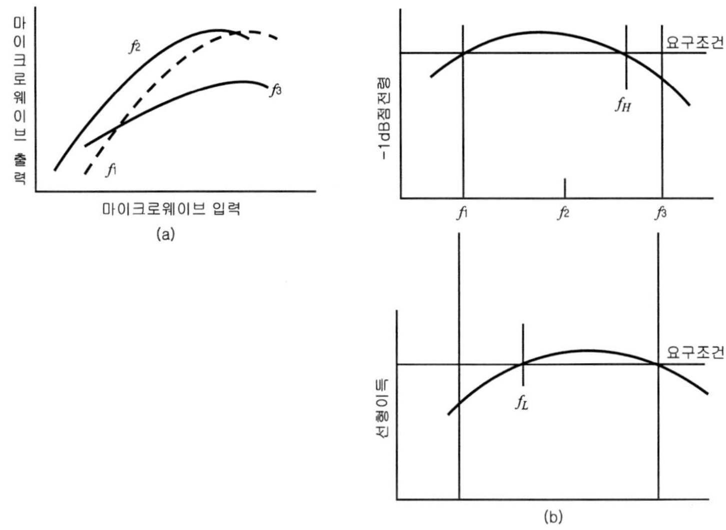

〈그림 7-1〉 증폭기 대역폭

❑ 출력의 위상과 진폭

- 두 증폭기의 출력이 결합될 때 특히 중요하다.
  - 위상이 동일할 경우에만 전력이 더해지기 때문이다.
- 〈그림 7-2(a)〉는 입력 전력 레벨의 함수로서 입력에 관한 출력의 위상
- 위상은 입력 레벨에 의해 변화되고 포화점에서 선형 영역의 위상으로부터 50°편이 된다.
  - 이 곡선 기울기는 AM/PM계수로서 입력 신호의 변조에 의해 얼마만큼의 위상 변조가 증폭기 출력 신호에 나타나는가를 보여준다.
  - 〈그림 7-2(b)〉는 주파수 함수로서의 증폭기 위상 편이를 보여준다.
  - 증폭기는 보통 수 개 증폭 소자로 구성되고 여러 길이의 마이크로웨이브 전송 선에 접속된다. 따라서 큰 전체 위상 편이를 가진다.
- 〈그림 7-3〉은 입력 신호와 다른 신호가 증폭기 출력에 나타난다.
  - 이 신호는 고조파, 스퓨리어스와 백색 잡음 전력을 가지고 있다.
  - 기본 신호는 증폭될 입력 신호.
  - 고조파는 입력주파수의 체배(2차 3차 고조파만 나옴)
  - 선형 영역에서 고조파 전력값은 무시 할 수 있다.
  - 포화 영역에서 크게 되는데 이는 증폭기 비선형특성의 결과로 인한 출력 신호 파형의 왜곡 때문이다.
  - 전형적으로 2차 고조파는 포화점에서 기본 신호보다 10dB 이하가 된다.
  - 스퓨리어스 출력은 내부 발진에 의한 것으로 증폭기에 입력 신호가 없이도 발생

할 수 있다.

- 이 발진 출력은 신호에 의해 바뀔 수 있다.
- 입력 신호에 관계없이 기본 신호의 40dB 이하이다.

- 백색 잡음은 매우 낮은 전력값이고 증폭기 입력신호가 피코 와트 레벨내에 있을 경우 중요한 요소가 된다.
  - 피코 와트 값에서 입력신호는 잡음보다 60dB이상 높고 따라서 증폭된 잡음은 증폭된 신호에 비교해 무시할 수 있다.
  - 수신기는 피코 와트 정도의 입력 신호에서 동작하므로 수신기 증폭기의 잡음특성은 매우 중요하다.

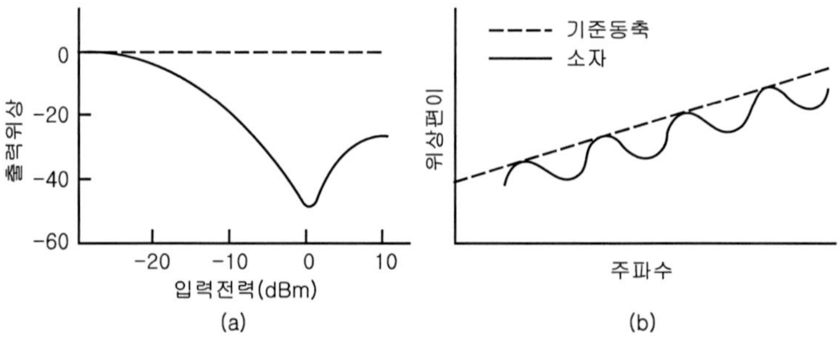

〈그림 7-2〉 입력대 출력 위상

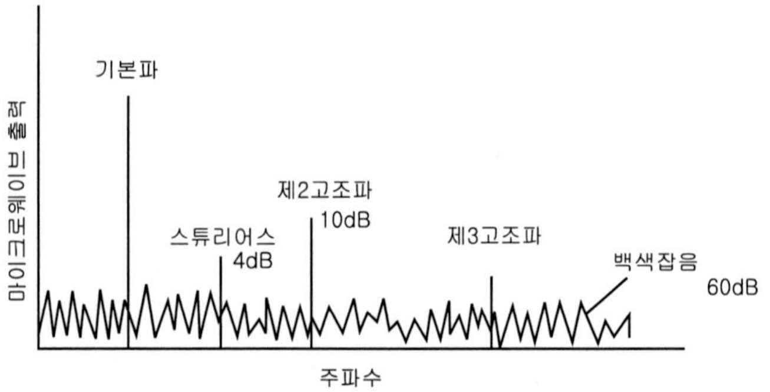

〈그림 7-3〉 증폭기 고조파와 스퓨리어스 전력

❑ 그림은 상호 변조적을 나타내고 있음

- 상호 변조적이라는 것은 증폭기의 비선형 특성 때문에 다른 많은 주파수들을 만들어낸다.
- 입력 신호 내 많은 측 대역과 함께 상호 변조적은 매우 복잡하게 되고 따라서 증폭기는 통상 두 개의 동일한 입력 신호로 시험된다.
- 3차 상호 변조적은 기본파와 2차 고조파의 혼합에 의해 일어난다.

- 5차 상호 변조적은 2차 고조파와 3차 고조파의 혼합에 의해 일어난다.

* 포화점에서 효율은 최대이나 고조파가 커진다. 포화점에서의 상호변조적은 기본파의 10dB 이하뿐이다.

- 저신호 왜곡에 대한 최적 출력 전력은 선형 영역에서 일어난다.
  - 저신호 왜곡, 고효율, 증폭기의 통상 동작점은 1dB 감소점.
    여기서 출력은 대력 3dB 이하(포화값의) 효율은 포화값의 1/2. 상호 변조적과 고조파는 기본파의 20dB 이하

7.2 반도체 증폭기 유형

- ❑ 증폭기에 사용할 수 있는 마이크로웨이브 반도체소자의 출력은 주파수 함수로서 비교된다.
- ❑ 바이폴라 트랜지스터 : 통상 마이크로웨이브 대역의 저주파수에서 사용한다.
  - 1GHz 〉100W, 10GHz까지 사용 가능하나 통상 6GHz 정도
  - FET보다 가격은 저렴

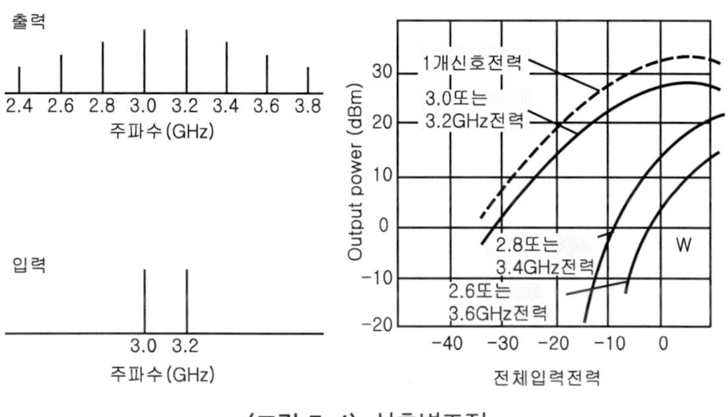

〈그림 7-4〉 상호변조적

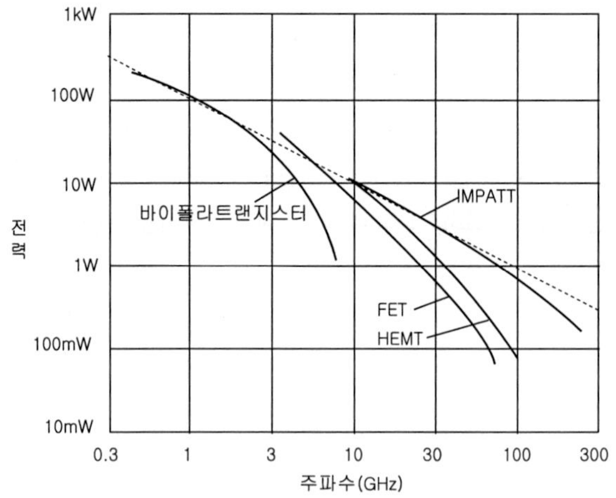

〈그림 7-5〉 증폭기용 M/W 반도체 소자

❑ FET : 바이폴라TR에 비해 주파수와 전력에서 2배
  - 30GHz까지 사용 가능
  - 10GHz까지 수 와트 출력

❑ IMPATT : 30~300GHz에서 사용
  - 천이 시간을 사용하므로써 이 주파수까지 가능
  - 문제점 : 다이오드로서 단자가 1개이므로 증폭기로서 사용할 경우 서큘레이터를 사용해야 한다.
  - 발진기에 사용이 용이하다.

7.3 *S*-파라미터

❑ TR의 마이크로웨이브 성능은 *S*-패러미터에 의해 특징지어진다.

❑ M/W TR의 등가 회로는 저주파 TR에 비해 매우 복잡
  - 내부 저항, 커패시턴스, 유노 인덕턴스(M/W주파수에서 큰 리액턴스를 가짐)

❑ *S* 파라미터는 이러한 복잡한 TR증폭기를 설계하는 데 이용

❑ *S* 파라미터는 삽입 손실과 반사 손실을 특성화하는 방법
  - 반사 손실 = 반사 전력/ 투과 전력
  - 반사 계수 = 반사 손실
  - 전송 계수 = 전송전력/투과 전력

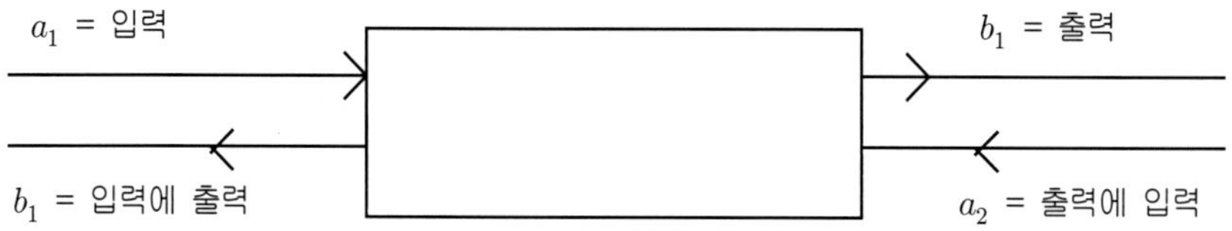

입력 반사 계수 ($S11$) = $b1/a1$
이득 대 손실 ($S21$) = $b2/a1$
출력 반사 계수 ($S22$) = $b2/a2$
격리도($S12$) = $b1/a2$

- ❑ 각 S파라미터는 진폭과 위상을 가진다.
- ❑ S파라미터는 주파수와 TR의 동작 전압 및 전류에 의해 정해진다.
- ❑ $S11$과 $S22$ = 반사 계수, $S21$과 $S12$ =진폭과 위상
- ❑ $S21$〉1 증폭기, $S12$<1 후방으로 최소 신호가 들어옴
- ❑ $S11$은 주파수의 함수로서 용량 리액턴스 성분을 가지며 주파수 증가와 함께 감소하고 8GHz 이상에서 인덕티브가 됨
- ❑ TR의 입력 회로 : 저항, 인덕턴스, 커패시턴스의 직렬회로이다.
- ❑ 저 주파수에서 커패시턴스는 큰 리액턴스를 가짐
  - 주파수 증가에 따라 리액턴스는 8GHz정도 까지 감소하고 라인 인덕턴스의 영향에 의해 없어진다.
- ❑ 이득 계산
  - 부정합 이득 = S21
  - 최대 이용 가능 이득 = S21/(1−S11)(1−S22)
  - 최대 안정 이득 = S21/S12(발진 없이 얻어질 수 있는 최대이득)

7.4 TR의 바이어싱과 매칭

- ❑ TR이 증폭기용으로 선택된 후, TR은 적당한 동작전압과 전류로 바이어스되어야 하고 정합이 되어야 한다.
- ❑ 마이크로웨이브 TR의 성능은 TR에 공급되는 전압과 콜렉터 또는 드레인 전류에 의해 정해진다.
- ❑ 〈그림 7-6〉은 동작전압에 의한 TR성능의 변화를 보여주고 있다.

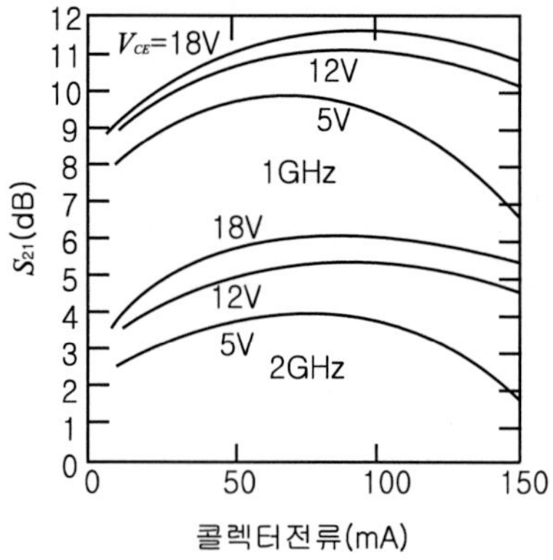

〈그림 7-6〉 M/W 트랜지스터를 위한 컬렉터 전류 대 $S21$

- ❑ 바이어싱은 공급전원으로부터 콜렉터-에미터전압 V_{ce}와 베이스-에미터전압 V_{be}의 값을 정하는 것으로 Ic 등의 원하는 값을 얻기 위한 것이다.
- ❑ 2개의 전원이 사용될 수 있는데, 각각 V_{be}와 V_{ce}용 이다.
- ❑ 그러나 한 개의 전원을 사용해서 바이어싱 저항으로부터 전압을 얻는 것이 좋고 특히 몇 개의 TR이 다단증폭기에 이용될 때 그러하며 이것은 모든 TR이 공통전원 전압으로부터 운용되도록 하기 위한 것이다.
- ❑ 주요한 바이어싱 문제점은 TR성능이 동작온도에 매우 민감하다는 것이다.
- ❑ 전류 I_c는 V_{be}의 함수로서 파라미터로서 TR동작온도를 고려한 것이다.
  - 여기서 보면 온도에 의한 I_c가 상당히 변함을 알 수 있다.
  - 〈그림 7-7(C)〉와 같이 TR온도는 환경온도 뿐만 아니라 TR에 의해 소비되는 전력과 TR냉각에 의해 소비되는 전력에 의해 정해진다.
- ❑ TR 온도가 증가하면 I_c가 증가하나 에미터 저항 양단 전압강하도 증가한다. 따라서 V_{be}도 감소. 즉 I_c가 감소된다.
- ❑ 즉 에미터 피드백 저항은 온도에 의한 I_c의 변화를 감소시킨다.
- ❑ FET는 온도에 거의 민감치 않음. 따라서 고정바이어스 전압이 이용될 수 있다.
  - FET를 바이어스하는 가장 간단한 방법은 2개의 전원을 사용하는 것임 : V_{ds}와 V_{gs}
  - 다른 일반적인 바이어싱 방법은 소스저항을 사용하는 것이다.
  - 소스저항은 FET 성능을 안정화하기 위해 피드백을 제공하는 장점을 가지며 단지 1개의 전원만 필요하다.
- ❑ TR이 적합하게 바이어스되고 나면 마이크로스트립 전송라인에 정합되어야 한다.
  - $S11$과 $S22$는 각각 입·출력 부정합에 의해 일어나고 이것은 바이어싱 조건에 의해 정해진다.

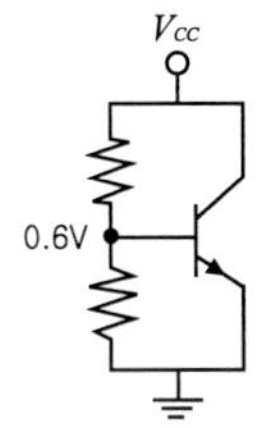

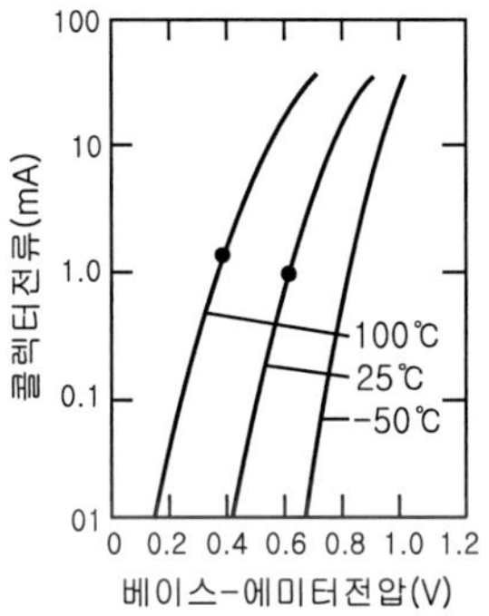

(a)

온도	V_{BE}	I_C
25℃	0.6	1.0mA
100℃	0.5	15.0mA

(b)

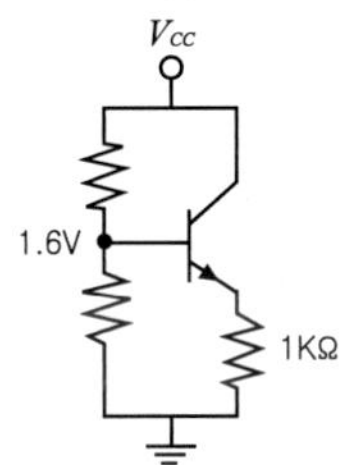

온도	V_E	V_{BE}	I_C
25℃	1.0V	0.6V	1.0mA
100℃	1.25V	0.35V	15.0mA

(c)

〈그림 7-7〉 바이폴라 트랜지스터의 온도 보상 바이어스

- 〈그림 7-8〉은 바이어싱과 정합이 되고나면 이 2회로는 격리되어져야 한다.
- FET를 바이어스하기 위해 게이트는 접지되어야 하고 소스는 소스저항을 통해 접지되고 드레인은 드레인 저항을 통해 전원에 접속된다.
  - 이 모든 것은 DC 접속이나 정합회로에 접속되는 동일한 게이트, 드레인, 소스선에 의해 이루어진다.

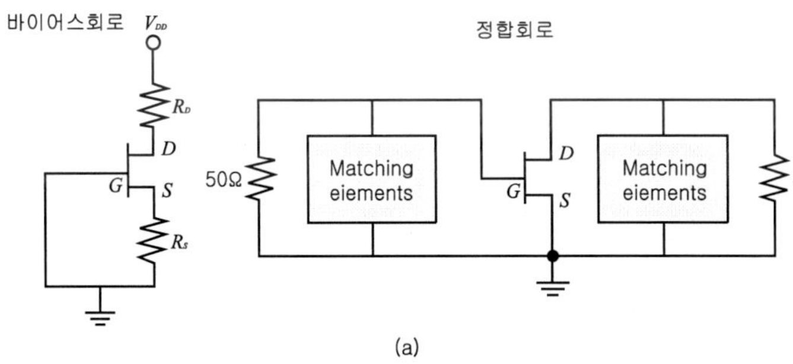

(a)

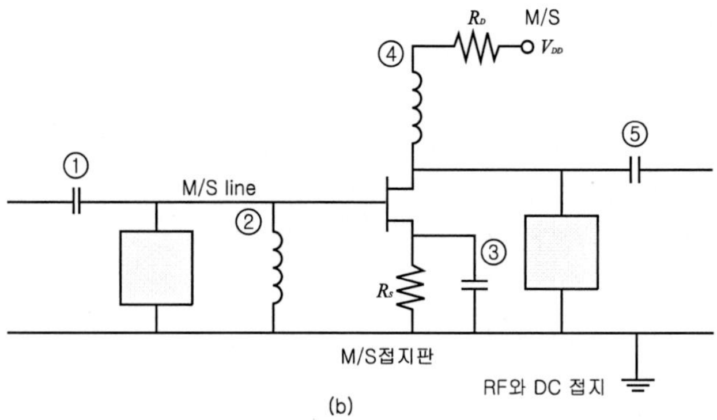

〈그림 7-8〉 바이어스회로와 정합회로의 분리

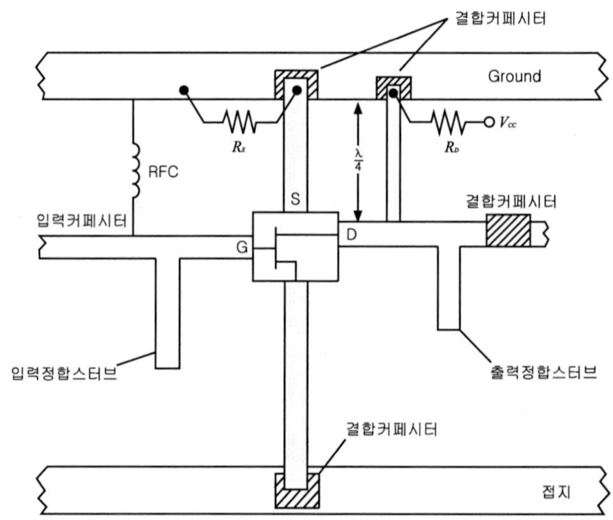

〈그림 7-9〉 바이어스와 접합 결합회로

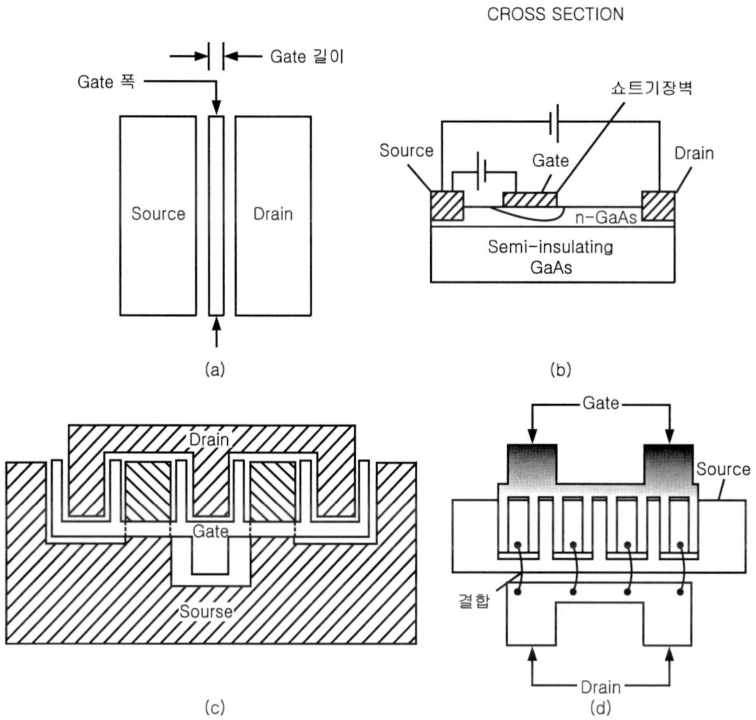

〈그림 7-10〉 M/W 전력 FET

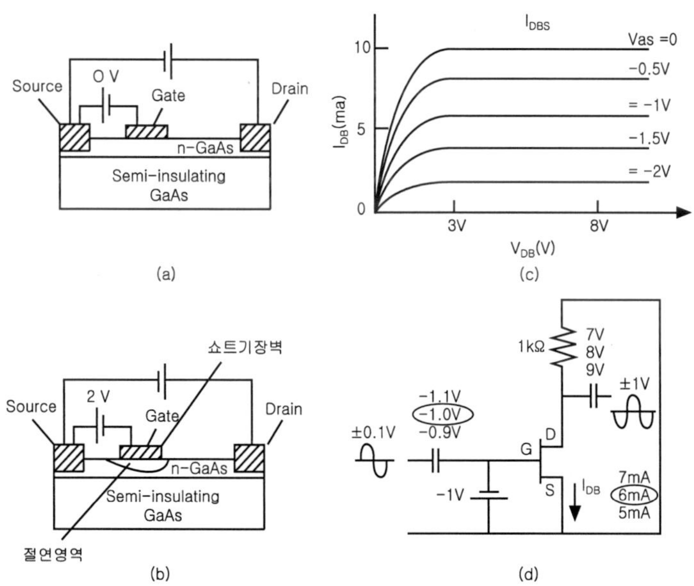

〈그림 7-11〉 FET 동작원리

- 소스는 마이크로스트립 접지면에 접속되어야 하고 게이트는 입력 마이크로스트립 라인에 접속되어져야 한다.
- 드레인은 출력 마이크로스트립에 접속되어야 하고 이것은 출력정합소자를 포함함
- 결과적으로 각 전극은 RF 회로와 DC 회로에 동시에 접속되어야 하고 2회로는 상호 간섭을 주지 않아야 한다.
  - 예를 들어 DC 접지전위상태에 있는 드레인 전극이 출력 마이크로스트립 라인에 접속되고 드레인 저항을 통해 +전원과 접속된다.

❑ 마이크로웨이브 신호는 드레인 저항을 통해 출력선으로부터 누수되지 않아야 하고 출력 마이크로스트립 라인은 전원과 단락되지 말아야 한다.

❑ 바이어싱과 매칭회고간 격리는 DC를 통과시키고 RF를 차단시키는 RF쵸크와 DC를 차단하고 RF를 통과시키는 결합 콘덴서에 의해 이루어진다.

- 1(입력 결합 콘덴서) : 마이크로웨이브 신호를 TR 게이트에 입력되도록 한다. 게이트바이어스 전압을 단락시키므로써 DC 접지에 있는 입력 마이크로스트립 라인을 방지한다.
- 2(RF쵸크) : 게이트를 DC 접지에 접속시키고 RF를 접지접속을 통해 누설되지 않도록 하는 것이다.
- 3(결합 콘덴서) : 소스를 RF 접지에 접속 시켜 소스가 RF 접지상태에 있게 하나 바이어싱소스 저항이 소스와 DC 접지간에서 사용되도록 한다.
- 4(RF 쵸크) : 드레인을 드레인 저항에 접속시키고 이것은 +전원에 접속시킨다. 쵸크는 RF 신호가 드레인 저항과 전원에 의해 단락되는 것을 방지한다.
- 5(결합 콘덴서) : 마이크로웨이브 신호가 출력 마이크로스트립 라인으로 통과되도록 하나 드레인 전압을 단락시키는 것으로부터 DC 접지상태인 출력 마이크로스트립 라인을 방지한다.

❑ 소스 전극 : 바이패스 콘덴서를 통해 RF와 DC 접지인 접지면에 접속된다.

- 따라서 소스 전극은 접지로부터 DC가 차단되고 M/W 신호를 접지에 직접 보내주므로 소스는 RF접지 상태가 된다.
- 바이패스 콘덴서는 입력에서는 필요치 않은데, 이것은 게이트상의 DC 전압이 접지상태이기 때문이다.
- 게이트 DC 접속 : RF 쵸크를 통해 이루어지고 이것은 실제 작은 코일선이다.
- 소스 저항은 DC 접지와 소스사이에 있다.
  - 드레인 : RF 쵸크와 드레인 저항을 통해 전원에 접속된다.
- 작은 RF 쵸크 코일이나 1/4파장 전송선이 드레인 저항에 드레인 전극을 접속하는데 이용된다.

- 전송선은 출력종단에서 바이패스 콘덴서를 통해 M/W 접지에 단락된다.
- 드레인 전극에 접속된 다른 한 쪽 끝에서 이것은 개방회로가 된다.
- 이 기법은 제조하기에 용이하나 협대역 주파수범위에서만 이용된다.
- 드레인 저항은 1/4파장선의 RF 접지된 종단에 접속되고 RF 접지이지만 이것은 바이패스 콘덴서에 의해 접지로부터 절연된다.
- 쵸크선도 그 폭을 얇게 해서 고임피던스를 가지도록 설계되는데, 이것은 라인을 따라 M/S 신호가 누설 될 수 있는 가능성을 더 줄이기 위한 것이다.

❑ 마지막으로 바이패스 콘덴서가 출력 M/S 라인에 추가되는데, 이것은 출력신호를 통과시키고 DC 접지출력선과 드레인 저항간 DC를 분리시키기 위한 것이다.

8 마이크로웨이브 발진기

8.1 개요

❑ 발진기는 마이크로웨이브 신호를 발생시키는 것이다. 발진기는 마이크로웨이브 신호 주파수를 제어하는 공진기와 전력을 만드는 능동 소자로 구성된다. 발진기의 가장 중요한 성능 요소는 주파수 안정도, 주파수 동조와 위상 잡음이다.

❑ 발진기의 종류에는 고정, 기계적 동조 발진기, IMPATT, GUNN 발진기, 전자적 동조 발진기(YTO, VCO)가 있다.

8.2 발진기 원리

❑ M/W 발진기는 주파수를 제어하는 공진기와 M/W 전력을 생성하는 능동소자로 구성된다.

❑ 〈그림 8-1〉은 전형적인 M/W 공진기로서 입출력 전송선에 적은 결합 구멍으로 접속된 1/2파장 길이의 도파관이다.

❑ 〈그림 8-1(b)〉의 그래프는 주파수 함수로서 공진기를 통해 전달되는 전력에 대한 것이다. M/W 신호 주파수가 공동 공진기 주파수 f_o의 위쪽 또는 아래쪽에 있을 때 모든 전력은 공동기로부터 반사된다.

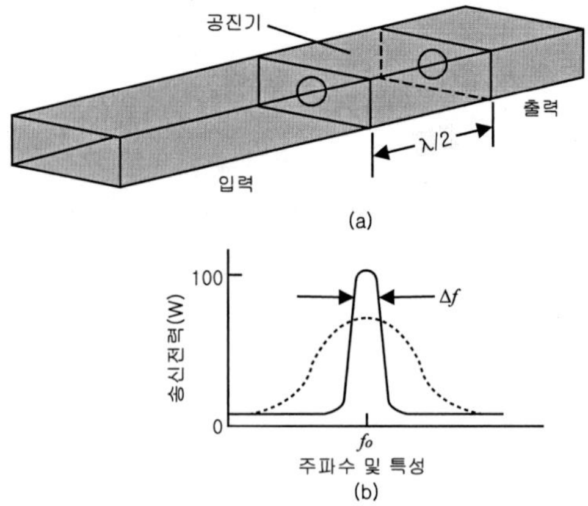

〈그림 8-1〉 마이크로웨이브 공진기

- ❑ 신호전력은 f_o주위의 협대역 주파수 범위에서만 공동기를 통해 전달된다.
- ❑ 대부분의 전력은 f_o에서 전달되고 이것은 M/W 필드의 파장이 정확히 공동기에 맞추어진 것을 의미한다.
- ❑ M/W 공진기의 주파수는 고정되거나 공동기 크기를 기계적 또는 전자적으로 변경시킬 수 있다.
- ❑ 공진기의 품질은 주파수 응답에 대한 척도로서 Q로 나타내며

$$Q = \frac{f_o}{+f} \tag{2.282}$$

  - 여기서 공진기 대역폭 $+f$는 응답이 공진기로부터 3dB까지 변경되는 주파수간의 범위이다. 따라서 이 주파수들을 반전력 주파수라 한다.
- ❑ 〈그림 8-1(b)〉에서 실선은 높은 Q공진기의 응답을 보여주는 것으로 예민한 응답특성을 가지며 점선은 낮은 Q의 공진기 응답을 갖는 것을 나타내는 것이다.
- ❑ 〈그림 8-2〉는 발진기를 위해 이용될 수 있는 M/W 공진기들을 보여주고 있다.
- ❑ 바이폴라 또는 FET 발진기와 함께 널리 이용되는 공진기는 L/C 공진기로서 이것은 20GHz까지 이용 될 수 있는 것이다.
- ❑ 매우 높은 주파수에서는 인덕터의 결합선이 아주 짧게 구성되는데, 이것은 TR의 칩을 전자적으로 회로에 접속한다.
- ❑ 직사각형의 금속공동기는 가장 Q가 높은 공진기로서 가장 안정한 주파수를 공급하는 것이다.
  - 그러나 이것은 낮은 M/W 주파수 대역에서 크기가 커져 능동소자의 마이크로스트립의 설치에는 적합치 않다.

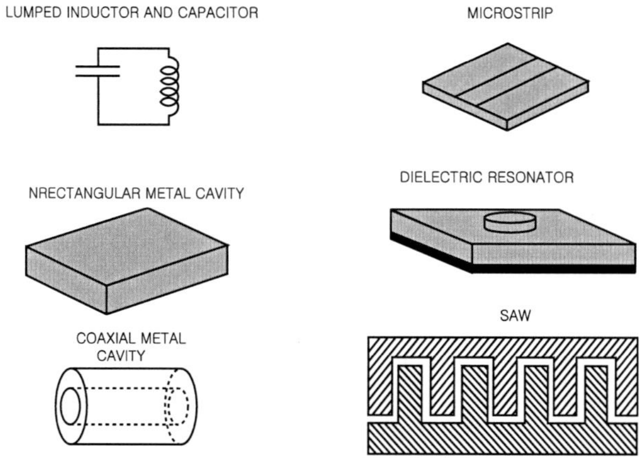

〈그림 8-2〉 마이크로웨이브 공진기의 종류

- ❑ 금속 동축 공동기는 금속 직사각형 공동기와 같은 Q를 갖으나 동축전송선은 직사각형 공동기처럼 1/2파장폭이 필요치 않으므로 그 크기가 매우 작다.
- ❑ 동축 공동기는 통상 중심 도체와 공동기 한 쪽 끝사이에 갭을 가지는데, 이것은 공동기를 동조하기 위해 기계적으로 조정될 수 있으며 능동소자는 갭내에 설치되고 여기서 M/W 신호 전계가 높다.
- ❑ 마이트로스트립 공진기는 구현하기에 쉬우나 Q가 낮고
  - 이것을 사용하는 발진기의 주파수 안정도가 낮다.
- ❑ 전기 공진기는 금속 직사각형이나 동축 공동기와 같이 Q가 높으며 그 크기도 5GHz 이상의 M/W 대역내에서 마이크로스트립 크기에 적합하다.
- ❑ 표면음성파 공진기는 1GHz이하의 M/W 대역에서 작은 공진기를 제공하는데, Q는 스트립라인 공진기의 값보다 상당히 높다.
- ❑ M/W 신호는 M/W 주파수에서 피에죠 전기 물질내에서 기계적 진동을 일으키고 공진은 물질의 기계적 진동에 의해 조정된다.
- ❑ 발진기로 사용되는 공진기는 보통 기계적으로 또는 전자적으로 발진기 주파수를 변경하도록 조정될 수 있어야 한다.
- ❑ 〈그림 8-3〉은 그 크기를 약간씩 변경시켜서 발진기 주파수를 수% 변경시키기 위해 공동기내에 길게 들어가 있는 나사 그리고 공동기의 크기를 바꾸어서 발진기의 주파수를 변경시키는 이동벽을 이용하는 것을 보여 주고 있다.

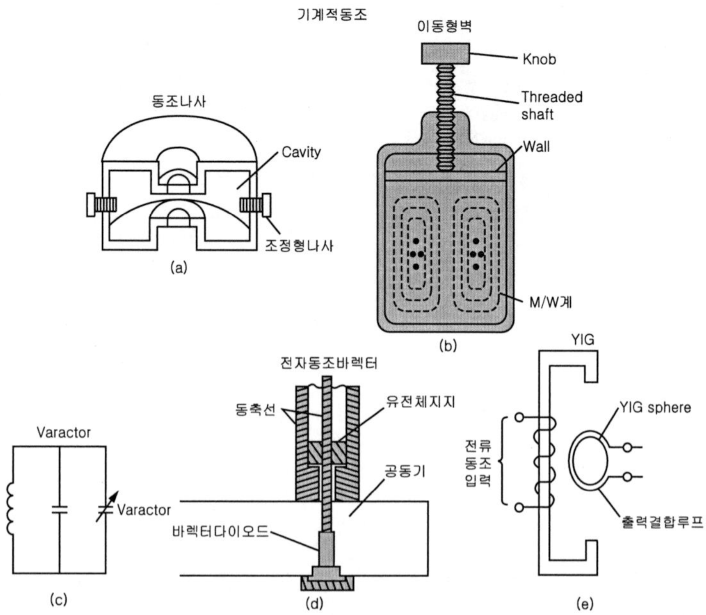

〈그림 8-3〉 공진기 조정방법

- 또한 공동기상의 접지면을 기계적으로 이동시켜서 유전체나 M/S 공동기의 주파수를 변경시킬 수 있다.
- 〈그림 8-3(c)와 (d)〉는 L/C 회로와 바렉터 다이오드를 이용하고 있는 공동기의 전자적 조정 방법을 보여 주고 있다.
- 바렉터 다이오드는 전자적으로 동조된 커패시턴스로서 다이오드 전압을 바꾸어 커패시턴스를 변화시켜 공진기 주파수를 변경시키는 것이다.
- 〈그림 8-3(e)〉는 YIG공진기로서 페라이트 YIG 물체에 공급되는 외부 자계를 조정해서 주파수를 광범위하게 변경시킬 수 있다.
- 발진기의 두 번째 부분은 능동소자이다.
  - 〈그림 8-4〉는 M/W 반도체로서 능동 발진기 소자로서 사용되는 소자들의 특성을 나타내고 있는 것이다. 이것은 주파수 함수로서의 전력을 보여 주고 있다.
  - 바이폴라 TR은 통상 낮은 M/W 대역에서 이용되고 FET는 중간 대역, HMT, IMPATT, GUNN소자는 높은 대역에서 사용된다.
  - 바렉터 체배기는 낮은 주파수 TR발진기 주파수를 체배하는 것이다.

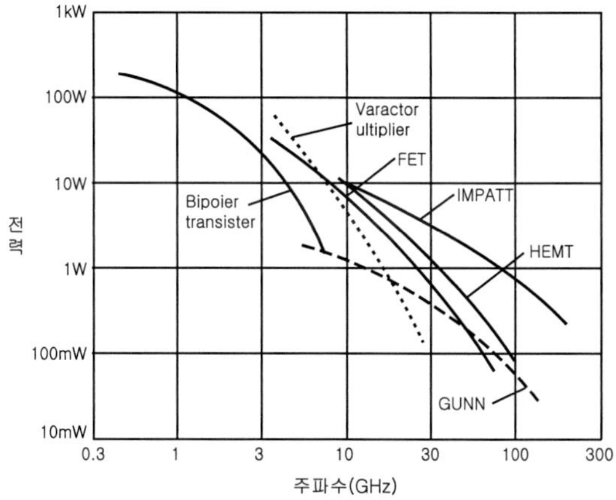

〈그림 8-4〉 M/W 반도체 능동 발진기 소자

- 〈그림 8-5(a)〉는 피드백형 발진기에서 능동 소자가 증폭기로서 접속되고 출력의 샘플은 공진기를 통해 입력에 피드백된다.
- 증폭기 입력에서의 열잡음은 항상 모든 M/W 소자에 존재하고 발진을 시작한다.
- 입력잡음은 증폭기에 의해 증폭되어 재증폭되기 위해 공진기를 통해 입력에 궤환된다.
- 공진기를 통해 지나갈 수 있는 주파수내에 있는 잡음만 증폭된다.
- 출력의 일부만이 발진을 위해 입력에 궤환되어야 하고 대부분의 능동 소자로부터의 전력은 부하에 전달된다.
- 〈그림 8-5(b)〉, 〈그림 8-5(c)〉에서 부성 저항 발진기는 2개의 형태를 취할 수 있다.
- 〈그림 8-5(b)〉는 1포트 능동 소자로서 IMPATT나 GUNN이고 적절한 바이어싱에 의해 이들 소자들은 부성 저항 조건으로 들어갈 수 있고 여기에서 전류는 증가하고 전압은 감소한다.
- 부성 저항 소자의 발진 조건은 소자 임피던스가 부하 임피던스 값과 같고 반대 극성의 성분을 갖는다.$(-R_D = R_L)$
- 이 임피던스 정합은 출력과 부하간에 있는 매 칭소자들에 의해 얻어진다.
- $R_L = -R_D$ 조건은 소자가 부하에 전력을 공급할 수 있음을 뜻하고 $X_D = X_L$은 발진 주파수를 결정한다.
- TR 입력 임피던스는 공진기 임피던스에 매칭되고 리액턴스가 같은 점의 주파수에서 소자가 발진한다.
  - 〈그림 8-5(c)〉는 부성 저항 발진기로서의 TR을 보여 주고 있다.

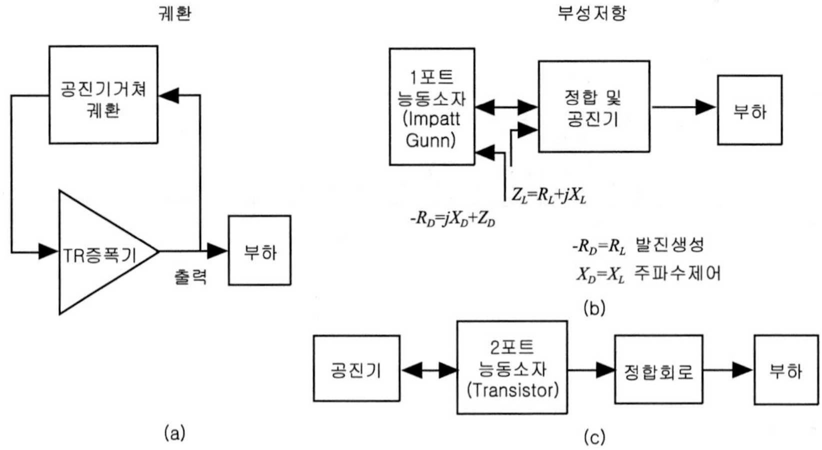

〈그림 8-5〉 궤환과 부성 저항 발진기

8.3 발진기 성능 조건

- 발진기 성능조건은 주파수, 주파수 안정도, 전원 전압이나 전류에 의한 주파수의 변화, 부하 부정합에 의한 주파수의 변화, 기계적 또는 전자적 동조감도, 선형성, 위상 잡음, 전력과 효율에 의해 결정된다.
  - 이 중에서 가장 중요한 발진조건은 주파수인데, 이것은 M/W 신호를 만들고 주파수를 제어하기 때문이다.
  - 따라서 주파수는 안정해야 하며 안정도는 주파수 푸싱 및 풀링, 그리고 온도에 의한 발진주파수의 변화, 충격과 진동에 의해 정의됨 부하의 부정합이 변하면 발진기 주파수가 변할 수 있다.
- 온도가 변함으로써 보통 공진기 크기가 변하고 이에 따라 발진기 주파수가 변한다.
- 온도에 의한 주파수 안정도 규격은 온도변화값 당 주파수에서의 변화이다.
- 발신기는 기계적으로 또는 전자적으로 동조 될 수 있다.
  - 기계적 동조는 공진기 크기를 바꾸어서 가능하다.
  - 전자동조의 동조감도는 동조감도의 전압이나 전류가 변함에 따른 전압 또는 전류당 MHz에서 주파수 변화로 특징지어진다.
  - 동조 선형성은 동조범위에 걸쳐 동조 감도가 변하지 않는 것이다.
- 동조 전압이 동일량으로 변하면 주파수 변화는 발진기 동조 범위에 거쳐 모든 주파수에서 동일해야 한다.

- 전자적으로 동조된 발진기는 특히 바렉터 동조를 하는 발진기는 다른 것보다 이들 동조 범위 양단에서 더욱 민감하다.
- 발진기의 주파수가 주파수 제어 신호를 변경하므로 변화될 경우 발진기는 즉시 이 변화에 응답해야 한다.(그림 8-6)

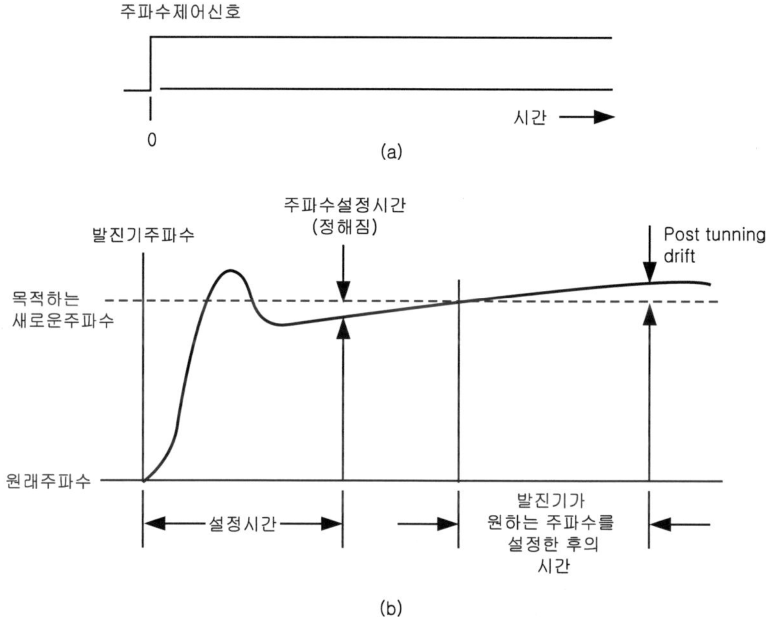

〈그림 8-6〉 주파수 제어에 따른 발진기변화응답

- 발진기의 주요한 특성 중 하나는 위상잡음이다.
- 〈그림 8-7〉은 반송파 f_o의 작은 주파수 범위에 걸쳐 주파수 함수로서의 발진기 전력 진폭을 보여 주고 있다.
- 주파수 함수로서 완전한 발진기로부터의 전력 그래프는 한 개의 선이어야 하고 이것은 발진기가 한 개의 주파수에서 전력을 발생시킴을 뜻한다.
- 그러나 전원잡음 때문에 발진기 주파수는 실제 발진 주파수 근방에서 아주 적은 범위에 걸쳐 주파수 변조된다.
- 〈그림 8-7〉에서 주파수 범위는 단지 반송파로부터 수 kHz 떨어져 있고 이때의 반송파는 10GHz 정도이다.
- 위상 잡음 주파수 편이는 10GHz에서 수 kHz임. 위상 잡음은 반송파로부터 주파수 f_m에서 −120dBc로서 반송파 이하의 값이다.

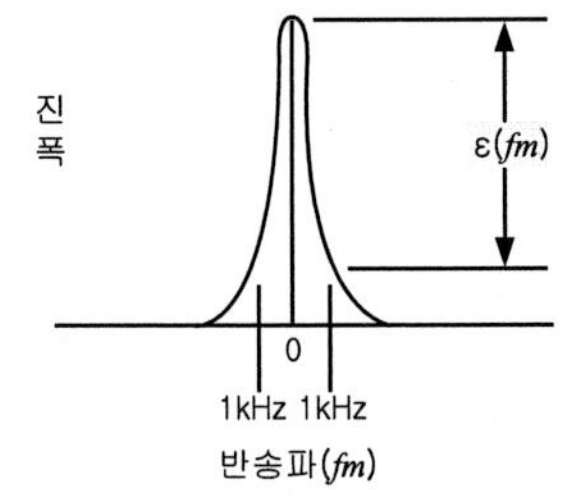

〈그림 8-7〉 발진기 전력 진폭

8.4 고정 동조, 기계적 동조발진기

- 고정 동조발진기는 공진기와 능동소자로 구성된다. 발진 주파수는 공진기에 의해 정해지고 공진기 크기의 변경은 발진 주파수를 변화시킨다.
- 능동소자 즉 고정이나 기계적 동조발진기에서 이용되는 능동소자는 바이폴라와 FET를 포함해서 사용 가능한 주파수가 30GHz가 넘고 IMPATT와 GUNN은 8~수 100GHz이다.
- 〈그림 9-9〉는 L/C 공진기와 피드백을 이용하는 TR 발진회로이다. 공통 에미터 방식이 이용될 수 있으나 보통 공통 베이스 방식이 자주 이용된다.

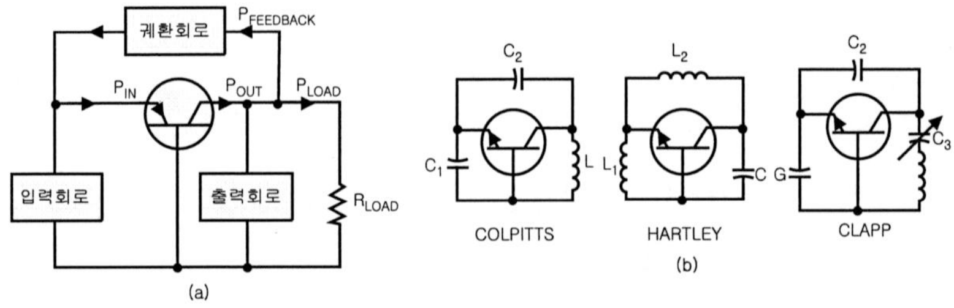

〈그림 8-8〉 L/C 공진기와 피드백을 이용하는 TR 발진회로

- TR 출력은 부하에 매칭되고 TR 입력이 매칭된다.
- 피드백은 출력으로부터 입력에 공급되고 피드백 회로는 공진기를 포함하고 이것은 발진 주파수를 제어한다.
- 3개의 TR L/C발진기는 콜핏츠, 하트레이, CLAPP이다.(그림 8-8)
  - 이들 발진기는 피드백이 공급되는 방법만 틀리다.
- 콜핏츠 발진기에서 피드백은 C_1과 C_2로 구성된 커패시티브 디바이더에 의해 공급된다.
  - 하트레이 발진기에서의 피드백은 L_1과 L_2고 구성된 인덕티브 디바이더에 의해 공급된다,
- CLAPP 발진기는 콜핏츠와 비슷하나 피드백을 바꾸지 않고 주파수에서 발진기가 동

조되도록 하는 추가 커패시터를 이용한다.

- ❑ 3개의 발진기에서 주파수는 L, C에 의해 결정되고 이에 의한 공진 주파수는 $f_{osc} = 1/2$.
- ❑ 〈그림 8-9〉는 유전체 공진기를 이용하는 TR 발진기이다.
  - 유전체 공진기는 중간 M/W 대역에서 이용된다. 여기서는 FET가 적합한 능동소자이다.
- ❑ 〈그림 8-9(a)〉에서 유전체 공진기는 피드백 경로상에 있고 이것은 발진 주파수를 제어한다.
- ❑ 〈그림 8-9(b)〉에서 TR은 부성 저항 발진기로서 분석되고 유전체 공진기는 출력에 설치되며 부하와 공진기 결합의 임피던스는 TR 임피던스와 같게 되어야 한다.

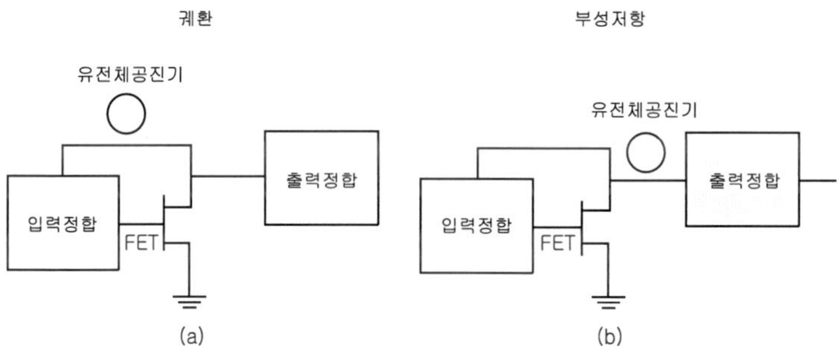

〈그림 8-9〉 트랜지스터 발진기와 유전체 공진기

- ❑ 〈그림 8-10〉는 IMPATT발진기로서 IMPATT는 30GHz이상에서 이용된다.

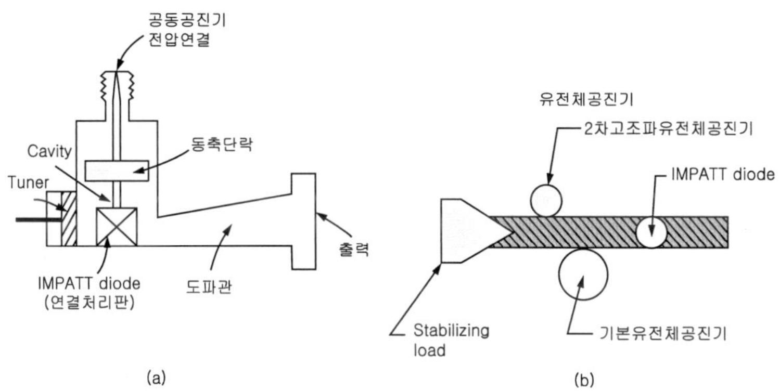

〈그림 8-10〉 IMPATT 발진기

- ❑ 〈그림 8-10(a)〉에서 IMPATT는 금속 공동 공진기 내에 있다.
- ❑ 기계적인 동조는 공동기의 한면을 이동시켜서 이루어진다.
  - 공동기는 TAPERD W/G에 의해 표준 외부 W/G에 매칭된다.
  - IMPATT는 공동기내에 설치되고 RF 쵸크와 전압 접속이 된다.
  - 전압이 조정되어 PN 접합양단의 전압 강하가 350KV/cm를 초과할 때 IMPATT접

합이 애벌런치되고 IMPATT는 부성 저항을 띄게 된다.

- ❑ 발진은 기계적으로 동조된 금속 공동기의 주파수에서 발생한다.

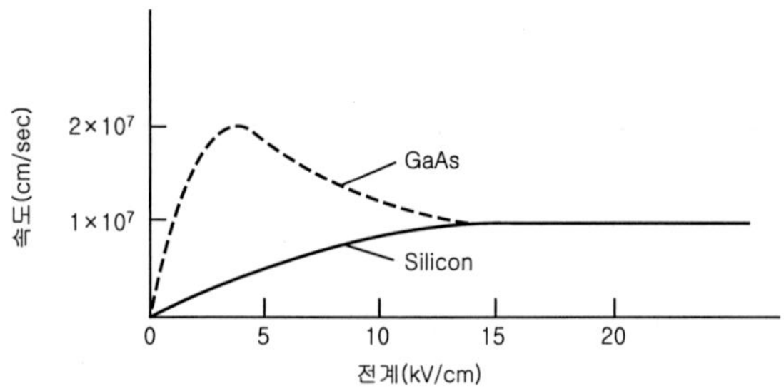

〈그림 8-11〉 전자소자 장치동작 특성(Gunn 다이오드)

- ❑ 〈그림 8-10(b)〉는 M/S방식에서 유전체 공진기와 함께 고정된 IMPATT를 보여주고 있고 그 크기를 감소시키기 위해 고조파전력을 제어한다.
- ❑ GUNN (전이전자 발진기)은 아주 간단한 발진기이다. 이것은 한 개의 갈륨아세나이드로 구성되고 접합을 갖지 않는다.
- ❑ M/W는 갈륨아세나이드의 전자 전이 효과로부터 발생된다.
- ❑ 〈그림 8-11〉는 이 효과를 나타내는 것임. 갈륨아세나이드와 실리콘내 전자 속도는 재료 양단에 공급되는 전계 함수로서 나타난다.
  - – 15KV/cm이상의 전계 강도에서 전자 속도는 각 재질 내에서 동일하다. 낮은 전계에서 속도는 실리콘내에서 보다 GaAs내에서 더욱 크다.
- ❑ 전계가 5KV/cm에 달할 때 전자는 GaAs층의 한 에너지- 모멘텀 상태에서 다른 곳으로 전이 될 충분한 에너지를 얻게 된다.
- ❑ 2번째 에너지 모멘텀 상태에서 실리콘에서와 같은 동일 속도를 가진다.
- ❑ TED 즉 전이전자소자라고 불리는 것은 이러한 이유에서 이다. 5~10KV/cm에서 전자 속도는 한 상태 내의 높은 값에서 2번째 상태내 낮은 값으로 감소된다.
- ❑ 전압강하가 감소되므로써 전류가 증가한다. 이것은 전압이 올라가면 전류가 내려감을 뜻한다(부성 저항 조건).
- ❑ 공진기에 갈륨아세나이드 재료 조각을 설치하므로써 그리고 그것에 정확한 전압을 공급하므로써 발진기가 되며 이 때 전계는 7KV/cm범위 내에 있게 된다.

8.5 전자적 동조 발진기

❑ 전자적 동조 발진기는 Varactor diode나 YIG를 이용하여 전자적으로 발진기의 공진 주파수를 변경시키기는 것이다.

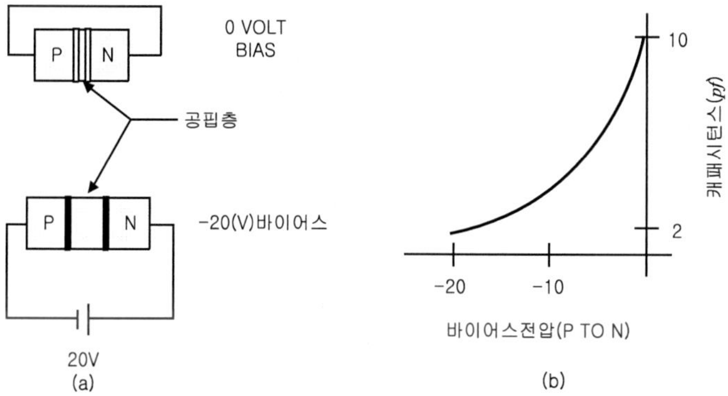

〈그림 8-12〉 바렉터 동작 특성

❑ 〈그림 8-12〉는 바렉터 다이오드의 특성을 보여 주고 있다.
- 바렉터 다이오드는 역바이어스된 PN 접합이고 전자적으로 가변용량이 된다,
- 바이어스 전압이 0V일 때 N으로부터의 전자가 P의 정공에 채워지므로써 P와 N층의 각각의 일부에 공핍층이 형성된다.
- 공핍층은 전류 반송자의 빈 공간이 되는데, 이는 N영역의 전자가 P영역의 정공을 채웠기 때문이다.
- 결국 전류가 PN 접합을 통하여 흐르지 않으며 PN 접합은 절연체에 의해 분리된 나머지 P와 N의 두 전도 영역으로 구성된다.
- 따라서 PN 접합은 커패시턴스의 특성을 나타낸다.

❑ 역바이어스가 증가하면 공핍층은 증가하고 N과 P영역으로 더 확장된다.
- P와 N간의 간격이 증가하면 커태시턴스는 감소하므로 역바이어스 전압를 변경하므로서 PN접합의 커패시턴스가 조정될 수 있다.
- 〈그림 8-12(b)〉에서 바이어스 전압을 0~-20V로 변경할 때 커패시턴스는 5:1로 변함을 보여 주고 있다.

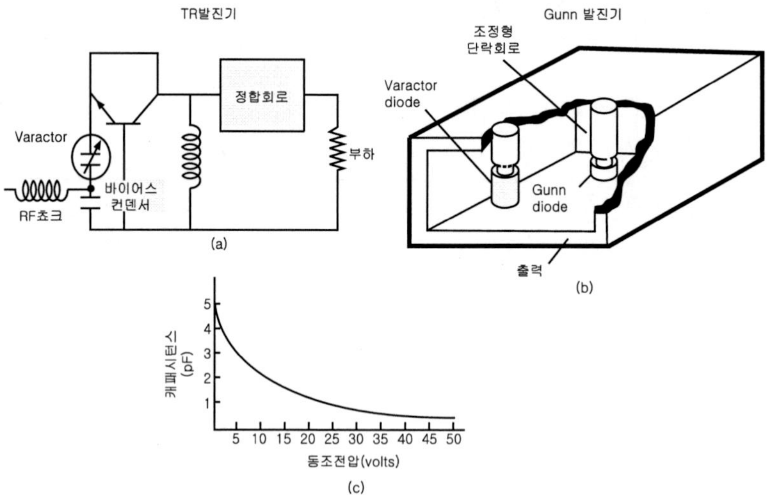

〈그림 8–13〉 바렉터 동조 발진기

- ❑ 〈그림 8–13〉은 전압 제어 발진기(VCO)라고 하는 두 가지 종류의 바렉터 동조 발진기를 보여 주는 것이다.
  - 〈그림 8–13(a)〉는 공통 베이스 바이폴라 콜핏츠 발진기이고 하아틀레이와 클랩 발진기는 바이폴라나 FET를 이용한다.
  - TR이 부하에 정합되고 두 개의 커패시터 중 하나는 바렉터이다. 이 바렉터 다이오드에의 전압은 RF 쵸크와 바이패스 커패시터를 통해 동조 전압을 공급하므로서 변경 될 수 있다.
- ❑ 〈그림 8–13(b)〉는 바렉터 동조 Gunn 발진기이다.
  - Gunn과 바렉터는 금속공동기 공진기내에 부착되고 공동기의 주파수는 바렉터 커패시턴스를 바꿈으로써 변경시킬 수 있다.
  - 그러나 마이크로웨이브 필드가 공동기내에 분산되기 때문에 수 % 만의 주파수 변경만이 일어난다.
  - 공동기 일부의 커패시턴스만이 공동기 주파수에 작은 영향을 미친다.
  - 〈그림 8–13(c)〉는 역 바이어스 전압의 함수로서의 바렉터의 커패시턴스 변화 상태를 보여 주고 있다.
- ❑ 〈그림 8–14〉는 YIG 동조 발진기(YTO)를 보여 주고 있다.

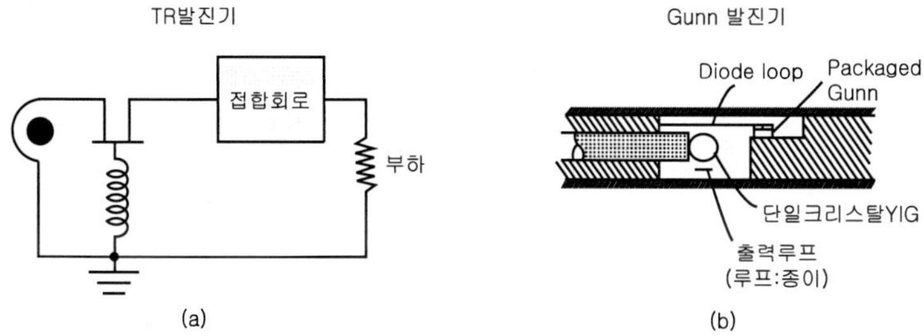

〈그림 8-14〉 YIG 동조 발진기

- 〈그림 8-14(a)〉는 TR발진기로서 공통 게이트 FET가 부하에 접속되고 부성 저항 상태로 바이어스 된다.
- 〈그림 8-14(b)〉는 YIG 동조 Gunn발진기로서 YIG로부터의 한 개 결합 루프가 Gunn 소자에 접속된다.
- 다른 결합 루프는 출력 전송선에 접속된다.
- Gunn 소자는 부성 저항상태로 바이어스되고 발진 주파수는 YIG의 공진 주파수에 의해 조정되는데, 이것은 공급 자계를 바꿈으로써 전자적으로 조정된다.
- YIG는 넓은 주파수에 걸쳐 동조될 수 있으므로 광대역 동조 발진기가 전자적으로 얻어질 수 있다.
- 바렉터 동조 발진기는 빠르게 동조될 수 있는데, 이것은 바렉터 커패시턴스가 마이크로 세컨드로 바뀔 수 있기 때문이다. 단점은 제어 전압과 동조가 비선형성을 갖는 것이다.
- YIG는 전류와 선형적이고 광범위한 제어 범위로 1~20GHz이나 동조비는 ms이다.
- 이 느린 동조비는 인덕턴스 성분을 만드는데, 이것은 전자 마그네트 코일을 통해 흐르는 전류가 빠르게 변하지 않기 때문이다.

8.6 고조파 체배기

❑ 〈그림 8-16〉은 step-recovery 바렉터를 이용한 고조파 체배기이다.

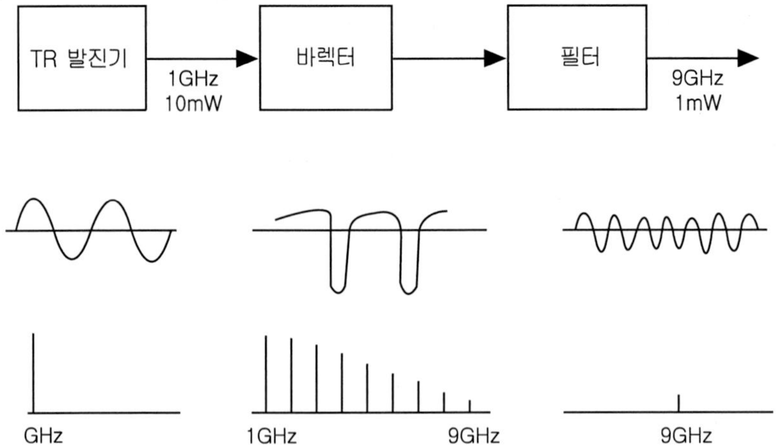

〈그림 9-15〉 주파수 체배기

❑ 주파수 체배 진행은 출력이 10mW인 1GHz TR발진기로부터 시작된다.

❑ 발진기로부터의 출력은 1GHz단일 주파수이다.

- 이 주파수가 체배기에 입력되고 신호의 + 반파 중에 전류는 한 쪽의 접합으로부터 다른 쪽의 접합으로 흐른다.
- 전압이 -가 되면 전류가 흐르지 않게 되고 한 쪽 접합에 축적되어 있던 전하들이 짧은 순간 다른 쪽으로 역방향으로 흐르게 된다.
- 따라서 전류 펄스파형이 형성되고 이 파는 고조파를 만들게 된다.
- 체배기로부터의 파형은 기본파인 1GHz를 포함하여 9개의 파를 만들어 원하는 주파수인 9GHz까지 출력시킨다.
- 고조파들 중에서 원하는 주파수인 9GHz를 필터를 거쳐 출력시킨다.

8.7 PLL(Phase Looped Lock)

- ❑ TR, FET, 금속 공동기, YIG 공진기 그리고 유전체 공진기로 구성된 발진기를 기본 발진기라고 하는데, 이것은 자체 공동기의 공진주파수에서 마이크로웨이브 전력을 발생하기 때문이다.
- ❑ 위상잡음을 기준으로 하여 가장 좋은 발진기는 금속 공동기내의 바이폴라 트랜지스터이고 가장 나쁜 것은 YIG 공진기 내의 바이폴라 트랜지스터이다.
- ❑ 유전체 공진기내의 바이폴라 트랜지스터는 모든 금속 공동기내에서의 동일한 바이폴라 트랜지스터보다 위상잡음이 더 크다.
  - 이것은 유전체 공진기의 Q가 낮기 때문이다.
- ❑ 기본 발진기에서 저위상 잡음을 얻기 위한 조건은
  - 높은 Q공진기
  - 저위상 잡음을 가진 능동 소자
  - 금속 공동기내 바이폴라 트랜지스터가 이 조건을 가장 잘 만족시킨다.
- ❑ 고조파 체배는 체배비의 제곱으로 위상잡음을 증가시킨다.
  - 기본파 10MHz를 체배하여 5GHz를 만들려고 할 때 체배비는 500 또는 27dB일 때 위상잡음은 54dB가 된다.
  - 기본파 100MHz를 체배하여 5GHz를 만들려고 할 때 체배비는 50 또는 17dB 일 때 위상잡음은 34dB이 된다.
- ❑ 〈그림 9-16〉은 위상잡음을 감소시키기 위한 2개의 PL 발진기이다.
  - 〈그림 9-16(a)〉는 가장 간단한 방법으로 고조파에 의한 기준 신호를 사용하지 않고 주파수 판별기를 사용하는 것이다.
    - M/W 전력은 전압제어 발진기에 의해 발생되고 전자적으로 바렉터 다이오드가 발진 주파수를 제어한다.
    - 출력의 샘플이 취해 져서 주파수 판별기를 통과한다.
    - 주파수 판별기는 공진회로로서 주파수가 증가하므로써 판별기 출력이 증가하고 주파수가 감소하므로써 식별기 출력이 감소한다.
    - 즉 판별기는 주파수에 비례하여 전압 신호를 출력시킨다.
    - 이 식별기로부터의 출력이 저주파 증폭기와 필터에 공급되고 이로 인해 발생된 신호가 VCO의 주파수를 제어하는 데 이용된다.
    - 만일 VCO 주파수가 원하는 값으로부터 떨어지게 되면 에러 신호가 식별기에 의해 발생되고 이것은 VCO 주파수를 재조정하기 위해 되돌려 진다.

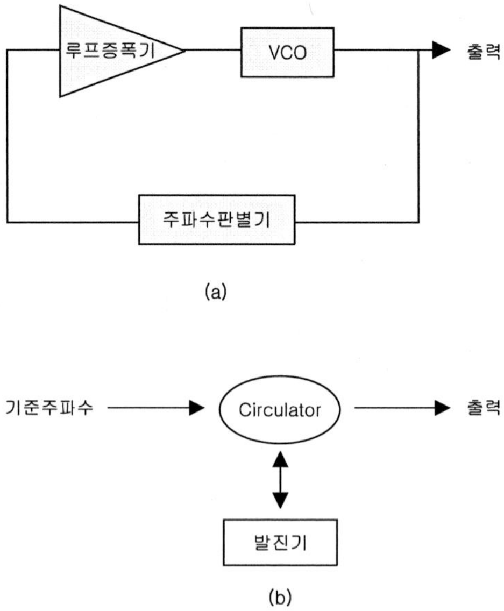

〈그림 8-16〉 PLL 발진기

- 〈그림 8-16(b)〉는 위상잡음을 감소시키는 두 번째 방법으로서 발진기를 기준 주파수에 injection locking시키는 것이다.
  - 기본발진기는 M/W 전력을 발생시키고 수정발진기 주파수의 고조파 주파수 체배로부터 발생된 기준 신호는 서큘레이터를 통해 발진기에 공급되어 발진기를 기준 주파수에 고정시킨다.
  - 기준 주파수가 발진 주파수를 고정상태로 만들 수 있는 범위는 고정 전력대 기본발진기 전력의 비에 의해 결정된다.
  - 이 비가 작으면 고정범위가 낮고 이 비가 크면 고정범위가 커진다.
- 가장 M/W 발진기 주파수를 제어하고 위상잡음을 줄이는 효과적인 방법으로는 〈그림 8-17〉의 위상 고정방식이다.
  - M/W 전력이 전압제어 발진기에 의해 발생되는데, M/W 신호가 방향성 결합기에 의해 VCO 출력으로부터 취해져서 위상검파기에 보내어지고 여기서 이것은 기준신호와 비교된다.
  - 이때의 기준신호는 통상적으로 수정발진기로부터 고조파 체배된 신호이다.
- 위상검파기는 DC전압을 만들고 이 값은 두 개의 M/W 신호간의 위상차에 비례한다.
  - 만일 2신호가 180도의 위상차를 가지면 위상검파기의 출력은 0이 되고 정확하게 180도의 위상차가 일어나지 않으면 오차 전압이 나타나고 이것은 위상검파기에서 필터와 증폭기에 보내진다.

- 이 오차 신호는 증폭되어져서 VCO에 공급된다.
- PLL이 동작하는 주파수범위는 루프 필터의 대역폭에 의해 결정된다.
- 또한 루프 필터는 발진기의 동작 주파수가 변경되는 SETTLING 시간을 결정한다.

❑ 〈그림 8-18〉는 2개의 PL 발진기로서 〈그림 8-18(a)〉는 VCO로부터 M/W 전력 샘플이 방향성 결합기를 통해 취해져서 위상 검파기에서 수정 발진기의 고조파와 비교된다.
- 출력 고조파 체배기가 이용되는데, 이것은 동축 공동기와 바이폴라 TR과 더불어 VCO로부터 낮은 대역의 M/W 신호를 발생시키고 M/W 바렉터 체배기와 더불어 높은 원하는 M/W 주파수에 안정한 M/W 주파수를 체배하는 데 용이하다.

❑ 〈그림 8-18〉의 아래 그림은 전력이 M/W VCO에 의해 발생되고 이 전력의 샘플이 취해져서 디지털 스케일링 회로에 의해 수정 발진기의 주파수로 나누어진다.
- 위상 비교는 수정 발진기의 주파수에서 이루어지며 디지털 스케링 회로는 낮은 마이크로웨이브 대역에서만 동작하므로 VCO는 여기에서 동작되어야 한다.

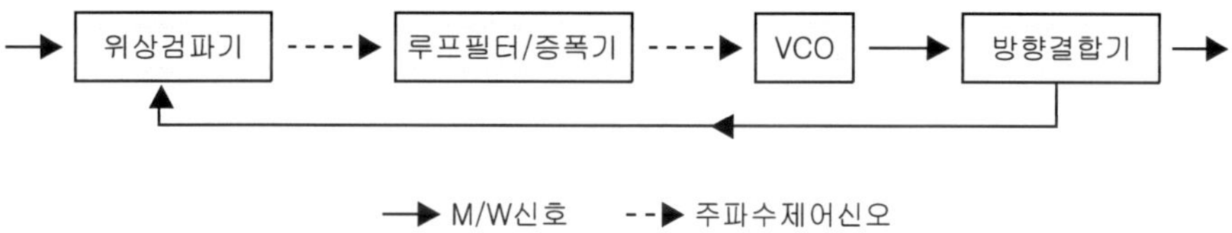

〈그림 8-17〉 PL 블루다이어그램

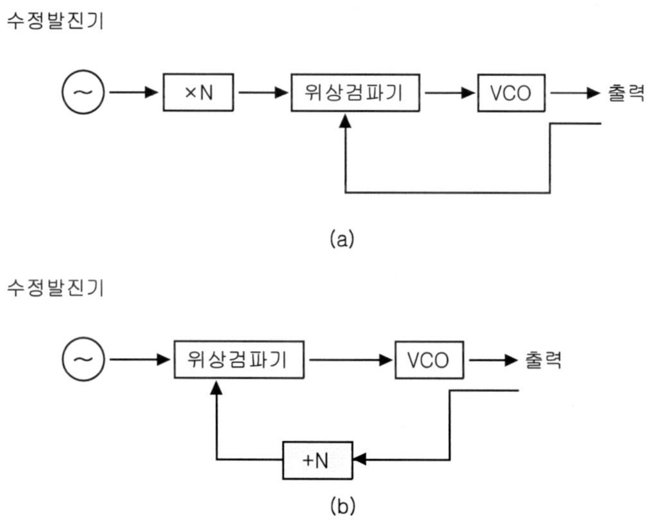

〈그림 8-18〉 PL(Pphase locked) 발진기

- 10GHz의 M/W 신호는 금속공동기내에 마이폴라 TR을 애용하는 기본 발진기에 의해 만들어진 것이다.
- 기준 주파수가 10GHz까지 체배될 때 위상잡음은 체배과정에서 증가되고 50kHz정도에서 기본발진기의 위상잡음은 10MHz로부터 주파수 체배된 신호보다 작다.
- PLL의 필터 대역폭이 조정 될 수 있으므로 위상 고정은 50KHz까지만 효과가 있다.

8.8 상향주파수 변환기(up-converter)

❑ 상향고주파수 변환기는 저주파수를 고주파수로 변환시키는 기능을 가진다.
- 〈그림 8-19〉에서 6.01GHz의 출력주파수를 발생시키기 위하여 6GHz의 국부발진기 출력주파수를 중간주파수 10MHz에 합친다.
- 주파수변환은 바렉터 다이오드에 의해 이루어지는데, 이것은 비선형성의 커패시터이다.
- 마이크로웨이브 신호가 하이브리드의 한 쪽으로 공급되고 바렉터 다이오드는 다른 두 개의 하이브리드 포트에 접속된다.
- 중간주파수 신호가 다이오드에 공급되고 다이오드에서 이들 두 신호가 혼합되며 하이브리드 출력에는 마이크로웨이브 원 신호, 마이크로웨이브 신호의 합, IF신호, 마이크로웨이브 신호와 IF신호의 차의 신호 모두가 나타난다.
- 원 신호 입력과 마이크로웨이브 입력-중간 주파수가 필터되어 출력되어 필터의 출력에는 중간주파수에 의해 편이된 마이크로웨이브 주파수가 나타난다.

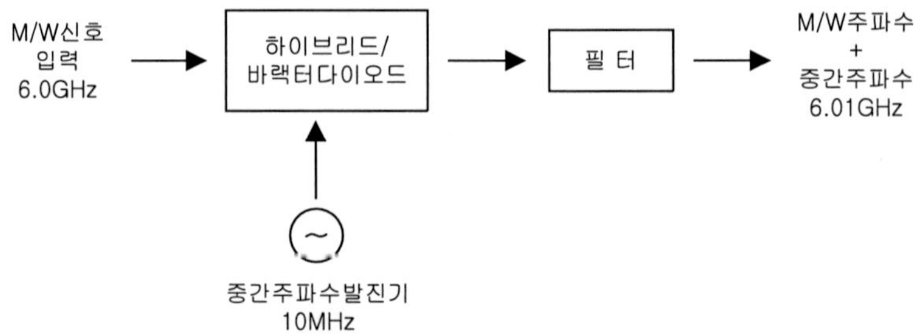

〈그림 8-19〉 상향주파수변환기 블루다이어그램

9 저잡음 수신기(LNA : Low-Noise Receivers)

9.1 개요

❑ 저잡음 수신기 구성도

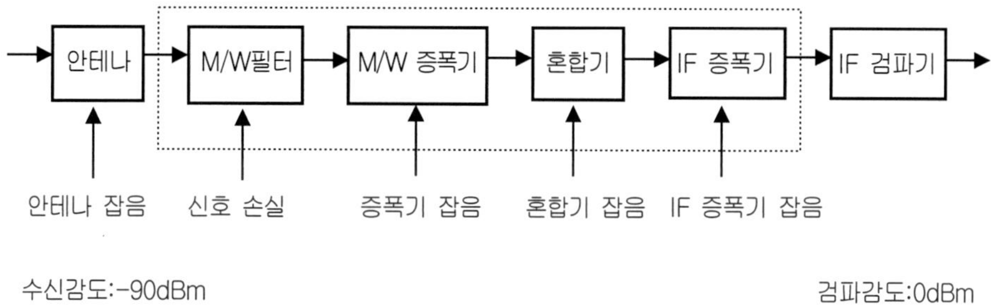

〈그림 9-1〉 저잡음 수신기 계통구성도

❑ 신호와 잡음이 동시에 수신기에 입력된다.
- 안테나의 지향 방향의 환경에 의한 잡음이 안테나에 입력된다. 이 환경상에 있는 모든 물체는 잡음을 발생시킨다.
- 필터에 입력된 신호는 필터에서 잡음이 추가되지는 않고 자체 발생시키며 신호손실을 일으켜 미약하게 수신된 신호를 더욱 약하게 만든다.
- 이 신호가 M/W 증폭기에서 증폭되며 여기서 잡음을 추가시킨다.
- 이 신호가 혼합기와 중간 증폭기를 통과하면서 잡음을 추가한다.
- 이상의 잡음에서 가장 영향을 주는 것은 안테나와 첫 번째 증폭기에 의한 것이다.
  • M/W 증폭기가 있을 경우에는 신호가 이 증폭기에서 증폭되어 혼합기의 잡음에 비해 매우 크므로 혼합기 잡음을 무시 할 수 있으나 증폭기가 없으면 신호세기가 미약하여 혼합기에서 발생하는 잡음에 영향을 받게 된다.

❑ 〈그림 9-2〉는 안테나 잡음의 크기를 보여 주고 있고 〈그림 9-3〉은 증폭기와 혼합기의 잡음을 보여 주고 있는데, 〈그림 9-2〉의 경우 전주파수 대역에 걸쳐 잡음이 있는데 수신기 주파수 대역에서는 실제 소량의 잡음만이 고려 대상이 된다. 이것은 수신 주파수대역외의 잡음은 필터에 의해 제거되기 때문이다.
- 안테나와 수신기에서의 잡음은 주파수 대역폭 1MHz에서의 피코와트 잡음을 나타내는 잡음전력밀도에 의해 특성화된다.

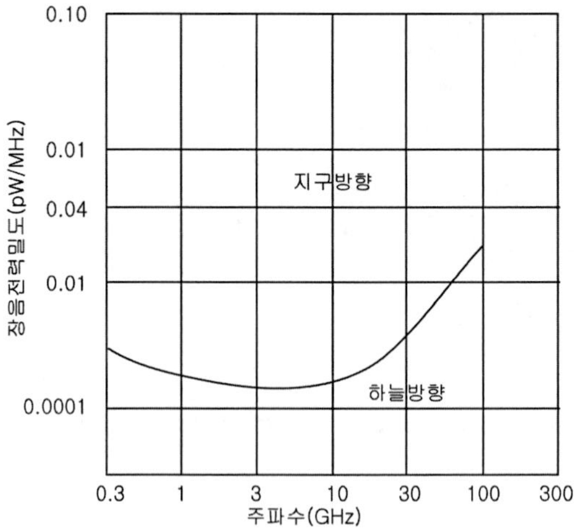

〈그림 9-2〉 안테나 잡음

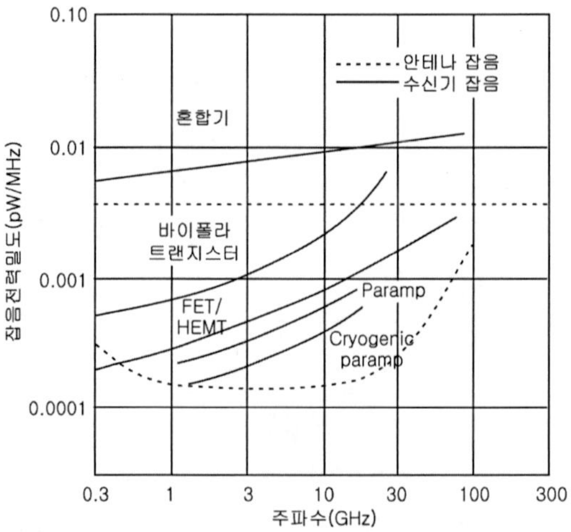

〈그림 9-3〉 증폭기와 혼합기 잡음

- 여기서 만일 대역폭이 2MHz이면 〈그림 9-2〉와 〈그림 9-3〉의 값은 2배가 된다.
- 〈그림 9-2〉의 안테나 잡음 곡선에 따라 안테나에 입력되는 잡음량은 안테나의 지향에 의해 결정된다.
  - 만일 안테나가 지구를 향해 있을 경우 안테나는 지구상의 모든 것들로부터 잡음을 수신하게 된다.
  - 대부분의 마이크로웨이브 시스템에서는 안테나가 지구를 향하여 있다.
  - 지구를 향해 있는 안테나의 잡음 곡선은 p-t-p 마이크로웨이브 시스템에 적용하는 것이다.

- 안테나 잡음에 의한 영향을 무시하고 시스템을 운용하기 위해서는 송신기의 출력을 높이든지 수신기의 안테나 크기를 크게 하는 것이다.
  - 수신기의 크기는 안테나 잡음량과는 무관하지만 마이크로웨이브 신호의 크기와는 직접 비례관계를 가진다.
- 〈그림 9-2〉에서 안테나가 하늘을 향하고 있는 경우 잡음이 감소하지만 주파수가 낮은 부분과 높은 부분에서 잡음량이 증가하는데, 이는 낮은 대역에서는 우주 잡음 원으로부터의 잡음, 높은 주파수의 부분에서는 대기 산란에 의하여 기인되는 것이다.
- 잡음이 적은 1~10GHz의 대역을 마이크로웨이브 윈도우라고 한다.

❑ 〈그림 9-2〉은 증폭기와 혼합기에서 발생되는 잡음 전력을 보여 주고 있는데, 혼합기의 잡음은 안테나의 잡음보다 수 배 크다.
- 6GHz 이상의 주파수에서 바이폴라 TR증폭기의 잡음은 안테나 잡음보다 낮다.
- 3GHz정도에서는 냉각된 Paraamp의 잡음이 하늘을 향하고 있는 안테나의 잡음보다 크지 않다.
- 마이크로웨이브 시스템의 전체 잡음량은 안테나 잡음과 수신기 잡음의 합이 된다.

9.2 잡음 단위

❑ 다음의 양은 안테나에 입력되는 잡음과 수신기에서 발생되는 잡음을 특성화하는 데 이용된다.
- 잡음 밀도 : pW/ MHz, dBm/MHz
- 잡음 온도 : °Kelvin
- 잡음 지수 : dB

❑ 수동 종단기의 잡음 출력 전력은 종단기의 온도에 직접적으로 비례한다.
- 수동 종단기는 외부 전력원에 접속되지 않은 마이크로웨이브 부하이다.
- 부하에서의 불규칙한 전자의 운동은 마이크로웨이브 잡음을 발생시키고 잡음 전력량은 종단기의 온도에 의해 결정된다.
- 온도가 2배로 되면 잡음 전력 출력도 2배가 되고 온도가 1/2이 되면 잡음 출력도 1/2로 감소한다.
- 잡음 전력은 다음과 같이 종단기의 온도와 관계된다.

$$N = k \cdot T \cdot B = 1.38 \times 10^{-14} \cdot \mathrm{T} \cdot \mathrm{B}$$

k : 켈빈 상수, T : 등가잡음온도, N : 잡은전력(mH), B : 대역폭 (MHz)

- 전체 잡음은 대역폭에 직접 비례한다.

❑ 수동 종단기의 잡음 전력 출력은 자체의 실제 물질의 온도에 의해 결정된다.

- 증폭기나 혼합기의 잡음 온도는 종단기의 잡음 온도가 증폭기나 혼합기의 잡음 온도보다 클 때 종단기의 잡음 온도가 된다.
- 증폭기의 잡음 온도는 증폭기 자체의 실제 물질 온도와는 관계가 없다.

❑ 잡음 지수(NF)는 증폭기에 입력되는 신호대 잡음비와 증폭기 출력에서의 신호대 잡음비의 차이다.

- 즉 잡음지수는 잡음이 증폭기에 의해 얼마나 추가되어지는가 하는 것을 나타내는 것이다.
  - 잡음지수 만이 직접 측정될 수 있는 잡음이다.
- 〈그림 9-4〉는 켈빈 온도와 셀시우스 온도를 비교한 것이다.

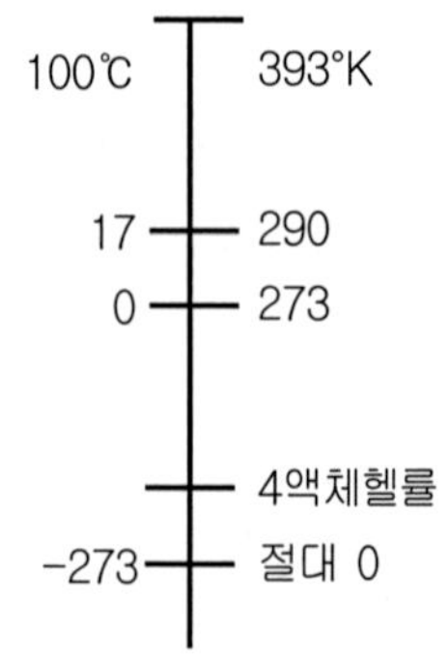

〈그림 9-4〉 켈빈 온도와 셀시우스 온도 크기 비교

9.3 혼합기

❑ 모든 서잡음 수신기는 수신된 반송파를 낮은 주파수로 편이시키기 위해 혼합기를 사용한다.

- 〈그림 9-5〉는 혼합기의 블록다이어그램이다.

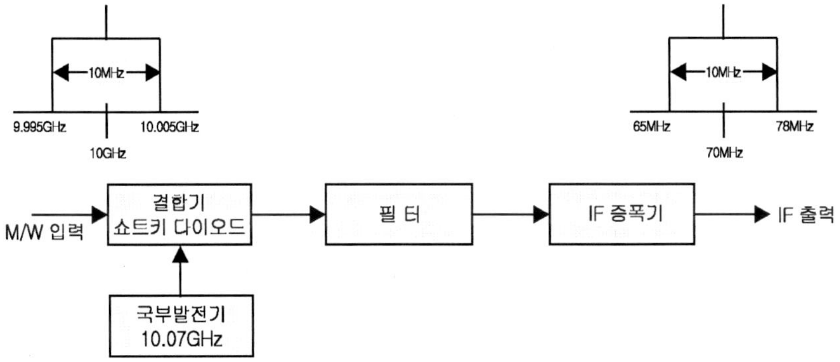

〈그림 9-5〉 혼합기 구성도

- 마이크로웨이브 신호가 10GHz 이고 대역폭은 10MHz 인데, 이것은 신호와 이 변조측 대역이 9.995GHz~10.005GHz 범위에 있음을 뜻한다.
- 변조 측대역은 마이크로웨이브 반송파에 의해 전송될 정보를 전달하는 것이다.
- 다른 주파수들에서의 마이크로웨이브 신호들은 원하는 신호와 함께 안테나에 입력될 수 있으나 이들 신호들은 필터에 의해 제거되는데, 이것은 신호가 혼합기에 들어오기 전에 이루어진다.
- 마이크로웨이브 신호는 쇼티키 혼합기 다이오드를 포함하고 있는 혼합기에 입력된다.

□ 수신기에서 만들어진 국부발진기 신호도 혼합기에 입력된다.
- 이 주파수는 입력신호 주파수와 혼합되어 중간주파수를 출력시킨다.
- 중간 주파수를 70MHz라고 할 때 이 국부 발진 주파수는 10.07GHz가 되는 것이다.
- 입력 마이크로웨이브 신호가 혼합기의 한 쪽 포트로 입력되고 국부발진기 신호가 다른 쪽 포트를 통하여 입력된다.
- 이들 신호는 혼합되어 혼합기의 또 다른 한 쪽 포트에 나타나고 이들 두 신호는 혼합기 다이오드에서 혼합된다.
- 믹서로부터 나오는 주파수들은 원래의 마이크로웨이브 입력 신호와 국부발진기 신호 그리고 마이크로웨이브와 국부발진기 신호의 합 및 마이크로웨이브와 국부발진 신호의 차인 중간 주파수가 나타난다.
- 이들 신호는 중간주파수를 제외하고는 모두 필터에 의하여 제거된다.
- 이와 같이 신호를 중간 주파수로 하는 이유는 마이크로웨이브 신호인 10GHz를 증폭하는 것이 더 어렵기 때문이다.
- 〈그림 9-6〉에서 국부발진 신호의 크기는 보통 고주파신호 크기의 10배 정도가 된다.

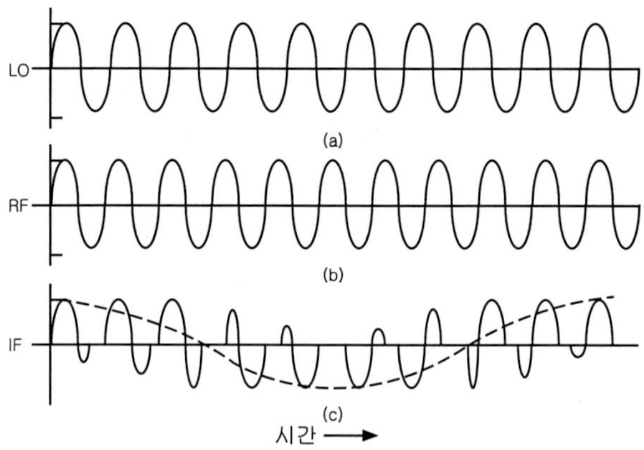

〈그림 9-6〉 혼합기 원리

- 국부 발진 신호의 크기가 크므로 이 신호가 믹서 다이오드에 공급될 때 –주기에서는 다이오드가 동작하지 않고 +반주기 동안만 다이오드가 동작하여 고주파 신호가 다이오드를 통과한다.
- 〈그림 9-6(c)〉는 이 결과를 보여 주고 있다.
  - 즉 이 곡선이 믹서의 출력이 되며 많은 주파수 성분을 포함하고 있는 완전한 파형이다.
  - 이 그림 중에서 점선 곡선이 국부 발진 주파수와 고주파 신호의 차가 되며 이것이 중간 주파수가 된다.

❑ 혼합기의 종류 및 성능

- 단일 종단 혼합기 (single ended mixer)
  - 방향성 결합기를 이용하여 국부 발진 주파수와 고주파 입력 신호를 혼합하여 다이오드에서 혼합시킨다.
  - 이 신호 중에서 중간 주파수만 필터에서 필터링하여 중간 주파 증폭기에 입력시킨다.
- 평형 혼합기
  - 이 혼합기는 가장 일반적인 형태로서 한 개의 3-dB 하이브리드를 이용하여 두 개의 믹서 다이오드에 입력 마이크로웨이브와 국부발진기 전력을 공급한다.
  - 이것은 90도 또는 180도의 하이브리드가 사용될 수 있고 어떤 하이브리드를 사용하느냐에 따라 성능이 좌우된다.
- 이중 평형 혼합기
  - 이것은 두 개의 평형 혼합기의 형태이며 통상적으로 4개의 다이오드 열을 사용하는데, 이로 인하여 스프리어스와 고조파 억제 성능이 어느 혼합기보다 좋다.

- 영상 제거 혼합기
  - 영상 주파수와 신호 주파수를 분리시켜서 서로 다른 출력 포트에 나타나게 한다.
  - 이 혼합기는 2개의 평형 90도 믹서로 구성되고 RF 입력 신호는 90도 하이브리드를 통해 각각의 혼합기에 입력되고 국부 발진기 주파수는 동일 위상 전력 분배를 통해 2개의 혼합기에 입력된다.
  - 그리고 각각의 평형 혼합기로부터의 중간 주파 출력은 3dB 하이브리드에서 결합된다.
  - 모든 믹서 신호 간의 위상 관계를 고려 할 때 중간 주파수로 편이된 신호는 출력 하이브리드의 한 포트에 나타나고 중간 주파수로 편이된 영상 주파수는 다른 포트에 나타난다.

9.4 PARAMETRIC 증폭기

❑ 통상 PARAMP라고 하는 이 증폭기는 어느 저잡음 트랜지스터 보다도 잡음 지수가 낮다.

- 잡음지수는 온도를 낮추는 증폭기 냉각방식을 도입하여 더욱 낮게 할 수 있다.
- 〈그림 9-7〉은 이 증폭기의 블록 다이어그램이다.

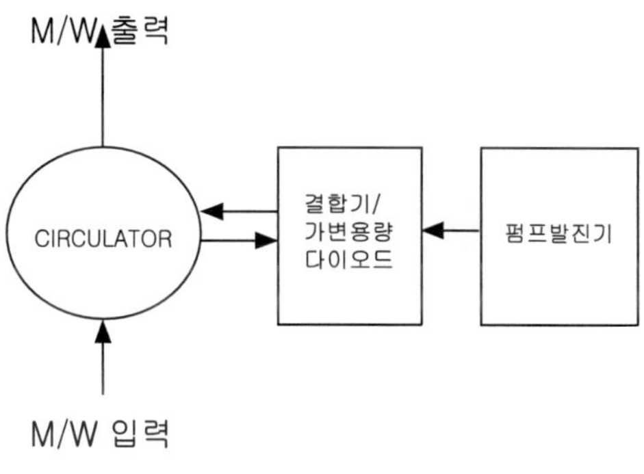

〈그림 9-7〉 PARAMETRIC 증폭기 구성도

- 입력 마이크로웨이브 신호는 서쿨레이터를 통하여 결합기에 공급되고 이 결합기는 바렉터를 포함하고 있다.
- 증폭될 신호는 펌프 신호와 결합기에서 혼합되고 이것은 대략 마이크로웨이브 신호 주파수의 2배가 된다.
  - 예를 들어 마이크로웨이브 신호가 10GHz이면 펌프 주파수는 20GHz가 되어야 한다.

❑ 〈그림 9-8〉은 이 증폭기의 동작원리를 보여 주고 있다.

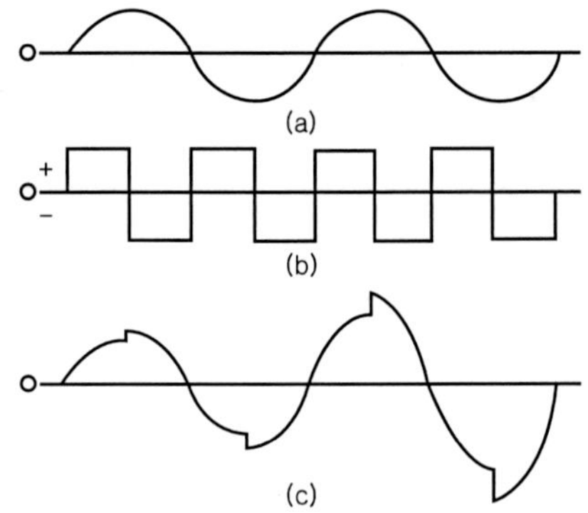

〈그림 9-8〉 Paramp 동작원리

만일 커패시터 플레이트가 물리적으로 어느 순간에 벌어지고 이 때 이들 간의 전압이 +최대일 때 동작이 커패시터에서 이루어져야 하는데, 이는 힘이 플레이트를 분리시키기 위해 공급되어져야 하기 때문이다.

- 플레이트간 전압이 0이 되면 플레이트는 원래의 위치로 되돌아간다.
- 전압이 다시 −최대가 되면 플레이트가 다시 벌어지고 전압이 다시 증가하기 시작한다.
- 이 과정은 〈그림 9-8〉에서와 같이 규칙적으로 반복된다.
  - 그림a는 원래 공진상태에서의 전압을 보여 주고 있고 b는 각 신호의 +와 −상태에서의 플레이트의 간격을 보여 주고 있다.
  - 그림c는 커패시턴스가 연속적으로 변화할 때 신호 전압이 커지는 것을 보여 주고 있다.
- 마이크로웨이브 패러메트릭 증폭기에서 커패시턴스는 기계적으로 변화되지 않고 펌프 마이크로웨이브 신호로 바렉터 다이오드의 커패시턴스를 바꿈으로써 전자적으로 일어난다.

10 마이크로웨이브 집적회로(Microwave Integrated Circuits)

10.1 마이크로웨이브 집적회로의 형태

- ❑ 대부분의 마이크로웨이브 장비는 많은 소자들의 조합인 서브시스템들과 대형소자들로 구성된다.
- ❑ 이 서브시스템을 구성하기 위한 많은 마이크로웨이브 소자들의 집적이 MIC이다.
- ❑ 다음은 마이크로웨이브 회로의 3가지 형태이다.
  - discrete 회로 : 동축이나 도파관내에 부착된 패키지된 다이오드와 트랜지스터
  - 하이브리드 MIC : 다이오드와 트랜지스터 및 마이크로스트립이 개별적으로 만들어져서 그 다음 조합된다.
  - MMIC : 다이오드, 트랜지스터와 마이크로스트립이 동시에 만들어진다.
- ❑ Discrete 회로는 동축이나 도파관 전송선에 부착된 패키지된 다이오드와 트랜지스터들로 구성된다.
- ❑ 한 예로서 이 회로는 전자적으로 조정되는 감쇠기를 만들기 위하여 동축전송선에 부착된 PIN 다이오드이다.
  - 전송선 어셈블리와 다이오드는 discrete 부분이고 다이오드는 통상적으로 어셈블리로부터 제거될 수 있고 필요할 때 제거된다.
  - 하이브리드 MIC는 다이오드, 트랜지스터, 그리고 기타 회로 소자들로 구성되고 이들은 개별적으로 제조되고 마이크로스트립 전송선 회로는 결합스터브와 결합기, 하이브리드 및 필터와 같은 마이크로스트립 회로소자들로 구성된다.
- ❑ 다이오드와 트랜지스터들은 실리콘이나 갈륨아세나이드로 만들어진다.
- ❑ 기타 회로소자들, 즉 유전체 공진기와 페라이트 서큘레이터 그리고 칩 커패시터들은 대부분 적당한 재료로 만들어진다.
  - 이들 모두는 마이크로스트립 회로에 접속되고 연결선에 의해 연결된다.
- ❑ MMIC는 다이오드, 트랜지스터, 마이크로스트립 전송선, 마이크로스트립 회로 그리고 기타 회로 소자들, 즉 럼프 커패시터와 저항들로 구성된다.
- ❑ 이들 모두는 반도체칩 내에 상호 접속을 포함하여 동시에 만들어진다.
- ❑ 하이브리드 마이크로웨이브 집적회로의 장점
  - 각 MIC의 소자가 적정성능으로 설계될 수 있다.
    - 각 트랜지스터가 최상의 재료에 의해 만들어 질 수 있다.

  - 기타 유전체 공진기와 서큘레이터와 같은 소자들은 가장 적당한 재료로 만들어 질 수 있다.
  - 가장 낮은 손실의 마이크로스트립 소자들이 최적의 마이크로스트립 기판을 선택하여 만들어 질 수 있다.
- 고전력 발생소자들이 적당하게 열 제거 될 수 있으므로 고전력 능력을 갖는다.
- 표준 다이오드와 트랜지스터들이 사용될 수 있고 상이한 회로 설계를 이용하여 상이한 기능을 수행하도록 만들 수 있다.
  - 각각의 기능을 위해 특수 목적의 소자들이 필요치 않다.
- 회로의 성능을 최적화하기 위해 트리밍 조정이 가능하다.
- 하이브리드 마이크로웨이브 집적회로는 수백 개 까지 회로의 소량이 필요할 때 가장 경제적이다.

❑ MIC의 단점
- 소자들의 연결선 접속에 신뢰성 문제가 있다.
  - 이것은 M/S 어셈블리의 부분이 아닌 각 회로소자가 결선에 의해 M/S에 접속되어야 하기 때문이다.
  - 즉 한 개의 연결선만 절단이 되어도 MIC를 사용할 수 없게 된다.
- 조합할 수 있는 소자의 수가 수십 개 정도로 제한된다.

❑ MMIC의 장점
- 부품들이 조밀하게 설치될 수 있으므로 부정합과 신호의 지연이 작은 회로를 설계할 수 있다.
- 연결선을 사용하지 않으므로 연결선에 의한 신뢰성 문제가 없다.
- 수천 개 까지의 소자들이 동시에 한 개의 MMIC에 설치될 수 있다.
- 가장 경제적으로 대량을 만들 수 있다.

❑ MMIC의 단점
- 각 회로소자용 재료들이 최적화 될 수 없어 성능이 떨어진다.
- 열전도가 좋은 재료를 사용할 수 없어 전력 능력이 낮다.
- 트리밍 조정이 없거나 불가능하다.

10.2 마이크로스트립 재료와 설계

❑ 〈표 10-1〉은 마이크로스트립의 전송선에 대한 기판재료들에 대하여 유전자 상수, 열전도성 등에 대하여 설명하고 있다.

〈표 10-1〉 M/S 전송선의 기판 재료 비교

기판재료	유전상수	소실율 ($\times 10^{-4}$)	열전도성 (W/in:℃)	제조시 최대온도(℃)
Teflon-fiberglass	2.5	10	0.007	200
Epsilam 10	10	15	0.01	150
Alumina	10	1	0.1	500
Beryllia	6	2	1.0	500
Ferrite	15	2	0.1	500
Sillicon	12	30	0.4	400
Gallium arsenide	12	16	0.1	400

- Teflon-fiberglass, epsilam 10(plastic)
- Alumina : MIC재료로 가장 널리 사용된다.
- Beryllia : 아주 높은 열전도성을 가지고 있어 heat-sink 고전력 소자로 사용될 수 있다.
- Ferrite : 기판상에 바로 마이크로스트립 서큘레이터를 들 수 있다.
  - 서큘레이터를 만들기 위해 소형 자석이 기판에 추가된다.
- 페라이트가 자석에서 멀리 떨어져 있을 때 이것은 자화되지 않아 다른 기판처럼 절연체 성질을 가진다.
- Sillicon, GaAs : 마이크로스트립 회로와 능동소자인 다이오드와 트랜지스터에 사용될 수 있다.
- 마이크로스트립 전송선을 위해 그리고 하이브리드 MIC용으로 가장 많이 사용되는 재료는 알미늄 세라믹과 텔프론-화이버그래스이다.
  - 알루미늄 기판의 장점은 높은 온도능력이다.

❑ 마이크로스트립 특성

- 이것은 주파수대 파장의 관계를 나타내는 것으로 자유 공간에서의 관계를 기준으로 하고 있다.
- Teflon-fiberglass(50옴)전송선에서 파장은 자유 공간을 기준으로 1.5배로 감소하고 알미늄 전송선에서는 2.5배의 율로 감소한다.
- 대부분의 마이크로스트립 회로는 1/4파장의 치수를 토대로 한다.

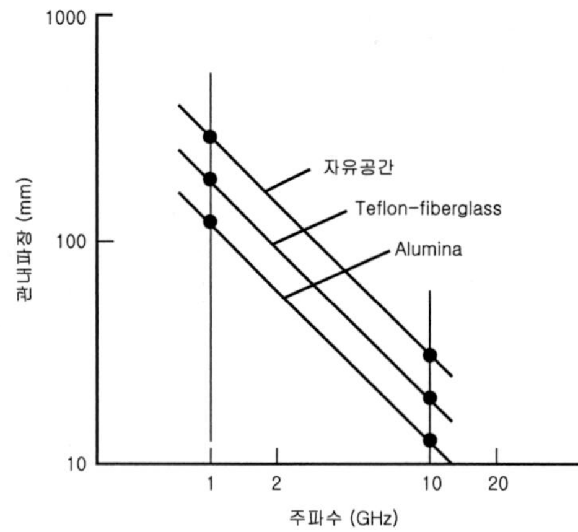

기판재료	임피던스	W/h
Alumina	30	2.5
Alumina	50	1
Alumina	70	0.3
Teflon-fiberglass	30	6
Teflon-fiberglass	50	3
Teflon-fiberglass	70	1.7

〈그림 10-1〉 마이크로스트립선로의 특성

10.3 마이크로스트립 회로 소자

❑ 마이크로스트립 전송선으로 만들어 질 수 있는 소자들은 다음과 같다.

- 정합 stub와 변성기
- 방향성 결합기, 혼합기, 공진기, 필터, 인덕터와 커패시터, 얇은 필름저항기
- 〈그림 10-2〉는 회로소자들의 예로서 크기를 나타내고 있으며 그 크기는 사용하는 주파수 파장의 범위내에 있게 된다.

❑ 〈그림 10-3〉은 M/S 선에 만들어 질 수 있는 인덕터와 커패시터이다. M/S 전송선의 특성임피던스가 50옴일 때 주파수에 따른 리액턴스값을 보여 준다.

❑ 전송선의 루프와 고 임피던스 부는 나노헨리 이하의 인덕턴스를 갖는다.

❑ 가는 전송선이 거미줄 형태로 형성되면 인덕턴스 값이 높아진다.

❑ 한 거미줄의 인덕턴스는 거미줄 면적 내에서의 회전수에 비례한다.

- 〈그림 10-3〉에서의 인덕턴스는 20나노헨리이다.

❑ 커패시터는 전송선의 임피던스가 낮은 부분은 병렬 커패시터 만으로 간주한다.

- 상판은 전송선의 넓은 부분이고 아래판은 접지면

❑ 이와같은 커패시터의 커패시턴스는 1피코패럿 이하이다.

- 인터디지털 커패시터는 두회로간 DC를 차단시키는 것이다.
  - 커패시턴스는 1피코패럿 이하
  - 1피코패럿 이상이 필요하면 MOS 칩 커패시터가 별도로 만드어져서 HMIC에 추가 되어져야 한다.

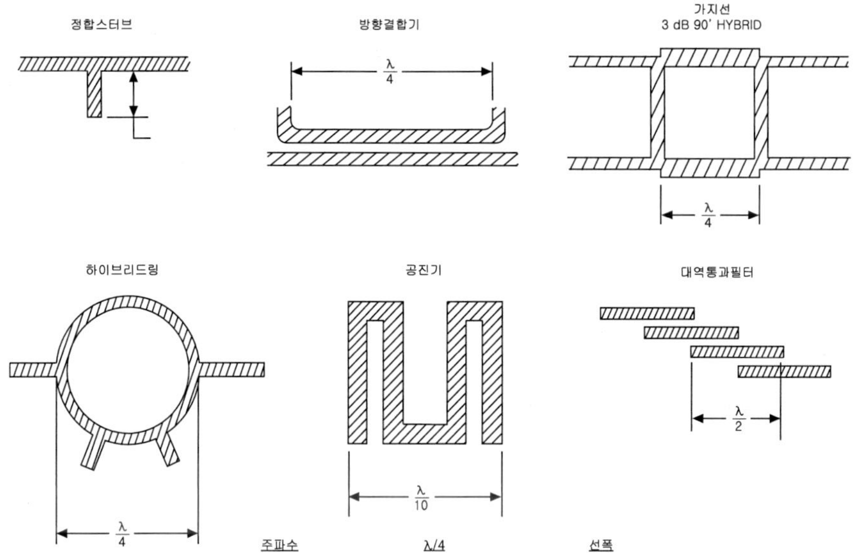

주파수	λ/4	선폭
1GHz	30mm	0.6mm
5GHz	6mm	0.6mm
10GHz	3mm	0.6mm

〈그림 10-2〉 마이크로스트립 회로 소자

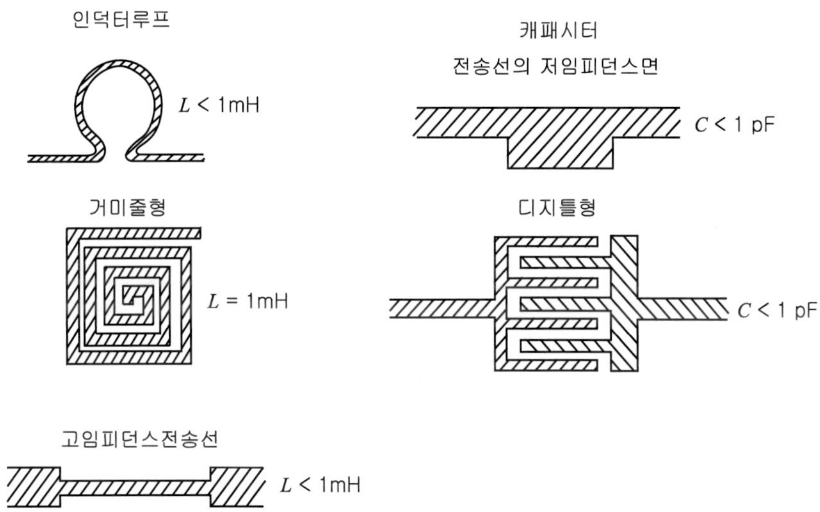

〈그림 10-3〉 마이크로스트립 인덕터와 커패시터

- ❑ 〈그림 10-4〉는 얇은 필름 저항(thin film resistor)에 대한 마이크로스트립 라인의 단면도를 나타내고 있다.
  - 이 저항은 M/S 선 종단에 사용되고 저항과 다이오드의 바이어싱 저항으로 사용된다.
  - 알루미늄 기판(0.025인치), 저항은 tantalum nitride(0.06마이크로)

- titanium tungstate(0.04마이크로) : 이 판에 금이 잘 붙는다.
- 금판 : 3마이크로(M/S선 고체를 형성)
- M/S 기판이 만들어지면 사진 식각에 의해 저항체 성분만 남기고 나머지는 모두 제거시킨다.

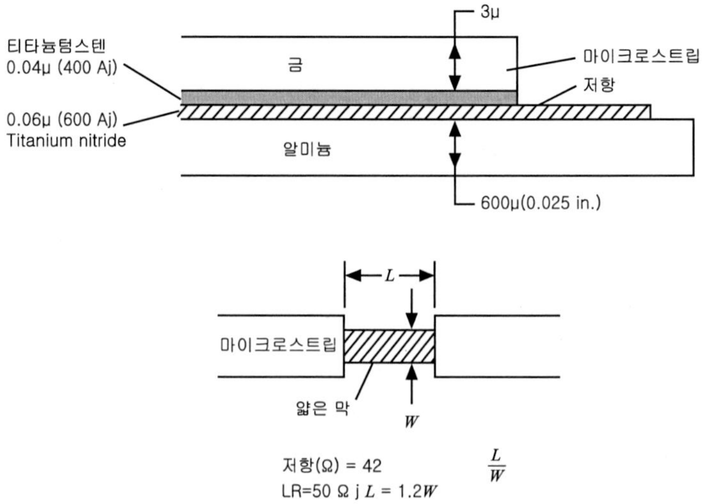

〈그림 10-4〉 얇은 막 저항

10.4 M/S 제조후 추가되는 소자

❑ 별도로 만들어져서 M/S 회로에 투가되는 MIC 소자들은

- bond wire, 칩 저항, 칩 커패시터, 유전체 공진기, 서큘레이터, 다이오드와 트랜지스터

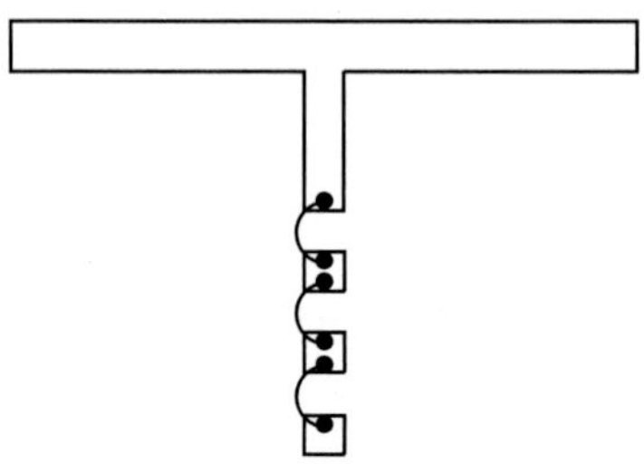

〈그림 10-5〉 본드 와이어

❑ bond wire

- 전형적으로 0.0007인치로서 금선이며 M/S선에 소자를 접속시킨다.
- 전자적으로 선에 열을 가해서 금 M/S 전도체에 선을 붙이기 위해 누른다. 즉 열 압축 bonding을 이용한다.
- 이것은 작은 인덕턴스성분을 가지므로 회로에 인덕턴스를 추가시키게 된다.
- 이것은 원하지 않는 값으로 회로설계시 보상되어야 한다.
- 인덕턴스 값은 0.001인치당 0.01나노헨리
- 0.01인치 일 경우(종이 두께의 3배 정도) 10GHz에서 임피던스가 6옴으로 50옴 전송선의 약 1/5정도
- 보통 2개를 병렬로 하여 사용되는데, 이것은 인덕턴스를 1/2로 감소시키고 예비용으로 사용된다.
- MIC의 트리밍은 소자들간 연결선을 접속하거나 제거시키므로써 이루어진다.

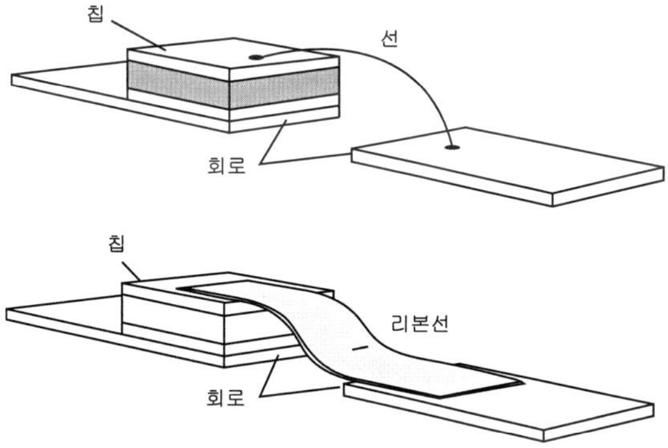

〈그림 10-6〉 칩 커패시터와 저항

❑ 〈그림 10-5〉는 연결선에 의해 접속된 각각의 커패시터 열로 구성된 단락 커패시티브 튜닝 STUB이다.

- 즉 커패시턴스 값이 증가한다.
- 회로성능은 필요한 값이 얻어질 때까지 커패시턴스량을 감소하여 최적화 될 수 있는데, 이러하기 위해 원하는 값이 얻어질 때까지 연결선을 자른다.

❑ 고전력 저항기가 thin 필름 프로세스로 얻어질 수 있는 것보다 더 요구되거나 더 큰값의 커패시턴스가 M/S 전송선에 의해 만들어지는 커패시터에 의해 얻어질 수 있는 것보다 더 요구되면 칩 커패시터나 저항이 별개로 만들어져서 회로에 추가된다.

- 칩 커패시터는 금속판 사이에 산화층을 삽입하여 만들어지므로 MOS 커패시터라고 한다.
- • 이 커패시턴스 값은 pF~수100pF이다.

- ❑ M/S 공진기는 쉽게 M/S 회로로 만들어지나 Q가 낮아 예민한 공진 특성을 갖지 못한다.

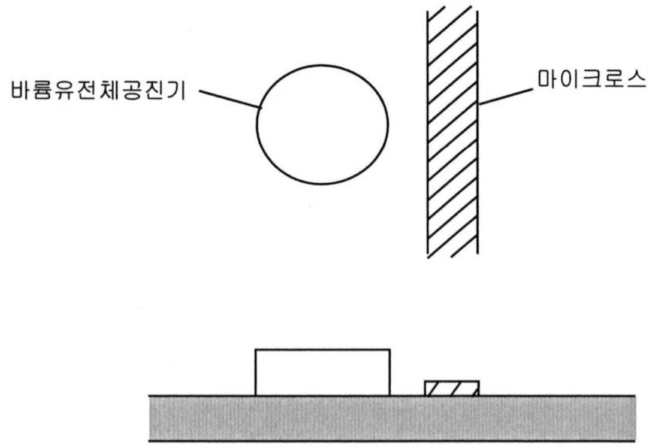

〈그림 10-7〉 유전체 공진기

- 높은 Q를 원할 때는 유전체 공진기를 사용해야 한다.
- 유전 체공진기는 수천의 Q값을 갖는데 이것은 금속 공동기와 거의 비슷한 값이나 크기는 금속공동 공진기의 1/6 정도이다.
- 〈그림 10-7〉은 유전체 공진기로서 barium tetratitanate로 만든 원통형이다.
  - 공진기는 M/S선에 밀착시켜 설치되고 공진기내 M/W 자계간에 결합이 일어남
- BT의 유전상수는 36
- 금속 공동기 보다는 크기가 작으나 M/S 전송선보다는 매우 크다.
  - 저주파수에서는 크기가 더욱 커진다.

- ❑ 페라이트 기판을 사용하면 Y- 서큘레이터가 M/S 제조의 일부로서 제조될 수 있다.
  - 별도로 만들어 붙일 수도 있고 한 쪽 포트에 저항을 붙여서 격리기로서 이용될 수 있다.
- ❑ M/W 다이오드와 TR은 HMIC를 형성하기 위해 M/S 회로에 붙이는 주요회로 소자이다.
  - 바렉터, PIN, 쇼트키, 바이폴라TR, FET, IMPATT, GUNN
  - 칩의 크기는 0.004인치로 M/S선송선0.025 인치의 1/6정도
  - 칩은 패키지내에서 본드와이어에 의해 비임 lead에 접속된다.

10.5 마운팅과 패키징

❑ 〈그림 10-8〉은 하이브리드 MIC패키징의 3단계를 보여 주고 있다.
- 1단계는 자체 소자를 패키징 하는 것
- 2단계는 마운팅소자를 MIC회로에 삽입
- 3단계는 집적단계
  - 수 개의 하이브리드 M/W 회로소자들이 모듈이나 서브시스템으로 조합되어 있다.

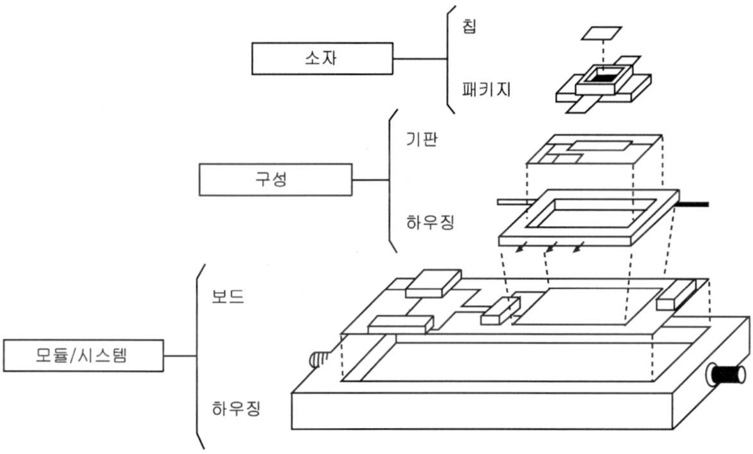

〈그림 10-8〉 M/W IC의 마운팅과 패키징

10.6 MMIC

❑ TR, 다이오드, M/S전송 소자들이 동시에 만들어진다.
- 따라서 기판재료는 M/S전송선의 유전체 기능을 갖도록 좋은 절연성을 갖고 또한 다이오드와 TR을 만들기 위해 도핑이 될 수 있도록 반도체성을 가져야 한다.

❑ 실리콘과 GaAs는 모두 알루미늄보다는 M/S 전송선 용으로 부적합하다.
- 이것들은 절연체가 아니고 반도체이기 때문이다.

❑ 매우 높은 감쇠 때문에 실리콘은 저주파 M/W에서만 MMIC용으로 적합하다.

❑ GaAs는 MMIC용으로 일반적으로 이용된다.
- 손실은 알루미늄 보다 크나 허용할 수 있고
- M/S선을 위해 절연체로 그리고 TR과 다이오드를 위해 능동반도체 재료로 사용가능하다.

❑ 〈그림 10-9〉는 GaAs기판에 MMIC를 구성하기 위해 서로 다른 회로요소들을 제조하는 것이다.

- 1의 영역은 기본기판재료를 보여주고 있는데, 이 기판은 대략 두께가 250마이크론인 도핑되지 않은 GaAs로 형성되어 있다.
  - GaAs는 접지면을 형성하기 위하여 배면상 금속화 된다.
- 2영역은 마이크로스트립 전송선을 위해 사용되는 기판으로 마이크로스트립 전송선은 상면상에 메탈화된 선에 의하여 형성된다.
  - GaAs 기판은 M/S 절연재료의 역할을 한다.

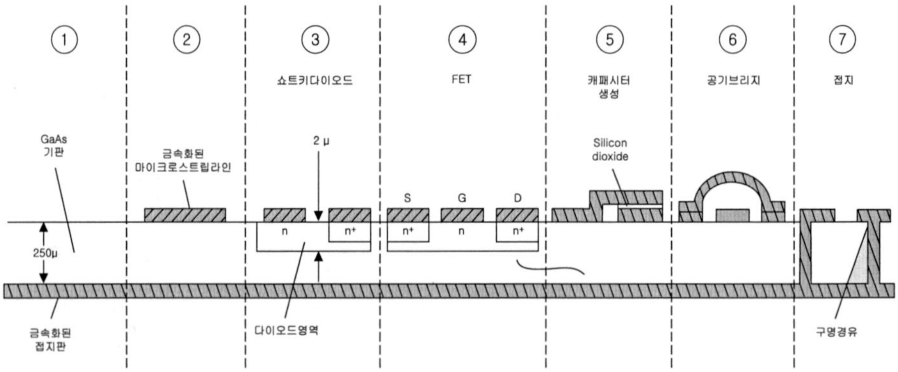

〈그림 10-9〉 GaAs MMIC

- 3영역은 쇼트키 다이오드에 대하여 GaAs 기판을 사용하는 것을 보여주고 있는 것으로 이경우에 GaAs는 반도체가 되고 기판의 최상면상 2마이크론 두께층에 N형 도핑된다.
  - 금속 전도체가 N층의 상면에 부착되어 N-금속 쇼트키접합이 형성된다. 쇼트키 다이오드에 대한 다른 접속은 N+재료를 통해 이루어져야 하므로 기판의 일부분은 N+ 로 더 도핑되고 금속접촉부가 추가된다.
- 4영역은 FET를 보여 주고 있다. 쇼트키 다이오드에서 처럼 반도체재료도 기판의 상면상에 얇은 층으로 N도핑된다.
  - 소스와 드레인 접속을 위한 N+도핑이 이루어지고 그 다음 소스와 게이트 접속을 위한 마이크로스트립 선에 접속하는 금속접속자가 N+로 만들어진다. 마지막으로 쇼트키 장벽게이트가 N도핑된 반도체에 직접 금속을 부착하므로써 만들어진다.
- 5영역은 중첩 커패시터를 만드는 것으로 마이크로스트립 선을 사용하여 얻어질 수 있는 커패시턴스는 피코패럿이하이다.
  - 그러므로 높은 커패시턴스 값을 얻기 위하여 실리콘 다이옥사이드 층이 금속화된

전도체상면에 부착되고 커패시터의 상판을 형성하는 다른 금속화된 전도체는 실리콘 다이옥사이드층상에 부착된다.

❑ MMIC기술에 의해 증폭기, 발진기, LNA, 또는 완전한 M/W 서브시스템과 같은 완전한 마이크로웨이브 장치들이 한 개의 칩 내에 만들어 질 수 있다.

11 마이크로웨이브 안테나

11.1 개요

❑ M/W 안테나의 기능은 두 가지이다.
  - M/W 시스템의 송신기 종단에서 수신기 방향으로 M/W 신호를 전송하는 것
  - 수신기에서 송신기로부터 오는 신호를 가능한 많이 수신하는 것

❑ 가장 일반적인 M/W 안테나는 파라볼라 안테나

11.2 안테나의 조건

❑ 안테나 조건 결정요소
  - 이득, 수신 면적, 빔폭, 편파, 대역폭, 측대파

❑ 안테나의 이득은 일정한 방향으로 얼마만큼의 송신 M/W 전력을 집중시키느냐 하는 것이다.
  - 동일 수신지점에서 안테나 축에서의 전력을 등방성 안테나에서의 전력과 비교

❑ M/W 안테나 이득은 0dB~60dB까지 변하는데, 0dB는 등방성 안테나, 60dB는 파라볼라 안테나이다.

❑ 이득 G = 안테나 면적/파장의 제곱
  - 즉 주파수가 높으면 안테나 이득이 커진다.
    • 동일이득일 경우 안테나 크기가 작아진다.

❑ M/W 안테나가 고이득을 갖으며 송신된 전력을 수신기방향으로 집중시킬 수 있지만 송신전력은 안테나로부터 원거리에서 넓게 퍼진다.

❑ 수신 안테나의 주기능은 가능한 송신된 전력을 많이 모으는 것이다.

- 수신면적을 가능한 크게 한다.

❑ M/W 안테나의 성질은 대칭성을 가진다.

- 한 개의 안테나를 송·수신용으로 사용한다.
  - 송신용의 경우는 이득이 중요한 특성이 되고 수신용의 경우는 수신면적이 중요한 특성이 된다.

❑ 〈그림 11-1〉은 안테나 패턴으로서 송신방향의 함수로서 안테나에서 송신된 전력을 나타낸다.

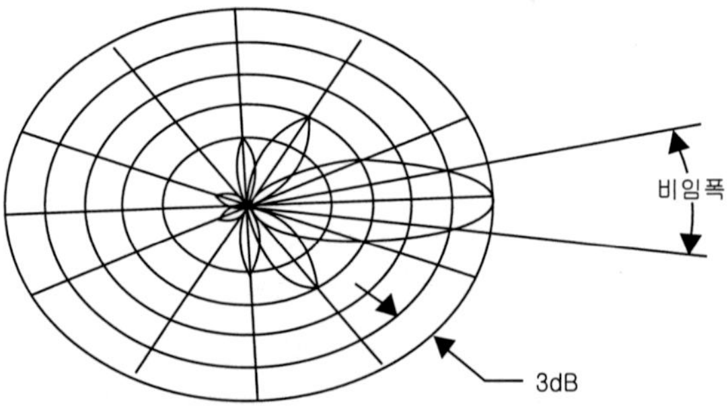

〈그림 11-1〉 안테나 패턴

- 오른쪽 수평 방향으로 최대 전력, 왼쪽 수평방향으로 0이다.
- 대부분의 전력이 주 빔 방향으로 집중되나 원하지 않는 옆방향으로 방사되는 전력도 있다.
- 수신 패턴도 이상과 동일하다.

❑ 안테나의 빔폭은 빔의 각폭이다.

- 안테나 지향방향의 최대 전력으로부터 3dB 떨어지는 전력에서의 각도

❑ 안테나는 방위각과 앙각면에서 상이한 패턴과 빔폭을 가질 수 있다.

❑ 안테나 편파는 안테나로부터 전파되는 전계의 방향을 나타낸다.

- 수직편파 : 전계가 지면에 수직
- 수평편파 : 전계가 지면에 수평
- 원형편파 : 수직, 수평편파가 교차
  - 원형편파는 우편파와 좌편파가 있다.
- 각 편파끼리는 상호 간섭을 주지 않는다.

11.3 안테나의 종류

❑ 파라볼라 안테나

- 광학에서 포물면경의 초점에서 나온 빛은 반사경에 반사된 후 평행 광선이 된다는 원리를 이용한 것이다.
- 파라볼라 초점에 1차 복사기로 전자나팔, $\lambda/2$ Dipole, Slot 등을 설치하여 여진한다.
- 방사기는 진초점에 위치하고 주반사경과 부반사경은 공동의 허초점을 갖고 반사되도록 Gassegrain 안테나와 반사경의 포물면 일부만을 반사기로 사용하는 offset 파라볼라 안테나가 있다.

❑ 전파렌즈 안테나

- 전파렌즈로 유전체 및 금속을 사용하여 구면파를 평면파로 만들어 예민한 지향성을 얻는다.
- 주로 Horn 안테나와 결합하여 사용한다.
- 종류로는 유전체 렌즈형과 도파관형 렌즈, 지연형 렌즈형 등이 있다.

❑ 전자혼 안테나

- 도파관과 자유공간을 정합시켜 완전한 정파의 방사가 이루어질 수 있도록 도파관의 입구를 넓게 해서 Horn을 구성한다.
- 이득을 증가시키기 위해 개구각을 넓히고 예민한 지향 특성을 얻기 위해 horn의 길이를 증가시킨다.
- 종류로는 원추 horn, 각추 horn, 선형 horn 등이 있다.

❑ 유전체 안테나

- 도파관의 선단에 설치된 유전체 봉을 통해 전파가 방사된다.
- 진행파 공중선으로 동작되므로 반사파가 없다.
- 유전체 봉의 길이가 길수록 지향 특성은 예민하나 기계적으로는 취약하다.

❑ Slot 안테나

- 커다란 금속 평면에 있는 slot RF 신호원과 결합되면 이것은 반사 표면에 설치된 쌍극(Dipole) 안테나처럼 동작한다.
- Slot의 크기는 보통 장축(long axis)이 동작주파수에서 $\frac{1}{2}$ 파장이다.
- 형태로는 사각형과 원형 slot이 있다.

❑ dipole, slot, horn, spiral, helix,array, parabolic dish, phased array

❑ 〈그림 11-2〉는 반파장 다이폴 안테나이다.

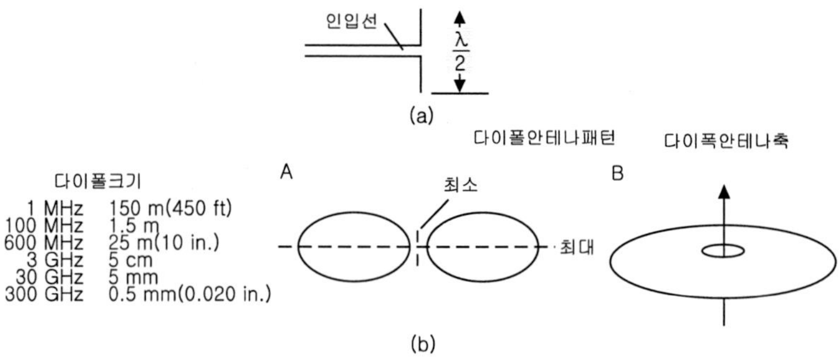

〈그림 11-2〉 반파장 다이폴 안테나

- 저주파수용으로 AM과 FM 무선송수신 안테나, TV 송수신 안테나 이동 무선 안테나
- 구성: 2선식 피드라인을 구성되며 안테나에서 개방된다.
- 각피드라인이 직각으로 1/4파장씩 연장된다.
  - 전체 길이는 1/2파장
- 〈그림 11-2b〉는 안테나 패턴으로서 다이폴안테나는 다이폴선의 방향으로 전력을 방사하지 않고 선의 직각 방향으로 최대 전력을 방사한다.
- 다이폴 안테나는 5/8파장까지 이 패턴을 가진다.
  - 그러나 안테나 임피던스는 길이에 따라 변하는데, 다이폴 안테나가 작으면(파장에 비해) 임피던스는 적고 안테나를 피드선에 정합시키기가 어렵다.
  - 안테나가 1/2파장일 때 임피던스는 75옴으로 정합이 용이하다.
- 1MHz (150m) AM Radio 송신기용, 100MHz(1.5m)FM 수신기용, 600MHz (25cm)UHF TV 수신용
- 저주파수에서 M/W 대역까지 사용하나 높은 M/W 주파수에서 반파다이폴 크기가 매우 작아지므로 반파장 슬롯이 다이폴 대신 사용된다.(그림 11-3)

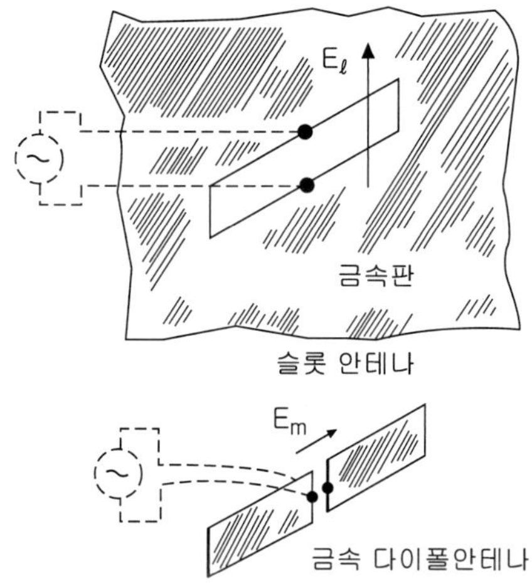

〈그림 11-3〉 슬롯 안테나와 다이폴안테나의 등가도

❑ Spiral 안테나

- 〈그림 11-4〉는 spiral 안테나를 보여주고 있다.

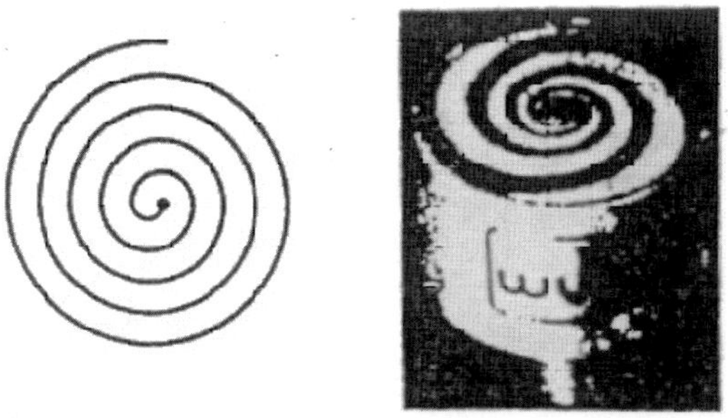

〈그림 11-4〉 Spiral 안테나

- M/W 전력이 spiral의 주선이 1파장이 될 때까지 spiral를 따라 전파되고 그 다음 전력이 방사된다.
- 주파수에 따라 spiral수가 정해짐으로 광범위한 주파수범위를 커버한다.
- spiral로부터의 방사패턴은 원형형태이며 spiral안테나의 주파수 범위는 2GHz ~ 40GHz이다.
- spiral 안테나의 빔폭은 광역이고 이득은 0dB 정도
  - 최소 3dB의 이득을 얻을 수 있으나 신호가 SPIRAL를 따라 전달될 때 3dB정도의 손실이 생긴다.

❑ helical 안테나

– 〈그림 11-5〉는 헬리컬 안테나를 보여주고 있다.

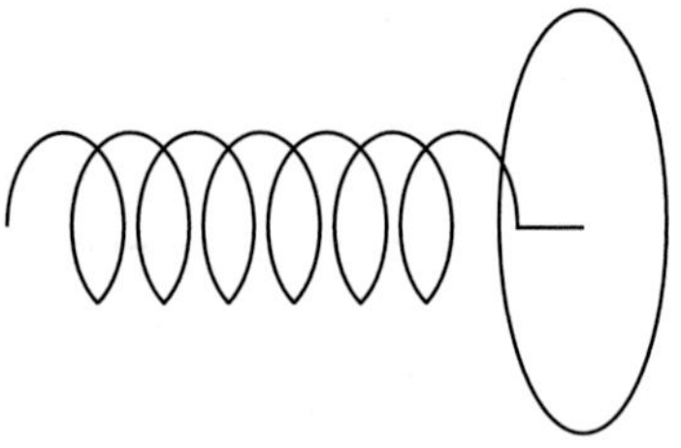

〈그림 11-5〉 helical 안테나

– 광대역 안테나
– 실효방사면적이 헤릭스 수에 의해 정해지므로 주어진 단면적에서 혼이나 파라볼라 접시 안테나 보다 큰 이득을 얻는다.
– 이득 범위는 10~14dB(50%대역폭에 걸쳐)
– 안테나의 인입 종단에 있는 반사기에서 전력을 반사하므로 안테나는 한 방향으로만 방사한다.

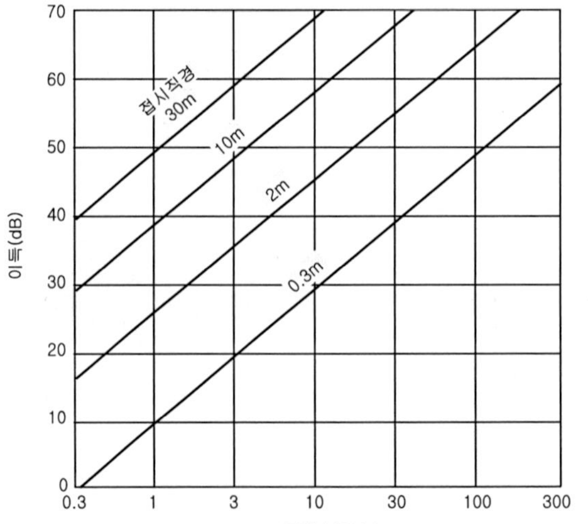

〈그림 11-6〉 파라볼라 접시안테나의 크기대 이득

❑ 〈그림 11-6〉은 파라볼라 접시 안테나의 크기대 이득을 보여 주고 있다.
– 이 그림에서 보면 안테나 이득이 안테나 크기를 증가시켜서 임의로 간단히 크게 만들어 질 수 있다.을 나타내고 있지만 실제는 수백 파장이상에서 지름과 함께 안테나에서 필요한 기계적 허용치를 유지하는 것은 매우 어렵다.
– 따라서 실제 파라볼라 안테나의 이득은 60데시벨 정도이다.

11.4 위상 배열 안테나

- ❑ 안테나 빔을 mS의 시간으로 이동하고자 할 때 사용한다.
  - 레이다 시스템이나 항행시스템 등
- ❑ 즉 기계적으로 파라볼라 안테나를 이렇게 빨리 움직이게 할 수는 없다.
- ❑ 〈그림 11-7〉은 선형 어레이 안테나로서 전파가 위상편이기를 통하여 안테나에 공급된다.
  - 방사소자는 다이폴, 슬롯, 혼이 될 수 있다.

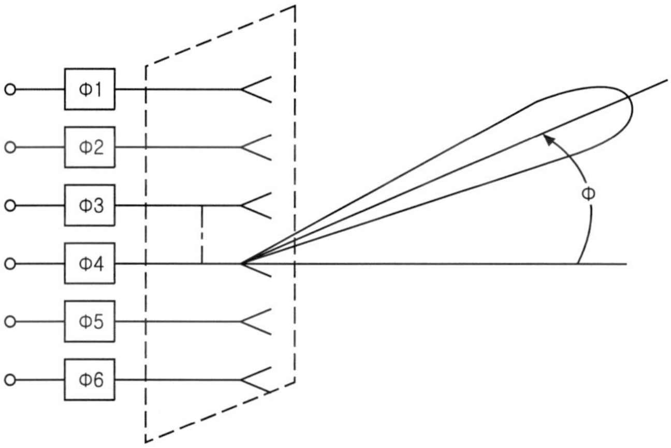

〈그림 11-7〉 선형 위상 배열 안테나

  - 방사소자의 어레이에 의해 형성되는 빔이 지향하는 방향은 각 안테나 소자를 떠나는 전력의 상대위상에 의해 정해진다.
  - 안테나 축으로부터 빔각은 운용 파장, 안테나 소자사이의 간격(통상 반파장), 각 소자내 신호간의 위상편이에 의해 정해진다.
- ❑ 〈그림 11-8〉은 위상편이기를 이용해서 빔을 이동시키는 것을 보여주고 있다.
  - 이것은 위상편이기를 사용하여 피드혼출력으로부터 안테나축에 수직인 면까지의 각각의 실효경로길이를 조정하여 이루어진다.
  - 이 위상의 적절한 조정에 의하여 안테나축에 수직으로 진행하는 모든 전파선들은 동일한 경로길이를 가지게 할 수 있고 그 다음 파라볼라 표면은 위상편이기로 커버된 평탄 반사표면에 의하여 대체될 수 있다.
  - 평탄표면상 각각의 점상의 위상편이기는 축이 다른 방향으로 되어있는 파라볼라 표면을 바꾸도록 변경되어 질 수 있다.

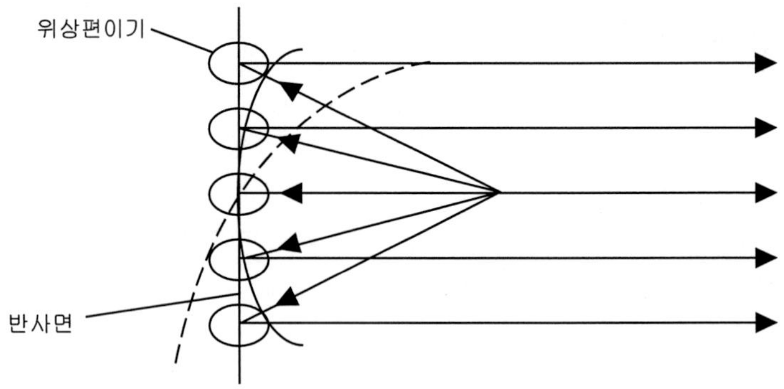

〈그림 11-8〉 위상 편이기를 이용한 빔의 방향변환

- ❑ 〈그림 11-9〉는 이 원리를 이용한 2개의 위상배열 안테나를 보여주고 있다.
  - 〈그림 11-9(a)〉는 반사기 배열 안테나로서 혼피드를 사용하는 것이다.
  - 혼의 방사패턴은 조정될 수 있어서 전체 전력이 균일하게 64개 어레이 소자에 분배된다.
  - 각소자에서 피드혼으로부터의 전력의 일부가 다이폴 안테나에 의해 수신되고 위상편이기를 통해 전달되며 반사면으로부터 반사되어 위상편이기를 통해 다시 전달되어 다이폴에서 방사된다.
  - 각 어레이 소자로부터의 반사신호 위상은 위상편이기에 의해 전자적으로 조정되고 모든 안테나 소자로부터의 전체 빔은 반사소자의 위상을 제어해서 방향을 간단히 조정한다.
  - 위상배열 안테나의 이득, 빔폭은 파라볼라 안테나와 동일하게 안테나 지름에 의해 결정되므로 이득, qlda폭, 실효수신면적은 접시 안테나의 공식을 이용하여 계산될 수 있다.
  - 위상배열 안테나에서 사용되는 반사기소자의 수는 최소화되어져야 하지만 그 간격은 반파장 이상 떨어지면 안된다.
    - 그렇게 되지 않으면 안테나 패턴내에 구멍이 생기게 된다.
  - 〈그림 11-9(a)〉에서 반사배열은 렌즈배열로 바뀔 수 있으며 이 경우에 표면은 피드혼에 의하여 인입되어지나 각각의 소자에서 개별 다이폴들에 의하여 수신되어져 위상편이기를 통과한 후 전력을 반사하는 대신에 전력은 정확한 위상관계에 의하여 다른 쪽 배열 밖으로 송신된다.
  - 〈그림 11-9(b)〉는 능동 배열이다. 작은 M/W 신호가 어레이 소자간에 분배된다. 이 신호는 렌즈배열과 같이 피드혼으로부터 낮은 레벨전력을 방사하므로써 각각의 소자에 공급되어 질 수 있다.

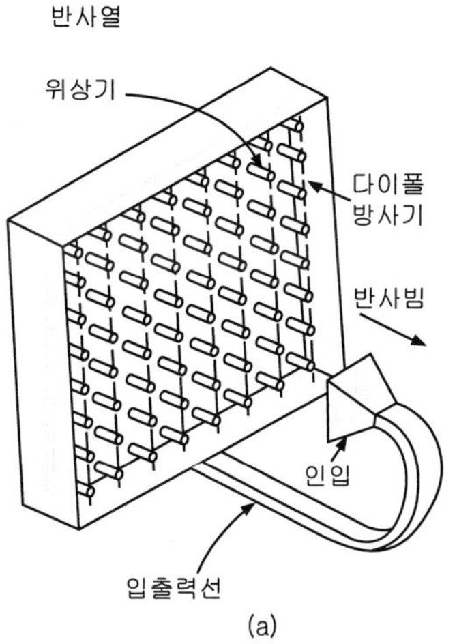

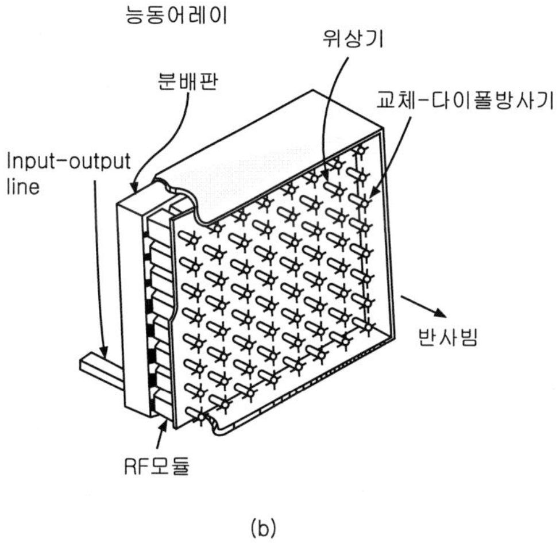

〈그림 11-9〉 위상배열 안테나

- 또한 전력은 분배기에 의해 분배될 수도 있다.
- 각 배열소자는 빔조정을 위한 위상편이기와 필요한 송신전력까지 각각의 소자의 전력을 증폭하기 위한 증폭기를 가지고 있다.
- 이 방법에 있어서 전체 방사전력은 한 개의 고전력송신기에 의하여 공급되지 않고 많은 저전력소자에 의하여 공급된다.
- 능동위상배열의 장점으로는 한 개의 능동 송신기 배열소자가 고장이 나도 배열은 성능에 큰 영향을 주지 않고 동작을 계속한다.
  - 이것은 송신기가 고장이 나면 전체 마이크로웨이브 시스템이 동작이 정지되는 반사기배열이나 렌즈배열과 큰 대조를 이룬다.
- 위상배열 안테나는 수신 안테나로서도 사용되어 질 수 있다.
- 각 배열소자에 대한 특별한 위상조정으로 배열은 주어진 방향으로부터의 전력만을 수용할 것이다.
  - 다른 방향으로 부터 들어오는 전력은 배열소자에 의하여 수신되어질 것이나 이들 각각의 전력은 동위상이 아니기 때문에 삭제될 것이다.
- 위상배열 안테나의 주요성분은 위상편이기이다.
  - 위상편이기로는 PIN 다이오드나 페라이트 위상편이기가 사용된다.

❑ 〈그림 11-10(a)〉는 주파수가 스캔되는 위상배열 안테나로서 마이크로웨이브 신호는 헤리컬 전송선에서 송신되어지고 전송선의 각각에 전력이 분배되어 위상배열 안테나 소자의 하나에 입력된다.

- 각 안테나 소자간의 위상관계는 주파수와 더불어 변화한다.

– 따라서 만일 송신기 주파수가 변화하면 송신되는 빔의 각이 변화하게 된다.
– 이런 위상배열안테나의 종류는 1차원 안테나 빔의 스캔을 허용한다.
– 어떤 안테나는 방위각내의 빔을 이동시키기 위하여 위상편이기를 사용하고 앙각내의 위상을 이동시키기 위하여 주파수 스캐닝을 사용한다.
  • 이 방법은 요구하는 위상편이기 수를 상당히 감소시킨다.
  • 예를 들어 앙각스캔닝용으로 수직면에 100개의 소자가 필요하고 방위각 스캔닝을 위하여 100개의 소자가 수평면에 필요하다면 안테나에서의 위상편이기는 10,000개가 요구된다.
    그러나 안테나가 방위각스캔닝을 위하여 위상편이기를 사용하고 앙각스캔닝을 위하여는 주파수스캔닝을 사용한다면 필요한 위상편이기수는 100개가 필요하게 된다.
– 〈그림 11-10(b)〉에서는 렌즈형의 위상편이기를 사용하고 있는데, 유전체 렌즈가 사용된다. 렌즈의 반은 입력으로, 반은 출력으로 사용된다.
  • 입력전력은 출력전력이 지향하는 방향에 따라 여러 입력포트간에 스위치 된다.

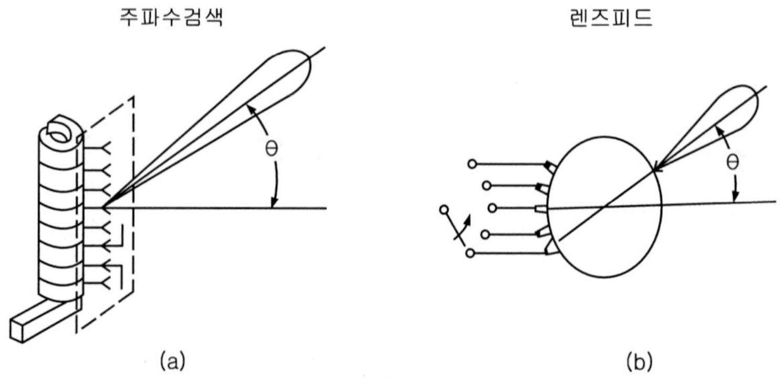

〈그림 11-10〉 위상배열 안테나 대체형

  • 전력이 렌즈를 통하여 방사되므로써 출력면상의 어느점에서의 위상은 자동적으로 렌즈에 의하여 조정되어진다.
  • 따라서 출력방사소자의 합으로부터 들어오는 빔은 입력피드에 상보방향으로 빔을 위치하게 하기 위하여 정확한 위상으로 더해진다.
  • 각 출력소자에서 증폭기가 공급되어 질 수 있는데, 이것은 렌즈의 입력측상의 저레벨 빔스위칭이 출력측상의 고출력전력을 제어할 수 있기 위함이다.

12 진행파와 정재파를 응용한 안테나

12.1 개요

❑ 진행파와 정재파를 응용한 안테나로 대표적인 것은 V형 안테나이다.

❑ V형 안테나 구조는 2개의 도선을 V형으로 결합시킨 것이다.

- 진행파 V형 안테나 : 각 도선의 파동저항과 같은 저항으로 종단을 접지한 안테나.
- 정재파 V형 안테나 : 고조파 다이폴을 V형으로 배열한 안테나. 종단이 개방되어 있다.

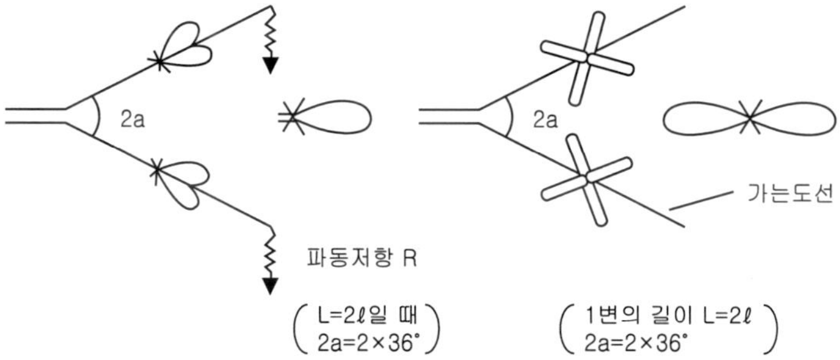

〈그림 12-1〉 V형 안테나

❑ 진행파 V형 안테나

각 도선의 길이, 지상고에 의해 수평, 수직 지향성이 다르다.

- 지향성 : 단향성이나 롬빅 안테나보다 지향성이 예민하지 못하다.
- 정재파 V형 안테나와 비교 : 광대역이고 반사기가 없어도 일방성의 빔을 얻을 수 있다.
- 구조 : 구조가 간단하고 비용이 싸다.

❑ 정재파 V형 안테나

도선상에 정재파가 실리면 도선과 비스듬한 방향으로 예민한 지향성을 갖게 된다. 이것이 V자형으로 조합되어 있으므로 그 방사특성은 8자형이다.

- 지향성 : 단향성으로 하기 위해 반사기가 필요하다.
- 사용파장이 바뀌어도 송수신 효율은 크게 변하지 않는다.

❑ **정재파와 진행파 안테나의 비교**

	진행파 공중선	정재파 공중선
여진방법	선단에 파동저항을 접속하고 진행파에 의해서 여진한다.	선단을 개방하고 정재파에 의해서 여진한다.
지향성	단방향 특성이다.	반사기를 쓰지 않을 경우는 쌍방향 특성이 된다.
대역폭	광대역이다.	일반적으로 협대역이다.
이득	구조가 간단한데 비하여 크다.	구조에 비해서 일반적으로 작다.
실예	마름모꼴(롬빅), 진행파 V형 피쉬본형	각종 빔 안테나

13 안테나의 이득

13.1 이득정의

❑ 기준 공중선과 임의의 공중선에 동일한 전력을 공급했을 때 각각의 공중선이 동일한 방향에 복사하는 복사전력의 비로 나타낸다.

❑ 안테나의 효율을 나타내는 한 가지 방법이다.

$$G = \frac{E^2/P}{E_0^2/P_0} = \left(\frac{E}{E_0}\right)^2_{p-p_0} = \left(\frac{P_0}{P}\right)_{E-E_0} \tag{2.283}$$

❑ 이득을 dB로 표시하면

$$G[\mathrm{dB}] = 10\log_{10}G = 20\log_{10}\frac{E}{E_0} = 10\log_{10}\frac{P_0}{P} \tag{2.284}$$

13.2 이득의 종류

❑ 상대이득(G_h) : 반파장 안테나에 대한 전력이득, 초단파대 이하에서 사용

❑ 절대이득(G_a) : 등방성 안테나에 대한 전력이득, 마이크로파대에서 사용, dBi로 표현
❑ 지상이득(G_v) : 단소 수직 안테나(완전 도체면의 $\lambda/4$보다 대단히 짧은 무손실 접지안테나)에 대한 전력이득

13.3 상대이득 G_h에 의한 표시

반파장 안테나를 기준
❑ 반파장 안테나의 전계 강도 E는

$$E = \frac{7\sqrt{P_r[W]}}{d[m]}\ [\mathrm{V/m}]\text{에서} \tag{2.285}$$

$$E_0 = \frac{\sqrt{49.2P_0}}{d}[\mathrm{V/m}]\text{에 대응시켜서 } E = E_0 \text{일 때 } P_0 = G_h P\text{이다.}$$

$$E = \frac{\sqrt{49.2G_nP}}{d(m)} \approx \frac{7\sqrt{G_nP}}{R}\ [\mathrm{V/m}] \tag{2.286}$$

❑ P : 임의의 안테나의 입력전력($=P_r/\eta$)[W]
❑ d : 안테나로 부터의 거리[m]
❑ 임의의 안테나의 G_hP는 기준 안테나의 방사전력 P_0에 대응하므로 G_hP를 실효 방사전력(Effective Radiation Power)이라 한다.

$$E = \frac{\sqrt{30\,G_aP}}{d} = \frac{\sqrt{49.2\,G_h}}{d} \tag{2.287}$$

❑ 절대이득 G_a와 상대이득 G_h의 관계는

$$G_a = 1.64G_h$$

$$G_a[\mathrm{dB}] = G_h[\mathrm{dB}] + 2.15[\mathrm{dB}] \tag{2.288}$$

13.4 절대이득 G_a에 의한 표시

❑ 등방성 안테나를 기준

❑ 어떤 점의 전력 강도 W(포인팅 전력)은

$$W = \frac{E_0^2}{120\pi} = \frac{P_0}{R4\pi d^2}[\mathrm{W/m^2}] \tag{2.289}$$

❑ 등방성 안테나에서 거리 d[m]인 점의 전계강도 E_0는

$$E_0 = \frac{\sqrt{30P_0}}{d}[\mathrm{V/m}] \quad \text{단, } P_0 : \text{방사전력[W]}, \ d : \text{거리[m]} \tag{2.290}$$

$$G_a = \left| \frac{P_0(\text{등방성 안테나의 입력전력})}{P(\text{임의 안테나의 입력전력})} \right| \tag{2.291}$$

❑ 따라서, 임의의 안테나로 부터의 거리 d[m]에서의 전계강도는

$$E = \frac{\sqrt{30G_a P[W]}}{d[m]}[\mathrm{V/m}] \tag{2.292}$$

13.5 EIRP와 ERP

❑ 등가등방복사전력 : EIRP(equivalent isotropically radiated power)

$$EIRP = G_a \cdot P_r \tag{2.293}$$

❑ 등가복사전력 : $ERP = G_h \cdot P_r$ (2.294)

14 마이크로웨이브 안테나 이득

14.1 개요

❑ 안테나를 구조상으로 분류하면 선상 안테나, 판상 안테나, 입체(개구면) 안테나 등으로 구분할 수 있으며 Micro파 대용 안테나는 주로 입체 안테나를 사용한다.

□ 입체 안테나의 종류로는 파라볼라 안테나, 전파렌즈 안테나, 전자 혼(horn) 안테나, 유전체 안테나, Slot 안테나 등이 있다.

14.2 안테나의 이득

□ Micro Wave용으로 많이 사용되는 파라볼라 안테나의 이득 G는 파장의 제곱에 반비례하고 개구면적A[m^2]또는 개구면의 지름 D[m]에 비례한다.

□ 손실이 없는 안테나일 경우 실효개구면적 A_e는 안테나 실제 면적 A_p와 동일

$$A_p = \frac{\pi D^2}{4} \tag{2.295}$$

□ 실제 안테나 개구는 재질, 모양 등에 의해 완전한 균질성을 갖지 못하므로

$$A_e = \eta \cdot A_p \tag{2.296}$$

단, η는 안테나 효율로서 1 이하가 된다.

파라볼라 안테나의 η= 약 0.75

혼 안테나의 η= 약 0.55

□ 안테나 최대이득 $G_{\max}$와 실효면적 A_e와의 관계는

$$G_{\max} = 4\pi \times \frac{A_e}{\lambda^2} \quad \text{단 } \lambda \text{는 파장이며 } \lambda = \frac{c}{f} \tag{2.297}$$

c는 광속(전파속도)으로 3×10^8[m/s]

f는 주파수 [Hz]이며 따라서 안테나 이득 $G_{\max}$는

$$G_{\max} = 4\pi \times \eta \times \frac{A_p}{\lambda^2} \tag{2.298}$$

□ 지름이 D인 원형개구에 대하여

$$G_{masx} = \eta \times \left(\pi \times \frac{D}{\lambda}\right)^2 \tag{2.299}$$

15 파라볼라(Parabola) 안테나

15.1 개요

- ❑ 광학에서 포물면경의 초점에서 나온 빛은 반사경에 반사된 후 평행광선이 된다는 원리를 이용한 것이다.
- ❑ 파라볼라의 초점에 1차 복사기로서 전자나팔, $\lambda/2$ dipole, slot 등을 설치하여 여진한다.
- ❑ 1차 복사기 위치에 따라 선형, 개구초점형, 심형이 있다.
  - 선형 : 가장 많이 사용, 초점이 개구면 밖으로 나와 있을 경우
  - 개구초점형 : 개구면상에 초점이 있는 경우
  - 심형 : 초점이 개구면 안에 있는 경우. 잘 사용치 않는다.

15.2 파라볼라 안테나의 구조

- ❑ 파라볼라 안테나는 가장 일반적인 마이크로 안테나이다.
- ❑ 〈그림 15-1〉은 파라볼라 안테나의 원리를 보여 주고 있는 것이다.
  - 파라볼라 안테나는 파라볼라 반사기면에 전력을 방사하는 안테나 인입부로 구성된다.
  - 파라볼라 반사기는 안테나 축을 따라 마이크로웨이브전력을 집중시킨다.
  - 파라볼라 모양은 인입선으로부터 파라볼라 표면상의 어느 점까지의 모든 전파가 동일한 경로길이로 전파된다는 고유한 특성을 가지고 있다. 즉 이 성질에 의하여 파라볼라 반사기 표면이 전파를 인입혼으로부터 안테나 축을 따라 마이크로웨이브 전력을 집중시키게 된다.

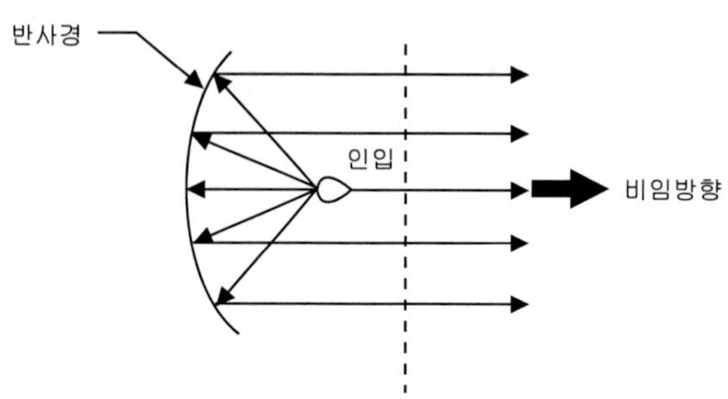

〈그림 15-1〉 파라볼라 안테나의 기본원리

❑ 파라볼라 안테나의 이득, 수신면적, 빔폭은 반사기에 의해 결정되고 안테나 편파와 대역폭은 인입선에 의해 정해진다.

- 회전 포물면 반사기를 사용하는 경우 초점 F에 1차 방사기로서 반파 다이폴 안테나 또는 전자나팔을 놓고 여진한다.

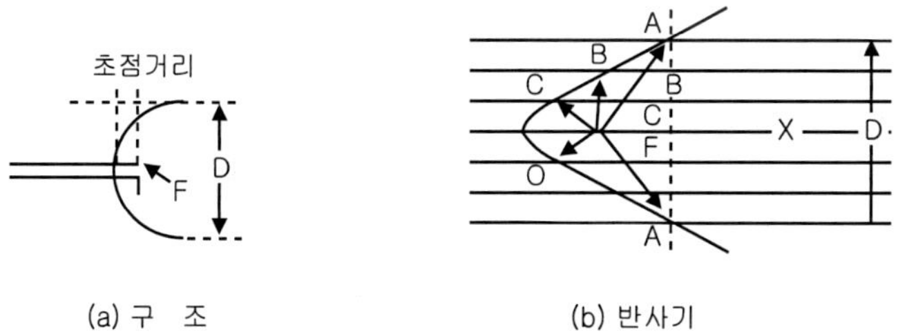

〈그림 15-2〉 파라볼라 안테나

15.3 지향 특성 및 개선방법

❑ 지향특성을 첨예하게 하는 방법

- 반사기의 전력이득을 높인다 : 반사기의 개구경 또는 개구면적을 크게 하면 이득은 커진다.
- 지향성의 반치각을 작게 하도록 반사기의 개구경을 정한다 :
  $\theta° = 70\lambda/D$ 이므로 개구경이 클수록 사용파장이 작을수록 지향성은 첨예하다.
- 직접 방사파와 반사파의 위상을 동위상이 되도록 한다. 반사기의 가장자리에서의 1차 방사전계가 중심전계의 -9[dB]~-10[dB]의 범위에 들어가도록 1차 방사기의 지향성을 고려해서 초점거리를 정한다.
- 부방사를 적게 한다.

❑ 부엽(Side Lobes)을 적게 하는 방법

- 반사기의 개구경을 크게 한다.
- 방사막대를 설정한다 : 회전포물경의 깊이를 초점거리 f의 3배로 잡고 주공중선의 전방 $\lambda/4$의 위치에 길이가 $\lambda/2$의 방사막대를 설정하면 부방사를 현저히 경감시킬 수 있다.

❑ 정재파 비(VSWR)를 적게 하는 방법

- 직선 편파용인 경우는 반사경의 중앙부에 아펙스판이라고 하는 정점 정합판을 붙힌다.
- 업 세트 인입 형으로 한다.

❑ 비나 눈에 대한 대책

- 레이돔(radom)으로 안테나를 씌운다.
- 원 편파용 인입 혼을 사용한다.

❑ 측면 및 후방으로의 방사를 적게하고, 수신용에서 혼신을 적게하여 저잡음 안테나로 하는 방법

- 1차 방사기와 그 지지물에 전파 흡수체를 발라서 사용한다.
- 스커어트라는 차폐판을 설치한다.
- 카세크레인 또는 혼 리플렉터형 안테나로 한다.

15.4 이득

❑ 안테나의 이득

- 파라볼라 안테나의 설계시 혼은 접시오 모양이 부엽을 제어할 수 있도록 설계되어져야하고 또한 혼은 최대전력이 접시의 중심으로 방사되도록 설계되어야 한다.
- 혼에서 방사되는 전파가 파라볼라 접시면에 균일하게 방사된다면 접시의 끝 가장자리에서 곡선을 이루게 되고 결국 이것은 부엽을 발생시키게 된다.
  - 이를 방지하기 위하여 보통 접시의 끝 가장자리에서의 전력이 최대전력의 10데시벨 정도 낮게 되도록 조정되는데, 이 값은 파라볼라 안테나 이득을 이상적인 값의 60%정도가 되게 한다.

$$G = 0.6\left(4\pi\frac{A}{\lambda^2}\right) = 6\left(\frac{D}{\lambda}\right)^2 \tag{2.300}$$

여기서 D : 반사판 지름, A : 안테나 면적, λ : 파장

실효면적 $A_e = 0.6A = 0.6\left(\pi\frac{D^2}{4}\right)$

$$\text{반치폭} = 60°\left(\frac{\lambda}{D}\right) \tag{2.301}$$

❑ 안테나 이득과 빔폭

- 어느 주파수에서 안테나 지름을 증가시켜 안테나 이득을 임의로 크게 하고 빔폭을 임의로 작게 할 수 있다.
- 여기서 알아야 할 것은 이득과 빔폭이 지름대 파장의 비에 의해 결정되는 것으로

지름만에 의하여 결정되는 것은 아니라는 것이다.
- 다른 말로는 이득과 빔폭이 안테나 지름 양단의 파장의 수에 의해 정해진다는 것이다.

15.5 특징

- ❑ 구조가 간단하고 비교적 소형이다.
- ❑ 광대역의 임피던스 정합이 어렵고 대역폭이 비교적 좁다.
- ❑ 지향성이 예민하며 이득이 크다.
- ❑ 1차 복사기를 약간 이동시키면 빔 방향을 1~2° 정도 변경 가능하다.

15.6 용도

초단파 고정통신, 레이다 등에 사용한다.

16 카세그린(Cassegrain) 안테나

16.1 개요

- ❑ 1차 복사기, 부반사기, 주반사기로 구성된 것으로서 1차 복사기는 주반사기쪽에 설치하고 부반사기는 초점보다 조금 앞쪽에 볼록 쌍곡면을 설치한 것이다. 주반사기는 파라볼라이다.

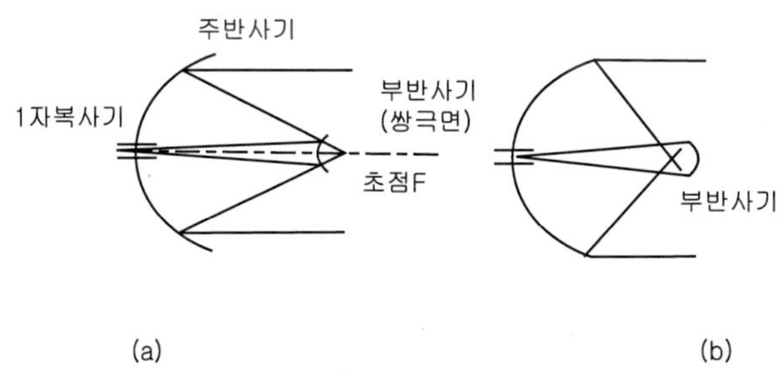

〈그림 16-1〉 Cassegrain 안테나

- ❑ 부반사기로서 오목타원체를 사용한 것을 그레고리 안테나라고 한다.

16.2 특징

- ❑ 1차 복사기와 송수신기가 직결되기 때문에 급전계 전송손실이 작다.
- ❑ 초점거리가 짧고 반사기에서 높은 이득이 얻어진다.
- ❑ 부엽이 지극히 작다.
- ❑ 우주공간에 방사하는 경우 부반사기로부터의 누설전력(Spill Over)이 천체를 향하고 있기 때문에 대지 반사파를 받는 것이 적다. 즉 대지에서의 잡음을 적게 받기 때문에 저잡음 안테나이다.
- ❑ 따라서 위성통신용 안테나로서 많이 사용된다.

16.3 용도

- ❑ 위성통신 지구국용의 고이득, 저잡음 안테나로 사용한다.

17 전자나팔(Electromagnetic Horn) 안테나

17.1 개요

- ❑ 도파관의 한쪽에서 전자파를 전송하고 다른 쪽을 개방하면 전파는 개방단으로부터 공간에 복사되어 관축 방향에 에너지가 집중되어 지향성을 지닌다.
- ❑ 이 때 도파관의 특성 임피던스와 자유 공간의 특성 임피던스를 비슷하게 해주기 위하여 개방단을 나팔형으로 서서히 넓히면 개구면적도 넓어진다.
- ❑ 이를 이용한 안테나가 전자나팔이다.

17.2 전자나팔 안테나의 구조

- ❑ 한쪽이 넓게 되어 있는 일종의 도파관으로서 마이크로파의 기본 안테나이다.

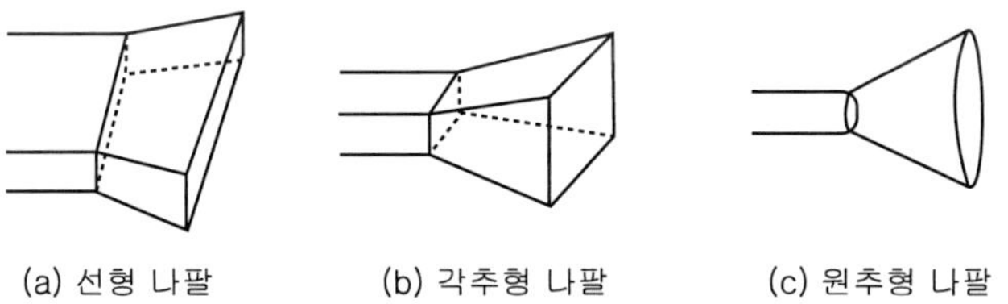

〈그림 17-1〉 전자나팔

17.3 동작원리

도파관의 단면을 서서히 넓힘으로써, 도파관의 특성 임피던스를 자유 공간의 임피던스에 접근시켜 도파관의 개방단에서의 임피던스의 불연속을 완화하여 도파관과 공간 임피던스 정합기의 구실을 한다. 따라서 도파관만의 경우보다 방사효율과 지향성이 좋아진다.

17.4 특징

- ❑ 지향성이 예민하다.
- ❑ 개구면적을 일정하게 해서 멀어지는 각을 작게 하면 지향성과 이득이 커진다.
- ❑ 3,000[MHz] 이상에서는 비교적 소형으로 중 정도의 지향성이 얻어진다.
- ❑ 개구면적이 클수록 이득이 커진다.
- ❑ 이득은 20~30dB정도이다.
- ❑ 구조가 간단하고, 광대역성이며, 부엽이 적다.
- ❑ 이득의 표준안테나로 사용한다.

18 나팔(Horn) 반사기 안테나

18.1 개요

❑ 각추형 또는 원추형 나팔과 파라볼라 반사기의 일부를 조합한 것이며 1차 복사기의 정점과 파라볼라 반사기의 초점을 일치시키고 있다. 나팔(horn)에 전송된 구면파는 반사기에서 반사된 후 평면파가 되어 안테나의 개구에서 복사된다.

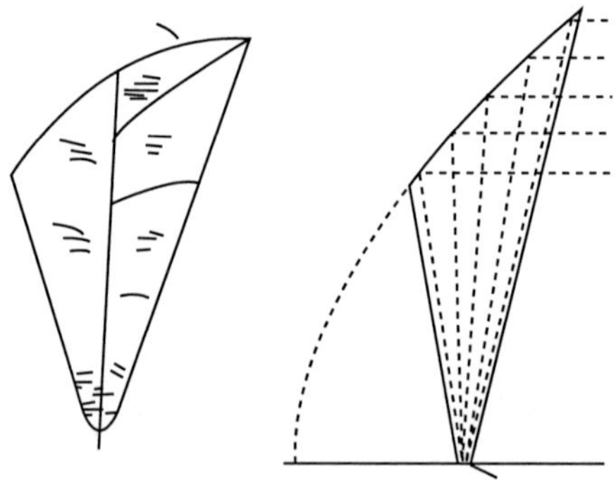

〈그림 18-1〉 나팔 반사기 안테나

18.2 특징

❑ 반사경에 급전하는 방향과 복사축이 방향이 다른 off set형식이므로 경면의 반사파가 급전점에 되돌아가는 양이 대단히 작고 임피던스의 부정합이 일어나지 않는다.
❑ 매우 광대역이다. (예를 들면 3.5~11.5GHz정도까지의 넓은 범위에서 동시에 사용할 수 있다)
❑ 지향성이 매우 예민하다.
❑ 개구효율이 0.6~0.8 정도로 높고 이득도 45[dB] 이상으로 매우 높다.
❑ 저잡음 특성이 있다.
❑ 전후방비, 전측방비가 좋다.(즉, Side lobe가 적다)
❑ 수직, 수평, 원편파의 어느 쪽으로도 사용할 수 있다.
❑ 결점으로는 구조가 크고 기계적 강도, 정도에 문제가 있다. 그러나 전파렌즈 보다는 저렴하고 다주파공용이 가능하므로 다주파대의 동일방향 병렬회선용으로는 가장 경제적이다.

18.3 용도

- ATT나 NTT에서는 공중회선 중계용으로 많이 사용한다.
  〈주〉 Horn Reflector 안테나의 특징 요약
- 마이크로 웨이브 안테나 중 가장 광대역이다.
- 저잡음 특성이 있다. 개구효율이 높고, 이득도 높다.
- 전후방비, 전측방비가 좋다.
- 수직, 수평, 원편파의 어느 쪽으로도 사용할 수 있다.

19 Slot 안테나

19.1 정의

- 넓은 도체판에 가늘고 긴 공극인 구멍을 뚫고 그 부분에서 전파가 방사되도록 한 안테나를 slot 또는 slit 안테나라고 한다.
- 특히 길이가 $\lambda/2$에 가깝게 되면 반파장 dipole과 동일하게 효율이 좋고 강한 전파가 복사된다. 반파장 dipole과 다른 점은 전계방향이 축과 직각인 방향이다. 즉, 자기 dipole이며 수평 slot에서는 수직편파가, 수직 slot에서는 수평편파가 방사된다.

19.2 구조

- 도체 평면판에 약 $\lambda/2$ 길이의 슬롯(홈구멍)을 만들고 그 중앙부에서 급전하는 공중선이다.

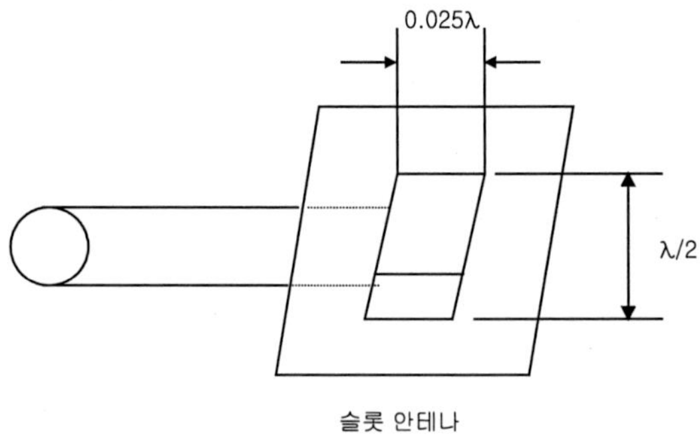

〈그림 19-1〉 슬롯 안테나 구조

19.3 특징

- UHF 대에서의 공중선 소자로 사용된다.
- 슬롯(세극)은 그 자체가 반사기로 동작한다.
- 슬롯부를 수평반파 다이폴 안테나로 치환한 경우와 대체로 같은 지향성을 갖는다.
- 슬롯의 후방에 차폐용 공동을 설정하면 단일 방향의 지향성을 가진다.

19.4 용도

- 파라볼라 안테나의 1차 복사기로도 사용. 진행파용 슬롯 안테나는 UHF TV 방송용으로 사용하고 슬롯열(Array) 안테나는 선박용 레이다용으로 사용되고 있다.
- Slot 안테나는 helical 안테나와 같이 수평편파이고, 수평면내 무지향성이므로 UHF 방송용, 항만 무선기지용으로 사용된다.
- 원통 Slot 안테나는 도체 평면파에 약 $\lambda/2$ 길이의 홈구멍(slot)을 만들고 그 중앙부에서 급전하는 안테나이다. 구조상 파장이 짧은 UHF대에서 많이 사용된다.

20 위상배열 안테나, 안테나 소자 배열 방법 응용

20.1 개요

- 안테나의 Array는 여러 개의 안테나(주로 $\lambda/2$ 다이폴)를 적당한 거리로 뛰워서 배치함으로써 한 개의 안테나로 원하는 복사 특성을 얻을 수 없을 때 사용하여 목적을 달성한다.
- Array 방법으로는 공간적 배치 및 각 안테나에 공급하는 급전 전류의 크기와 위상을 갖추어 배열한다.
- Array 안테나는 어떤 특정한 방향으로 전자파를 보내기도 하고 어떤 방향으로는 전자파가 나가지 않도록 하기도 한다.

20.2 원리

- Array에 사용되는 소자는 제작의 용이함과 실용성 때문에 일반적으로 동일한 것으로 구성한다.
- Array의 해석에는 진폭과 위상을 고려해야 하기 때문에 전력이 아닌 전계를 사용하며, 전계패턴으로 복사패턴을 나타낸다.
- 동위상 동진폭으로 급전된 두 개의 등방성 복사체를 다음과 같이 배열하면 축의 중앙에 있는 원거리(r)에서의 합성 전계는

$$E = E_1 e^{j\Psi/2} + E_2 e^{-j\Psi/2} \tag{2.302}$$

단, E_1, E_2 : 각 복사체 1과 2에 의한 전계

Ψ : 전계 E_1, E_2의 위상차로서

$$\Psi = \beta d cos\theta = (2\pi d/\lambda)\cos\theta \tag{2.303}$$

여기서 $E_1 = E_2$일 경우 합성전계 E는

$$E = 2E\,E_1 \frac{e^{j\Psi/2} + e^{-j\Psi/2}}{2} = 2E_1 \cos\frac{\Psi}{2} \tag{2.304}$$

20.3 배열 안테나의 종류

❑ 균일 분포선형 어레이

- 같은 규격의 등방성 복사체를 직선상에 같은 간격으로 배치한 것이다.
- 모든 복사체에 동진폭으로 하고 위상을 순차적으로 δ[rad]씩 앞서도록 급전한다.
- 위상의 기준을 복사체 1로 하는 경우 원거리점에서의 어레이 계수 AF는

$$AF = 1 + e^{j\Psi} + e^{2j\Psi} + e^{3j\Psi} \cdots + e^{j(n-1)\Psi} \tag{2.305}$$

- 단 Ψ : 이웃하는 복사체에서 복사된 전계의 위상차로서

$$\Psi = \frac{2\pi d}{\lambda}\cos\theta + \delta \tag{2.306}$$

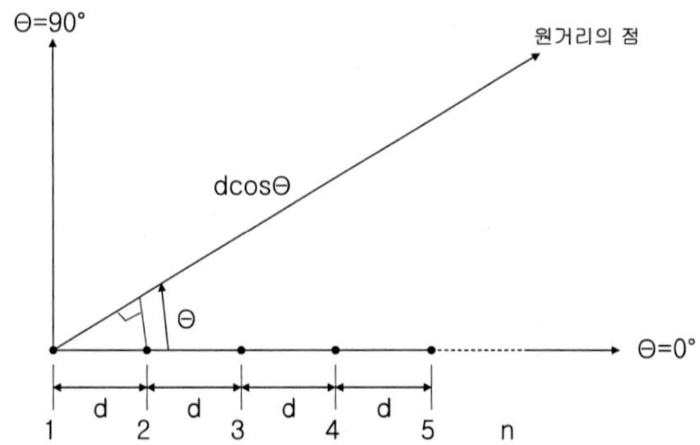

〈그림 20-1〉

- 어레이의 소자수를 증가시키면 지향성은 증가하지만 부엽(Side lobe)의 수가 증가한다.

❑ 브로드사이드 배열(Broad side Array)

- 선형 어레이에서 배열 간격 d를 $\lambda/2$로 하고 동진폭, 동위상($\delta = 0$)으로 급전한다.
- 복사 전계의 위상차 Ψ는

$\Psi = \dfrac{2\pi d}{\lambda} cos\theta + \delta$에서 d를 $\lambda/2$, $\delta = 0$를 대입하면 $\Psi = \pi\cos\theta$ (2.307)

- 최대 복사는 $\Psi = 0$일 때이므로 θ가 $\pi/2$와 $2\pi/3$일 때 해당되며 소자의 배열 축과 직각인 방향으로 최대 복사가 나타난다.
- 복사 패턴

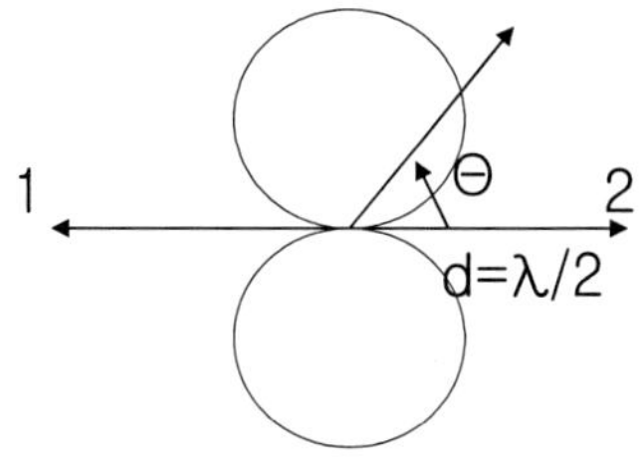

전계 패턴

〈그림 20-2〉

❑ 엔드파이어 배열(End-fire Array)

- 소자의 배열축 방향($\theta = 0$)에서 최대복사가 나타나는 안테나이다.
- 복사체 배열 간격 d를 $\lambda/4$로 하고 $\theta = 0$, $\Psi = 0$인 조건을 구하면 $\delta = -\pi/2$가 된다.
- 안테나 소자의 배열은 일반적인 엔드파이어 어레이와 같이하고 각 소자의 순차적인 위상차를 다음 식과 같이하면 $\theta = 0$인 방향에서 최대의 지향성을 갖는다.

$$\delta = -\left(\frac{2\pi d}{\lambda} + \frac{\pi}{n}\right) \tag{2.308}$$

- 이러한 지향특성을 갖는 것은 Hansen and Woodyard형 엔드파이어 어레이 또는 지향성 증가형 엔드파이어 어레이라고 한다.
- $\delta > d$인 경우에는 위상차 δ를 조절함으로써 최대복사 방향 θ를 0°~180℃의 범위에서 변화시킬 수 있는데, 이것을 위상배열(Phase array)이라고 한다.

❑ AM 무선 철탑

- 철탑 사이의 위상을 조정해서 원하는 방사 패턴을 얻는다.
- 송신기전력이 안테나3개에 동일하게 분배공급되고 신호간 위상은 160도
- 위상을 바꾸어서 패턴의 변경이 가능하다.
- 주·야간에 위상차를 바꾸어서 송신패턴을 조정한다.

❑ 선형 다이폴 배열 안테나

- 이득과 수신면적이 다이폴수와 함께 직접적으로 변한다.
- 〈그림 20-3〉의 경우 단일 다이폴에 비해 이득과 면적이 6배
- 다이폴간 위상이 90° 일 때 8자형이고 180° 일 때 촛불형

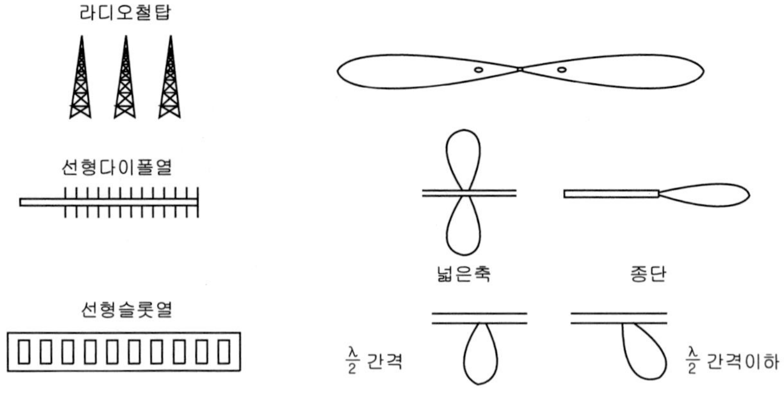

〈그림 20-3〉 어레이 안테나

❑ 슬롯배열형 안테나

- 높은 M/W 주파수용
- 도파관에 슬롯을 만든다. 즉 도파관은 슬롯에 대한 전송선 피드가 된다.
- 슬롯 길이가 1/2파장이고 간격이 1/2파장일 때 전송은 도파관에 직각이 되나 주파수가 낮아져서 슬롯간 간격이 1/2파장 이하가 되면 빔패턴은 도파관에 직각이 되지 않는다.
  - 즉 주파수를 바꾸어서 빔포인팅을 바꿀 수 있다.

❑ 대수 주기안테나(log-periodic antenna)

- 〈그림 20-4〉는 대수 주기안테나에 대한 2가지의 예를 보여주고 있다.

〈그림 20-4〉 대수 주기안테나

- 공통 인입선을 따라 다른 길이를 가진 다이폴로 구성된다.
- 광대역 특성을 가진다.

• 각각의 다이폴 길이가 해당 주파수 파장의 1/2이 된다.
- 〈그림 20-4(a)〉는 50MHz~200MHz의 주파수를 수신하는 VHF TV 안테나로서 (4 : 1대역폭)
- 〈그림 20-4(b)〉는 대수주기 마이크로웨이브 안테나로서 1~20GHz 주파수 대역을 커버하는 것이다.
  • 다이폴의 구성소자는 수직 스트립라인이며 구성은 곡면의 형태로 구성된 것이다.
  • 주파수대역 1~20GHz의 각각에 대한 다이폴로 구성된다.

20.4 응용

어떤 특정한 지점에 전파를 보내야 하는 경우나 어떤 제한된 지역에만 전파를 보내야 할 경우에 사용된다.

- ❑ Micro Wave 중계회선
- ❑ 이동통신 기지국에서 동일채널 간섭 방지용 및 섹트 분할용
- ❑ 각 기업체의 본사 및 지사간의 업무용 통신
- ❑ 대사관과 본국과의 행정통신
- ❑ 단파 국제통신에 널리 쓰이는 롬빅 안테나(Rhombic Antenna)
- ❑ 전파의 도래시간 차이를 따로 따로 수신하여 합성하는 MUSA(Multiple Unit Steerable Antenna) 방식

제3장

LTE(Long Term Evolution) 기술

1. 이산퓨리에 변환(DFT)과 고속 퓨리에 변환(FFT)

2. OFDM(Orthogonal frequency-division multiplexing)기술

3. MIMO(Multi Input Multi Output) 기술

1 이산퓨리에 변환(DFT)과 고속 퓨리에 변환(FFT)

1.1 개요

고속퓨리에변환(FFT)은 불연속 퓨리에변환(DFT)를 계산하거나 또는 불연속 퓨리에 변환이 고속퓨리에 변환을 계산하는데 능률적인 알고리즘이다. 복소수 계산으로부터 무리이론(group theory)과 수 이론(number theory)까지 매우 넓은 수학을 포함하고 있는 다른 많은 FFT알고리즘이 있다. DFT는 다른 주파수 성분의 요소로 연속 값을 분석한다. FFT는 DFT보다 좀더 빠르게 FFT와 동일한 결과를 얻게 하는 한 방법이다. 예를 들어 N 점에 대한 연산을 한다고 할 때 DFT는 N2 , FFT는 N log N의 연산을 한다. 속도의 차이는 N 이 수천 또는 수 만개가 되는 긴 데이터 열이라고 할 경우에 계산시간이 수배까지 감소될 수 있다. 이때 속도의 차이는 대략 N / log(N)에 비례하게 된다. FFT는 DFT를 직접적으로 계산해서 정확하게 동일한 결과를 얻는다. 차이는 단지 FFT의 처리속도가 더 빠르다는 것이다. 직사각형함수의 경우, 구간이 [0,T] 인 함수 x(t) 의 FFT X(ω)는 다음과 같이 정의된다.

$$X(w) = \frac{1}{\sqrt{2\pi}} \int_0^T x(t) e^{-iwt} dt \tag{3.1}$$

1.2 DFT

DFT의 경우에는 N 연속복소수 $X_0, \ldots, X_{N-1}$는 다음과 같이 다른 N연속 복소수로 변환된다.

$$X_k = \sum_{n=0}^{N-1} x_n e^{-i2} \pi k \frac{n}{N} \qquad k = 0, \ldots, \; N-1 \tag{3.2}$$

이 공식은 $X = F\{x\}$ 또는 $F\{x\}$ 등으로 표현한다.

이 공식을 직접적으로 계산하려면 $O(N^2)$의 연산이 필요하게 된다. 여기에는 N 출력 X_k가 있고 각각의 출력은 N 개 항들의 합이 필요하게 된다. 유한 차원 벡터공간상에서의 선형변환으로서 DFT 표현은 DFT 매트릭스로 나타낼 수 있다. 예를 들어 N-point

DFT의 경우에 N-by-N매트릭스 곱셈연산으로 나타낼 수 있다. 이때 $X = W\mathrm{x}$이며 여기서 x원래의 원천 입력신호를 의미하며 X는 그 입력신호에 대한 DFT 신호라고 할 때, $N \times N$ 크기의 변환 W는 다음과 같이 나타낼 수 있다.

$$W = \left(\frac{w^{jk}}{\sqrt{N}} \right)_{j,k=0,\ldots,N-1,} \tag{3.3}$$

이것을 다음과 같이 행렬식으로 표현할 수 있다.

$$W = \frac{1}{\sqrt{N}} \begin{bmatrix} 1 & 1 & 1 & 1 & \cdots & 1 \\ 1 & \omega & \omega^2 & \omega^3 & \cdots & \omega^{N-1} \\ 1 & \omega^2 & \omega^4 & \omega^6 & \cdots & \omega^{2(N-1)} \\ 1 & \omega^3 & \omega^6 & \omega^9 & \cdots & \omega^{3(N-1)} \\ \vdots & \vdots & \vdots & \vdots & & \vdots \\ 1 & \omega^{N-1} & \omega^{2(N-1)} & \omega^{3(N-1)} & \cdots & \omega^{(N-1)(N-1)} \end{bmatrix}, \tag{3.4}$$

여기서 $w = e^{-\frac{2\pi i}{N}}$는 원시 N 번째 단위 근으로서 여기서 $i = \sqrt{-1}$이다.

2포인트 DFT는 간단한 경우로서 첫 번째 엔트리는 DC(합)이고 두 번째 엔트리는 AC(차)이다.

$$\frac{1}{\sqrt{2}} \begin{bmatrix} 1 & 1 \\ 1 & -1 \end{bmatrix} \tag{3.5}$$

- 첫 번째 가로열은 합을 수행하고 두 번째 가로열은 차를 수행한다.
- 인자 $1/\sqrt{2}$은 변환단위행렬을 만들기 위한 것이다.
- 다음은 4포인트의 경우로서 4포인트 DFT매트릭스이다.

$$\frac{1}{2} \begin{bmatrix} 1 & 1 & 1 & 1 \\ 1 & -i & -1 & i \\ 1 & -1 & 1 & -1 \\ 1 & i & -1 & -i \end{bmatrix} \tag{3.6}$$

- 다음은 8포인트에 대한 DFT매트릭스이다.

$$W = \frac{1}{\sqrt{8}} \begin{bmatrix} \omega^0 & \omega^0 & \omega^0 & \dots & \omega^0 \\ \omega^0 & \omega^1 & \omega^2 & \dots & \omega^7 \\ \omega^0 & \omega^2 & \omega^4 & \dots & \omega^{14} \\ \omega^0 & \omega^3 & \omega^6 & \dots & \omega^{21} \\ \omega^0 & \omega^4 & \omega^8 & \dots & \omega^{28} \\ \omega^0 & \omega^5 & \omega^{10} & \dots & \omega^{35} \\ \vdots & \vdots & \vdots & \ddots & \vdots \\ \omega^0 & \omega^7 & \omega^{14} & \dots & \omega^{49} \end{bmatrix} \tag{3.7}$$

여기서

$$w = e^{-\frac{2\pi i}{8}} = \frac{1}{\sqrt{2}} - \frac{i}{\sqrt{2}} \tag{3.8}$$

다음 그림은 복소지수의 예들에 의해 나타낸 매트릭스의 요소와 더불어 매트릭스 곱셈으로 DFT를 보여주는 것이다. 실수 부분(cosine 파)은 실선으로 표시하였고 허수 부분(sine 파)은 점선으로 표시하였다.

가장 윗줄은 직선으로 직류성분을 나타낸다. 두 번째 곡선은 8개의 부분에 주파수 성분이 1hz인 경우이다. 세 번째 곡선은 주파수가 2hz, 세 번째는 3hz, 네 번째는 4hz, 다섯 번째는 3hz, 6번째는 2hz , 7번째는 1hz 로 나타나 있다.

이 경우에 주파수가 동일한 경우에는 위상이 반대임을 알 수 있다.

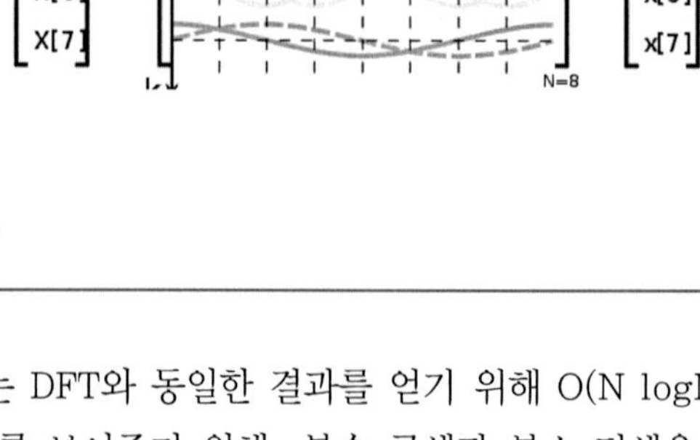

1.3 FFT

반면에 FFT는 DFT와 동일한 결과를 얻기 위해 O(N logN)의 연산만이 필요하게 된다. FFT의 효과를 보여주기 위해, 복수 곱셈과 복소 덧셈을 생각해 볼 수 있다.

DFT의 합을 계산하는데는 직접적으로 N2 복소 곱셈과 $N(N-1)$ 의 복소 덧셈이 포함된다. 잘 알려져 있는 radix-2 코넬리 터키 (Cooley-Tukey)알고리즘은 N^2에 대하여 $(N/2)\ \log_2 N$의 복소 곱셈과 $N\ \log_2 N$의 복소 덧셈만으로 동일한 결과를 얻게 된다.

대부분의 적용에 있어서, DFT의 입력데이터는 순수한 실수이며 이러한 경우에 출력은 다음과 같이 대칭적인 결과를 갖는다.

$$X_{N-k} = X_k^* \tag{3.9}$$

다차원 DFT의 경우는 다음과 같이 정의된다.

$$X_k = \sum_{n=0}^{N-1} e^{-2\pi i k \cdot (n/N)} x_n \tag{3.10}$$

여기서 x_n이 입력 데이터 열이며 이 데이터 열이 지수 $n = (n_1, n_2, \cdots, n_d)$ $(n_j = 0 \ldots\ N_j - 1$;각 j)에 의해 변환된다. 이 정의에서 n/N은 $n/N = (n_1/N_1, \ldots, n_d/N_d)$으로 정의된다. $N = N_1 N_2 \ldots N_d$ 는 변환되는 전체 데이터 위치들이다.

실제에 있어서 크리 N_1에 대하여 N/N_1의 변환이 생긴다. 따라서 연속 FFT는 다음과 같이 나타낼 수 있다.

$$\begin{aligned} &\frac{N}{N_1} O(N_1 \log N_1) + \cdots + \frac{N}{N_d} O(N_d \log N_d) \\ &= O(N[\log N_1 + \cdots + \log N_d]) = O(N \log N) \end{aligned} \tag{3.11}$$

2 OFDM(Orthogonal frequency-division multiplexing)[1] 기술

2.1 개요

직교주파수분할다중(Orthogonal frequency-division multiplexing:OFDM)방식은 기본적으로 부호화 OFDM(coded OFDM : COFDM) 과 이산 다중음 변조(discrete multi-tone modulation :DMT)과 같은 것이다. 근접하여 공간적으로 이격된 여러 개의 많은 직교 부반송파가 데이터를 전송하는데 사용된다.

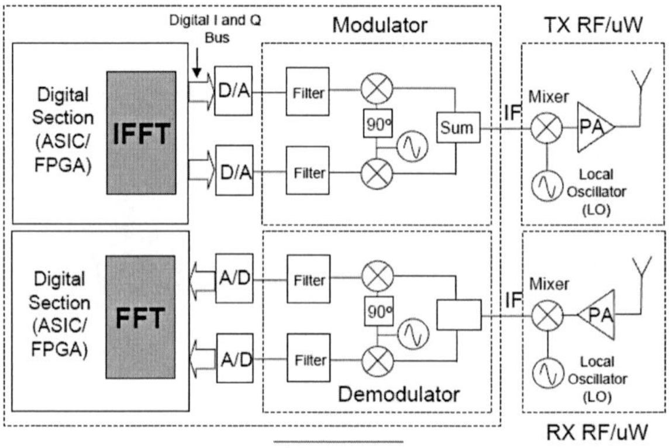

〈그림 2-1〉 OFDM 적용 시스템 구성도[2]

이 데이터는 여러 개의 병렬 스트림이나 채널로 나누어지고 각 부반송파에 대하여 한 개의 채널이나 스트림을 갖게 된다. 각각의 부반송파는 낮은 심볼속도에서 전통적인 위상변조방식이나 QAM변조방식으로 변조된다.

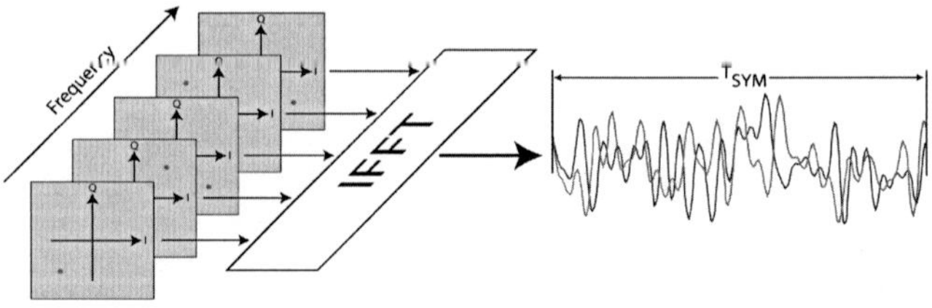

〈그림 2-2〉 OFDM 송신기의 신호 병렬처리

1) Wikipedia, the free encyclopedia(Redirected from OFDM)
2) http://www.keithley.com/"An Introduction to Orthogonal Frequency Division Multiplex

이 방식은 전통적인 단일 반송파변조방식에서 사용되는 것과 동일한 대역폭으로 전체 데이터속도를 전송한다. OFDM은 디지털 텔레비전, 음성방송, 무선네트워크 및 광대역 인터넷 억세스와 같은 응용에 사용되기 위해 무선이나 동선을 이용한 광대역 통신용으로 개발되었다. 단일 반송파 OFDM 방식의 주요한 장점은 채널조건에 적응하는 능력이다.

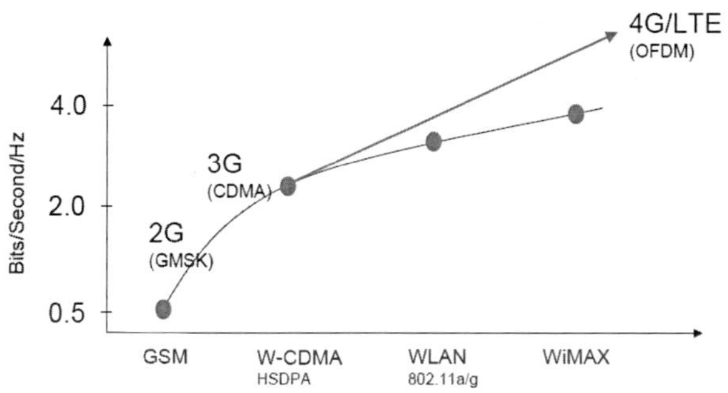

〈그림 2-3〉 OFDM방식의 주파수 이용 효율성비교

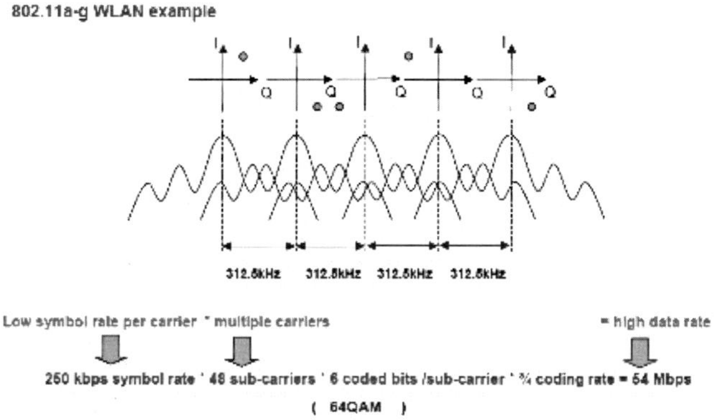

〈그림 2-4〉 OFDM의 주파수이용 효율성

즉 복잡한 등화기 필터가 없이도 다중경로에 의한 주파수 선택성 페이딩, 협대역 혼신 및 장거리 동선케이블에서의 고주파수 감쇠등에 대한 채널적응력이다.

OFDM방식은 한 개의 고속 변조된 광대역 신호보다 아주 저속 변조된 신호로 간주되기 때문에 채널 등화기가 간단하게 된다. 저속심볼은 심볼간 보호 간격을 이용한다. 이것은 심볼간 혼신을 제거하여 가능하게 하고 신호대 잡음비 개선과 같은 다이버시티 이득을 얻기 위해 에코나 시간확산을 이용한다. 이 메커니즘은 단일 주파수 네트워크의 설계를 이용한다. 이메커니즘은 여러 개 인접 송신기가 동일한 신호를 동일한 주파수로 동시에 전송하는데 다원 송신기로 부터의 신호가 체계적으로 결합되어 질 수 있기 때문이다. 이러한 신호는 전통적인 단일 반송파 시스템에서는 혼신으로 작용하던 것이었다.

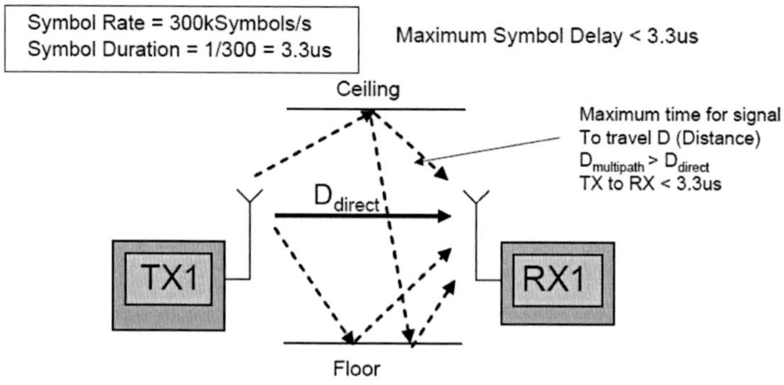

〈그림 2-5〉 심볼간 간격

2.2 표준화 동향

유선분야에서는 ADSL과 VDSL 광대역 억세스에 대한 것으로 전화선에 대한 것이다. DVB-C 디지털 케이블TV 표준의 개선된 방식인 DVB-C2과 전력선 통신방식이 있다. ITU-TG.hn 표준방식으로 기존의 홈네트워크에 의한 고속 구내정보통신네트워킹방식이 있다. Trail Blazer 전화모뎀방식과 Multimedia over Coax Alliance (MoCA) 홈네트워킹 표준이 있다.

무선분야에서는 무선 LAN (WLAN) 인터페이스인 IEEE 802.11a, g, n 와 HIPERLAN/2이 있다. OFDM 방식의 IEEE 802.11a/g의 변조특성은 다음과 같다.

- ❑ 대역폭 16.25MHz
- ❑ 부반송파 수 52
- ❑ 부반송파 번호계획 -26 ~ + 26
- ❑ 부 반송파 간격 312.5kHz
- ❑ 최대 부반송파 심볼 속도 250 kHz (64QAM)
- ❑ 파일로트 부반송파 -21, -7, +7, +21 (BPSK)
- ❑ 패켓 구조 :Preamble-Header-Data Block
- ❑ 부반송파 변조방식 : BPSK, QPSK, 16-QAM/64-QAM

〈표 2.1〉 무선 LAN 특성 비교

표준	특 성
n	g 표준과 유사, 600Mbps OFDM MIMO 20 & 40 MHz channels
j	g표준의 일본 버전, 300Mbps
g	상용제품. 2.4 GHz
b	11 Mbps CCK 2.4 GHz (OFDM 사용안함)
a	54 Mbps OFDM 5.9 GHz 20 MHz channels

디지털 무선시스템 DAB/EUREKA 147, DAB+, 디지털 무선 Mondiale, HD 라디오, T-DMB 와 ISDB-TSB표준이 있다. 지상디지틀 TV 시스템 DVB-T와 ISDB-T 그리고 지상 이동 TV 시스템인 DVB-H, T-DMB, ISDB-T와 Media FLO 전진링크표준이 있다. PAN 초광대역 (UWB) IEEE 802.15.3a, 등이 있다. 그 외에 OFDMA 방식이 4G 와 Pre-4G 셀룰러 네트워크와 이동방송표준방식이 있다. BWA 표준 IEEE 802.16e (Mobile-WiMAX), MBWA 표준인 IEEE 802.20, 3GPP 4G 이동광대역 하향링크 표준, High Speed OFDM Packet Access (HSOPA), now Evolved UMTS Terrestrial Radio Access (E-UTRA) 등이 있다.

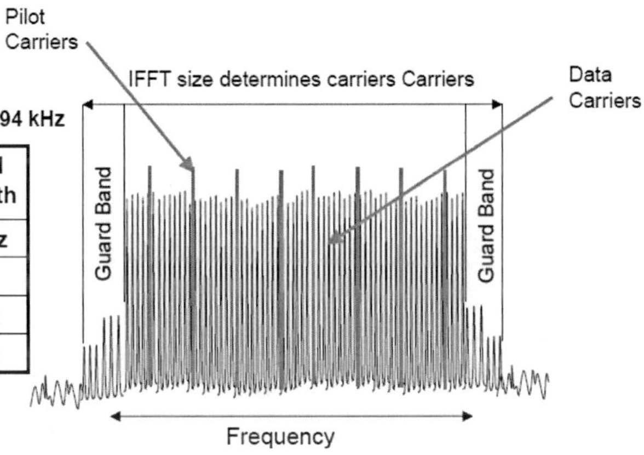

FFT Size	Channel Bandwidth
128	1.25 MHz
512	5 MHz
1024	10 MHz
2048	20 MHz

〈그림 2-6〉 IEEE 802.16e (Mobile-WiMAX) 특성 및 주파수 배치

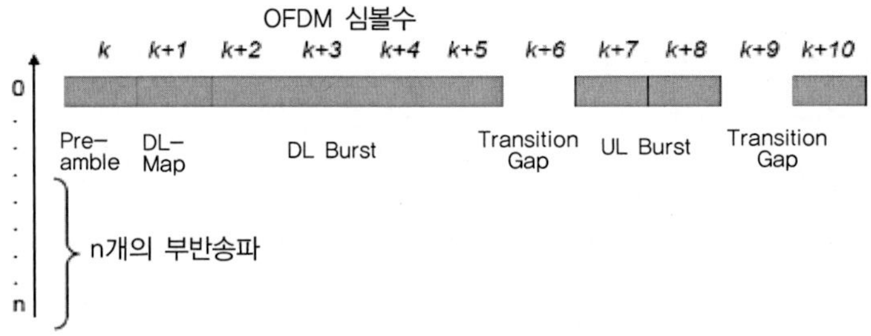

〈그림 2-7〉 심볼전송과 시간

* 802.16e 방식은 상향링크와 하향링크간에 시간분할 또는 주파수분할 다중방식을 사용

2.3 OFDM방식의 주요한 장단점

장점으로는 복잡한 시간도메인 등화기를 하지 않고도 쉽게 채널조건에 적응할 수 있다. 협대역 채널의 혼신에 강하다. 심볼간 혼신과 다중경로 전파에 의한 페이딩에 강하다.

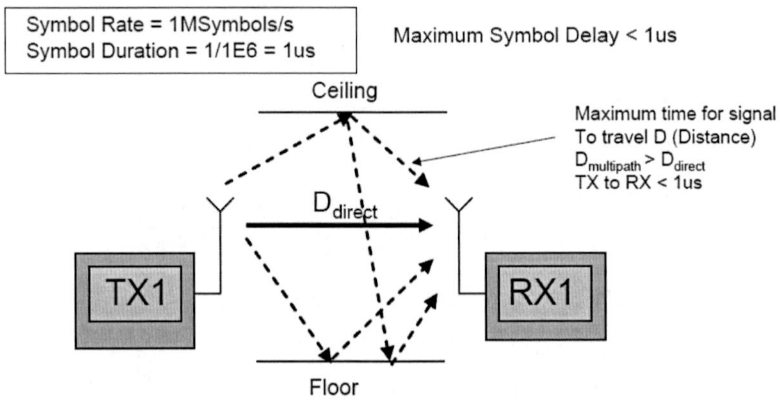

〈그림 2-8〉 다중경로의 문제점

전통적인 변조방식이나 확산방식에 비하여 높은 주파수 이용효율을 갖는다. FFT기술을 이용하여 효율적인 구현을 할 수 있고 시간동기오류에 민감하지 않다. 동조된 부 채널 수신기 필터가 필요 없다. 마크로 다이버시티 송신기와 같은 단일 주파수 네트워크를 이용한다.

단점으로는 도플러 편이에 민감하고 주파수 동기문제에 민감하다. 또한 전력효율을 떨어트리는 고첨두 평균전력비 즉 선형송신기가 요구된다.

또한 순환프리픽스와 보호간격에 의하여 발생하는 효율의 손실 등의 단점이 있다

2.4 OFDM방식의 특성과 동작원리

❑ 직교성

OFDM방식에 있어서 부반송파 주파수들은 부반송파들이 각각 서로에 대하여 직교성을 갖도록 선택된다.

이것은 부채널간의 누화가 제거되고 반송파간 보호대역이 필요 없게 된다는 것을 의미한다.

결국 이러한 특징은 송수신기 모두의 설계를 간소화하게 만든다.

전통적인 주파수다중방식에서 요구되던 각 부채널을 분리하기 위한 필터가 필요 없게 되는 것이다

직교성은 부반송파간의 간격이 (Hz)의 조건을 가져야 한다. 여기서 TU(초)는 이용가능한 심볼주기로서 수신기 측에서의 윈도우 크기를 의미한다. k 는 +정수로서 전형적으로 1이 된다.

그러므로 N 부반송파의 경우에, 전체 대역통과 대역폭은 $B = N \cdot \Delta f$ (Hz)가 된다.

또한 직교성은 높은 주파수 효율성을 갖는다.

등가기저대역신호에 대하여 나이키스트 속도정도의 전체 심볼속도를 갖으며, 이것은 양측파대 물리적 대역통과 신호에 대한 나이키스트 속도의 반정도가 되는 것이다.

대체적으로 전체 이용가능한 주파수 대역이 이용될 수 있다.

이 방식은 일반적으로 백색 스펙트럼을 갖는다. 이것은 다른 인접채널 이용자에게 거의 혼신을 일으키지 않음을 의미하는 것이다.

- 예)
  - 이용가능한 심볼주기 TU = 1 ms일 때 부 반송파 이격 또는 이것의 정수배
  - 부반송파 수 k = 1,000 개일 때, 전체 대역통과 대역폭은
    $k\Delta f$ = 1 MHz
  - 이 심볼시간에 이론적인 나이키스트이론에 의한 요구 대역폭은
    k/2TU = 0.5 MHz
    FFT기술이 사용되므로 심볼당 k = 1,000 샘플이 됨

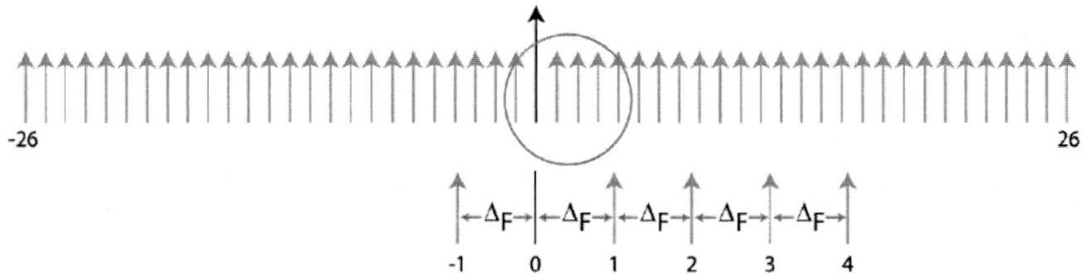

〈그림 2-9〉 부 반송파 배치 및 부 반송파간 이격

□ 송수신기간 동기

OFDM방식은 매우 정확한 주파수에 대한 동기가 송수신기 간에 있어야 한다.

이것은 부 반송파가 더 이상 직교적이지 않아서 부반송파간에 누화를 발생하는 반송파간 혼신을 야기하는 주파수 편이를 가져야 한다.

주파수의 옵셋은 일반적으로 송수신기 발진기의 부정합이나 이동시 발생하는 도플러 편이에 의해 야기된다.

도플러 편이가 수신기에 의해서 보상될 수 있는 반면에 상태는 다중경로와 결합될 때 악화된다. 이것은 여러 주파수 옵셋에서 반사가 일어남으로서 교정하는데 더 어렵게 된다.

이러한 영향은 속도가 증가할수록 더 나빠진다. 즉 고속 이동체에서 OFDM방식의 사용을 제한하는 중요한 요인이 된다.

심볼 간 혼신을 억제하는 몇 가지 기술들이 제시되었지만 이것은 수신기의 복잡성을 높이는 단점을 가지게 된다.

직교성은 FFT기술을 이용하여 변조와 복조의 효율성을 높일 수 있다. 즉 송신기에서는 IFFT기술을 이용하고 수신기에서는 FFT기술을 이용한다.

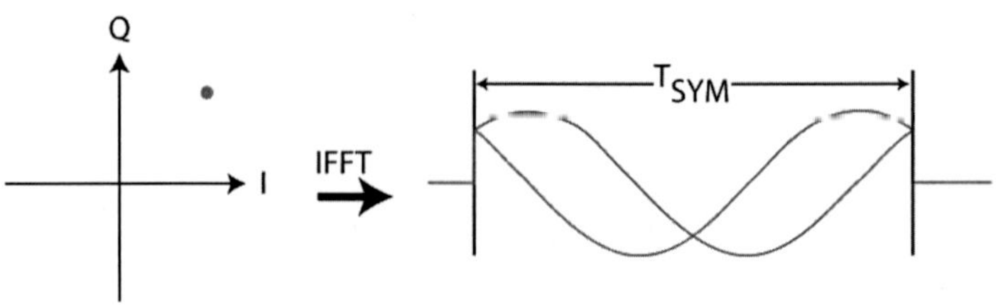

〈그림 2-10〉 송신기에서의 데이터 IFFT

FFT기술은 저렴한 디지털 신호처리 소자를 이용하여 광대역 통신에 적용이 가능하다.

❑ 심볼간 혼신 제거를 위한 보호대역

OFDM방식의 주요한 원리중의 하나는 낮은 심볼 속도변조 기술에 의하여 다중경로 전파에 의해 야기되는 심볼 간 혼신을 줄일 수 있다는 것이다.

이것은 하나의 고속 스트림대신에 병렬로 저속의 스트림을 송신하게 되는 것이다.

각 심볼 간의 주기가 길기 때문에 OFDM심볼 간 보호간격을 삽입하는 것이 용이하다.

즉 이로 인하여 심볼 간 혼신을 제거할 수 있는 것이다.

보호간격은 또한 펄스 모양 필터에 대한 필요성을 없애게 만든다. 또한 이로 인하여 시간동기에 대한 민감성을 줄일 수 있게 된다.

예를 들어 보호간격이 심볼길이의 1/8이 적용되었을때, 다중경로 시간확산, 즉 최초와 최종 신호간의 수신시간차이가 보호간격시간이 125마이크로초보다 짧을 경우에는 심볼 간 혼신을 피할 수 있게 된다.

이것을 경로길이로 계산하면 경로간의 최대 거리차이가 37.5km가 됨을 의미하는 것이다.

❑ 간단한 등화기능

다중경로 전파에 의한 페이딩등 주파수 선택성 채널조건의 영향은 부채널이 충분히 협대역일 경우, 즉 부채널수가 매우 많을 경우에, OFDM 부채널 상에서 균일하게 된다고 볼 수 있다.

이것은 수신기에서 주파수 도메인 등화를 가능하게 만든다. 이것은 기존의 단일 반송파 변조에서 사용되던 시간도메인에서 보다 매우 간단하게 된다.

OFDM 방식은 등화기만 일정한 복소수나 잘 변경되지 않는 값으로 각 OFDM 심볼에서 각각 검색된 부 반송파만을 적하여야 한다.

만약에 다른 변조방식이 각각의 부 반송파에 적용된다면 등화기는 완전하게 생략될 수 있는데 이것은 이와 같은 다른기법이 느리게 변하는 진폭과 위상왜곡에 민감하지 않기 때문이다.

OFDM심볼에 있어서 어느 경우에는 부 반송파가 채널 조건을 측정하기 위한 파일로트 신호를 전송할 수 있다. 즉 등화기 이득과 각 반송파에 대한 위상편이등에 대한 정보이다.

파일로드 신호와 프리앰블은 심볼 간 혼신을 피하기 위한 시간동기용으로 사용되어질 수 있고 또한 도플러 편이에 의하여 야기되는 심볼 간 혼신을 피하기 위한 주파수 동기용으로 사용될 수 있다.

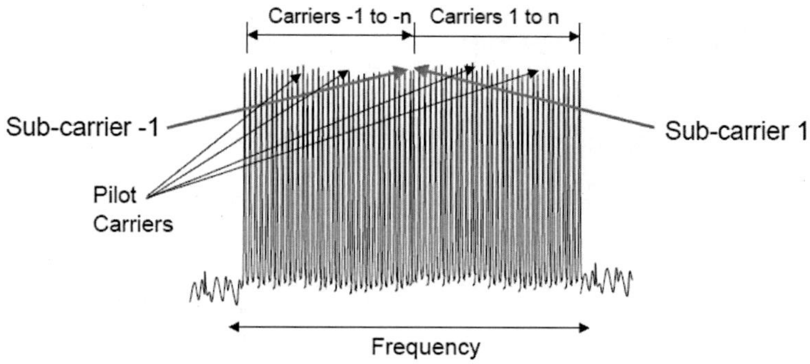

〈그림 2-11〉 OFDM 부반송파와 파일로트 반송파 배치도

❑ 채널부호화와 인터리빙

OFDM기술을 적용하는 기존 시스템들은 리드솔로몬 코딩과 연계하여 길쌈부호방식을 적용하였다. 리드 솔로몬 부호화방식은 버스트 오류를 정정하는데 적정한 방식이다.

그외에 새로운 시스템에서는 turbo나 LDPC 부호화, BCH 부호방식을 사용한다.

❑ 적응식 송신

채널 조건에 적응하여 데이터를 송신하기 위해 채널에 관한 정보가 리턴 채널을 통해 송신측에 전송될 수 있다. 이러한 정보를 토대로 하여 송신기에서는 변조방식, 부호화방식 및 전력분배등을 전 부반송파 또는 개별적으로 부 반송파에 적용할 수 있다.

❑ OFDMA (Orthogonal Frequency Division Multiple Access)

- OFDMA방식은 다른 이용자에게 다른 OFDM 부 채널을 할당함으로서 이루어진다.
- OFDMA는 CDMA와 유사한 방식으로 다른 이용자들에게 다른 부 반송파들을 할당하므로서 서로 다른 품질을 지원할 수 있다.
- 이로 인하여 복잡한 패켓 기술이나 MAC기술을 사용하지 않을 수 있다.
- OFDMA방식은 보통 WiMAX라고 하는 IEEE 802.16 무선 MAN 표준의 이동모드, MBWA라고 하는 IEEE 802.20 이동무선 MAN 표준. 3GPP Long Term Evolution (LTE) 4세대 이동광대역 표준 하향링크, Qualcomm/3GPP2Ultra Mobile Broadband (UMB) 프로젝트(CDMA2000의 연계하되 LTE로 대체) LTE 등이다.

❑ 공간 다이버시티

- OFDM 기반의 광역 방송에 있어서 수신기들은 동시적으로 여러 공간적으로 분산되

어 있는 송신기로부터 수신되는 신호를 수신할 수 있다.
- 이것은 많은 송신기가 동시에 동일한 주파수로 동일 신호를 송신하는 것을 의미한다.
- 이 방식을 사용하게 되면 기존의 다중주파수 네트워크(multi-frequency broadcast networks :MFN)에 비하여 주파수를 효율적으로 이용하게 된다.
- 이 방식은 동일한 프로그램 내용이 서로 다른 반송파 주파수로 송신되기 때문에 송신기간의 중간에 위치해 있는 수신기에 다이버시트 이득을 가져오게 된다.
- 즉, 커버리지가 넓어지는 효과 있고 또한 모든 부 반송파에 대하여 수신신호의 평균 강도가 증가하기 때문에 손실확률이 낮아지게 된다.

- OFDM방식은 공간다이버시티의 다른 형태인 안테나 어레이 방식이나 MIMO채널과 결합될 수 있다. IEEE802.11n 무선 LAN 표준에서 이 방식이 이루어지고 있다.

❑ 선형 송신기 전력 증폭기

OFDM 신호는 높은 첨두대 평균전력비를 갖는다. 이것은 각각의 부채널들이 결합되어 전력이 증가하기 때문이다. 그러므로 이러한 높은 첨두대 평균전력을 다루기 송신기에서 고해상도 디지털대 아날로그 변환기, 수신기에서는 고해상도 아날로그대 디지털 변환기를 가져야 한다. 또한 선형적신호체인을 가져야 한다. 만약 신호체인에서 비선형성이 나타난다면 잡음이 커지고 아울러 반송파간 혼신과 대역외 스프리어스 방사가 발생할 수 있다.

그러므로 특히 송신기 고주파 출력회로에 대한 선형성이 요구된다.

3 MIMO(Multi Input Multi Output)[3] 기술

3.1 개요

무선통신에서 MIMO(multiple-inputandmultiple-output)기술은송수신기양쪽에서통신성능을개선하기위해다중안테나를사용하는기술이다. 여기서 입력과 출력이라고 하는 것은 신호를 전송하는 무선채널을 말하는 것으로 안테나를 가진 장치를 말하는 것이 아니다.

이 기술은 무선통신에서 추가적인 대역폭이나 송신전력을 증가 시키지 않고도 데이터 처리량 및 링크에 대한 범위를 크게 할 수 있다. 이 기술은 높은 주파수 이용효율, 링크 신뢰성 또는 다이버시티에 의해 이루어진다. 이러한 특성들로 인하여 이 기술은 현대 무선통신에 있어서 매우 중요한 부분이다. 이 기술이 적용되는 표준으로는 IEEE 802.11n (Wifi), 4G, 3GPP Long Term Evolution, WiMAX와 HSPA+ 등이 있다.

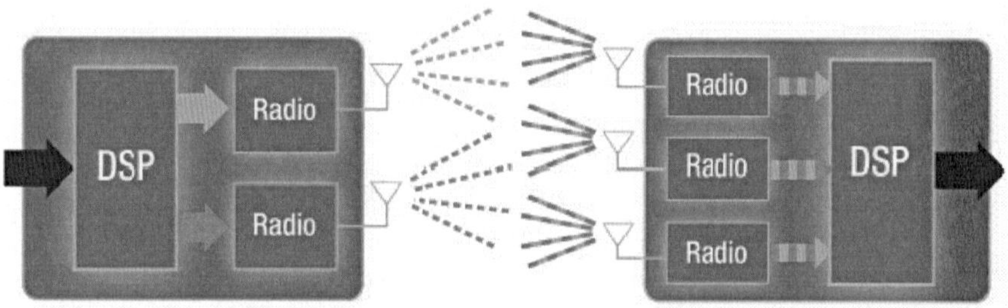

〈그림 3-1〉 그림 MIMO 시스템 개념도

무선 표준

2001년 Iospan Wireless Inc은 OFDMA기술과 MIMO기술(MIMO-OFDMA)을이용한최초의상용시스템을개발하였다. Iospan 기술은 다이버시티 부호화와 공간 다중화기술을 모두 지원하였다. 2005년 Airgo Networks사에서 자체 MIMO특허를 사용하여 IEEE 802.11n을 개발하였다. 2006년에는 Broadcom, Intel, Marvell등수개의기업에서 IEEE802.11n WiFi 선행표준을 기반으로 MIMO-OFDM 솔루션을 제공하였다. 또한 Beceem Communications, Samsung, Runcom Technologies 등에서 IEEE 802.16e

3) Wikipedia, the free encyclopedia

WiMAX 광대역 이동표준을 기반으로 하여 MIMO-OFDMA을 개발하였다.

향후 모든 4G 시스템들은 MIMO기술을 채택할 것으로 전망하고 있다.

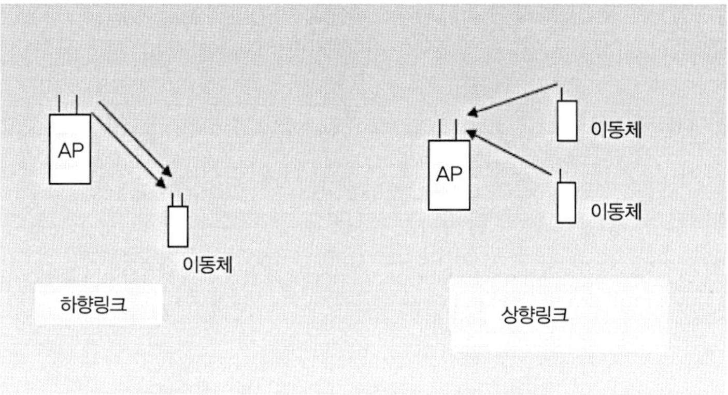

〈그림 3-2〉 IEEE 802.16e 2 x 2 MIMO 구성도

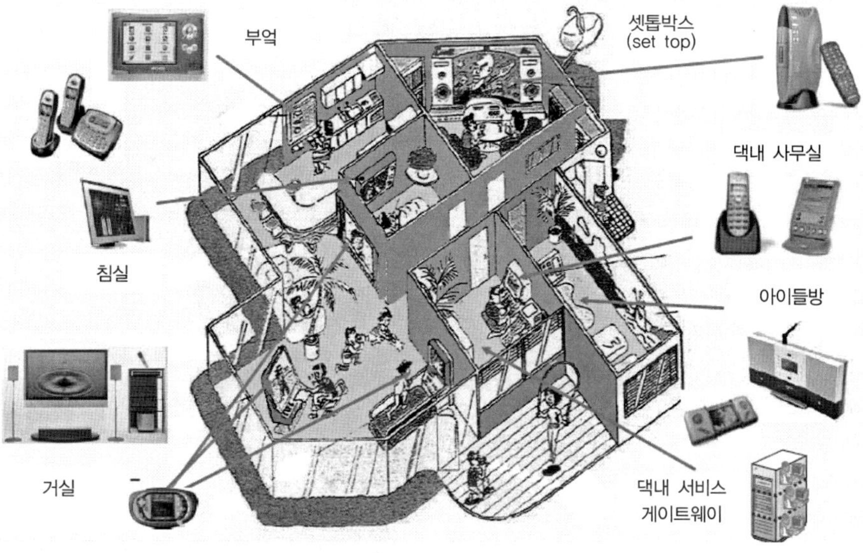

〈그림 3-3〉 IEEE802.11n WiFi 개념도

3.2 MIMO 기능

MIMO는 세개의 주요 부분으로 나눌 수 있다.
이것은 선행부호화(pre-coding), 공간 다중화 및 다이버시티 부호화이다.

❑ 프리코딩(Precoding)

- 프리코딩(Precoding)은 협의로 다중 스트림 비임포밍이라고 할 수 있다.
- 일반적용어로는 송신기에서 일어나는 모든 공간적 처리라고 할 수 있다.
- 단층 비임포밍에 있어서, 동일 신호가 적정한 위상으로 송신기 안테나로부터 발사되는데 이로 인하여 수신기 입력에서 수신신호의 세기가 최대가 되게 하는 것이다.

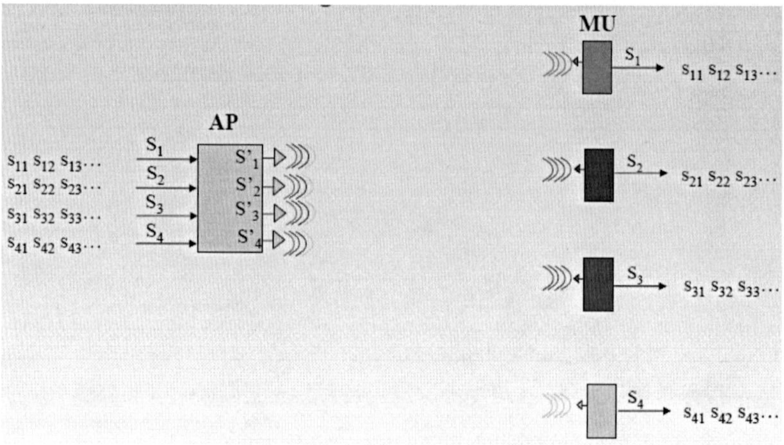

(이동체에서 원하지 않는 모든 신호가 제거됨)
AP : Access Point MU : Multi User

〈그림 3-4〉 이동체에 한개 안테나 MIMO Pre-coding 개념도

비임포밍의 장점은 수신 신호이득을 높이는 것으로서 다른 안테나들로부터 발시된 신호들을 구조적으로 합하여 이루어진다. 그리고 다중 페이딩 영향을 감소시킴으로서 이루어진다.

분산이 없을 때에는 비임포임이 좋은 지향특성을 갖지만 일반적인 셀룰러 비임에서는 그렇지 못하다. 그러므로 수신기가 다중안테나를 가지고 있을 때 송신 비임포임은 동시에 모든 수신안테나에서 최대화 할 수 없다. 그러므로 다중 스트림과 더불어 프리코딩이 사용된다.

프리코딩을 하기 위해서는 송신기에서 사전에 채널의 상태에 대한 정보를 필요로 한다.

❑ 공간 다중화

공간다중화는 MIMO 안테나 구조가 요구된다.

공간다중화에 있어서, 고속 신호는 저속 스트림으로 나누어지고 각각의 스트림은 동일한 주파수에 의하여 동일한 시간에 다른 송신안테나를 통하여 발사된다. 만약 이들 신호들이 충분히 떨어진 공간을 거쳐 수신안테나열에 도착하게 되면, 수신기는 이들 스트림들을 병렬로 분리할 수 있다. 공간다중화는 매우 강력한 고 신호대 잡음비를 가진 채널 용량을 증가시키는 기술이다. 공간 스트림의 최대 수는 송수신기 안테나 수이하로 제한된다.

이 기술은 송신채널의 정보가 있거나 없거나 사용될 수 있다. 또한 다중 수신기에 동시 전송하는데 사용된다.

이것을 SDMA(space-divisionmultipleaccess)라고한다.

〈표 2.2〉 MIMO 시스템 채널 처리용량

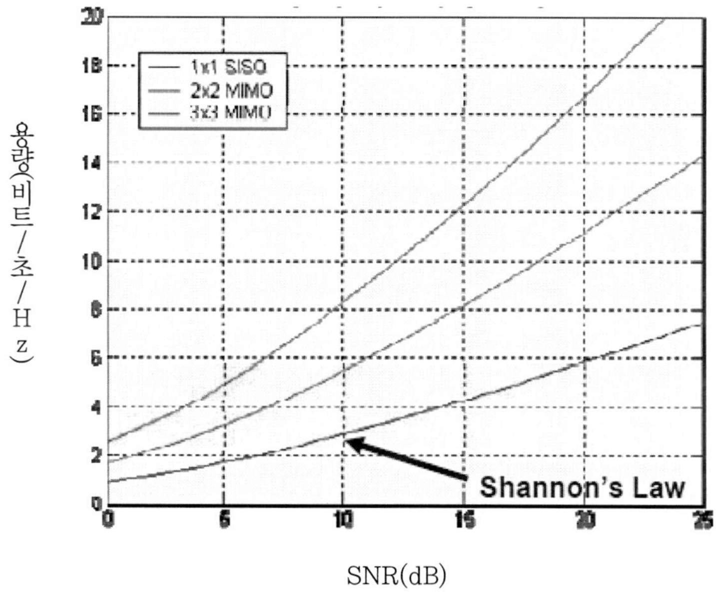

❑ 다이버시티 부호화

이 기술은 송신기에서 채널 정보를 가지고 있지 않을 때 사용된다.

다이버시티 방식에 있어서, 단일 스트림이 송신되지만 그 신호는 시공간 부호화라고 하는 기술을 사용하여 송신된다. 이 신호는 직교부호화와 더불어 각 송신안테나로부터 발사된다. 채널에 대한 정보가 없기 때문에 다이버시티 코딩으로부터 비임포임이나 어레이 이득이 없다. 공간 다중화기술은 채널이 송신기에서 알려져 있을 때 프리코딩과 결합되거나 프리코딩 신뢰성이 있을 때 다이버시티 코딩과 결합될 수 있다.

시간

$$X = \begin{bmatrix} s_1 & -s_2^* \\ s_2 & s_1^* \end{bmatrix}$$ 공간

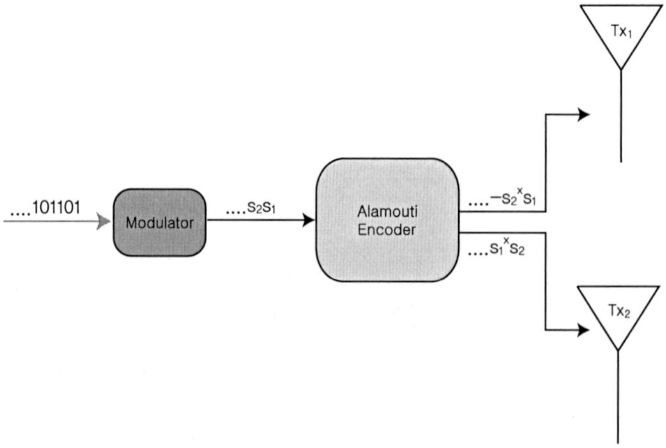

〈그림 3-5〉 시간-공간 송신 다이버시티 개념도

3.3 MIMO

❑ 다중안테나 형태

다중안테나 MIMO 또는 단일 이용자 MIMO기술은 802.11n 제품에서 개발, 구현되어 왔다. MIMO 기술은 SISO, SIMO, MISO기술의 발전된 형태이다.

다중 입력과 단일출력 (MISO)기술은 수신기가 단일안테나를 가지고 있을 때 적용된다.

SIMO기술은 송신기가 단일 안테나를 가지고 있을 때 적용된다. SISO기술은 송수신기 모두 다중안테나를 가지고 있지 않은 무선 시스템에 적용되는 기술이다.

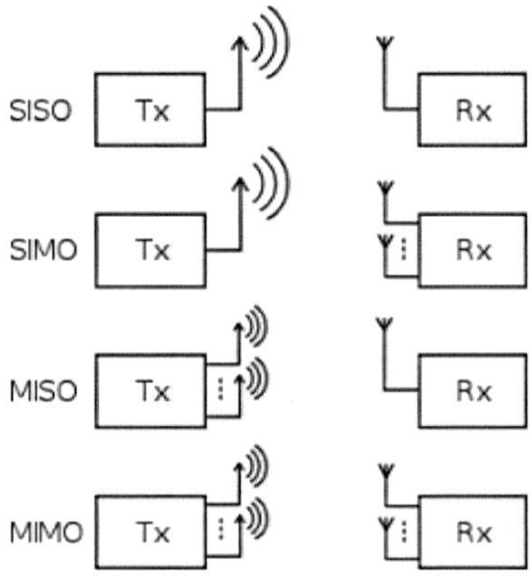

〈그림 3-6〉 SISO, SIMO, MISO, MIMO 구성 개념도

❑ 다중 이용자 형태

Multi-user MIMO (MU-MIMO)

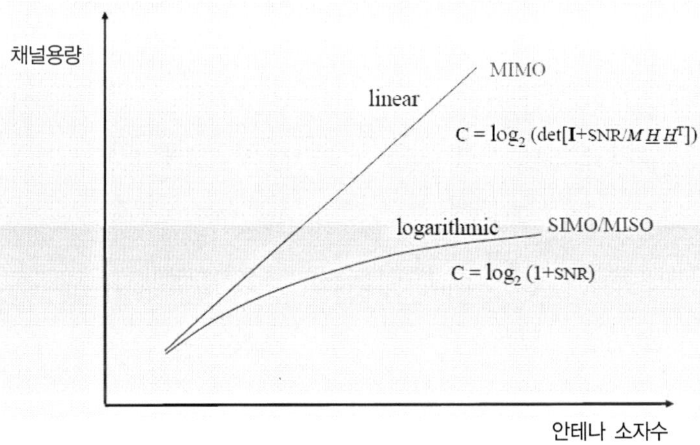

〈그림 3-7〉 MIMO와 SIMO/MISO 안테나수대 채널용량

최근 3GPP와 WiMAX 표준에서 이 기술이 높은 시스템 처리 능력을 가진 SU-MIMO에 비하여 수신안테나 수가 작아 이동체의 복잡성을 낮출 수 있는 하나의 기술로 다루어지고 있다.

연합 MIMO (CO-MIMO)

이 기술은 다른 이용자에게 속해 있는 분산된 안테나를 사용하며 MIMO 라우팅 기능을 가지고 있다. 각 호프에서 클러스터에 의해 클러스터를 라우팅한다. 각 클러스터에 있는 노드들의 수는 그것보다 많던지 동일하다.

MIMO 라우팅은 기존의 SISO 라우팅과는 다른 것인데, 왜냐하면 기존 라우팅 프로토콜은 각각의 홉에서 노드에 의해 노드를 라우트하고 있기 때문이다.

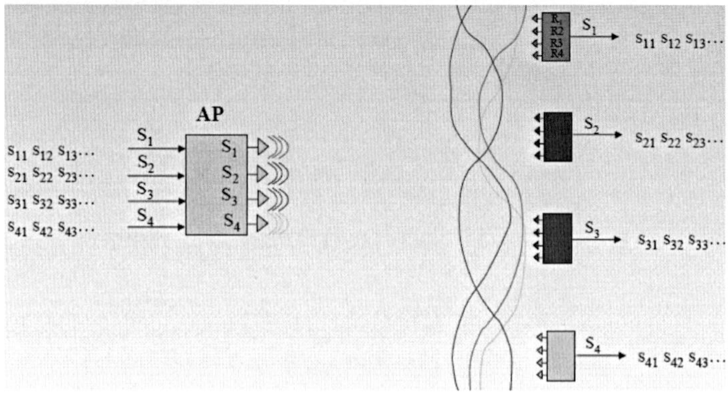

(a) 하향링크 : 수신기 각 MU당 4개의 4 X 4 혼합 행렬

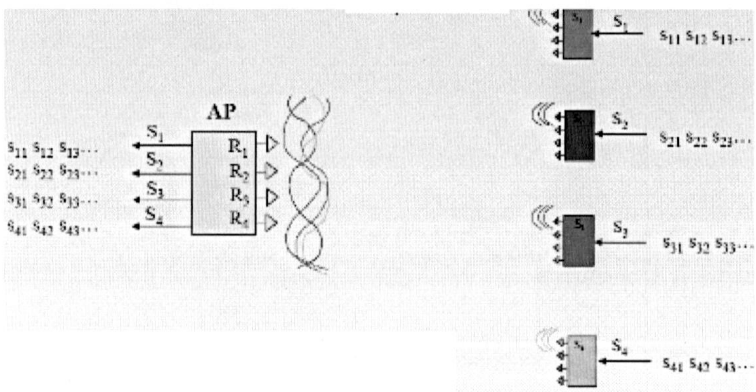

(b) 상향링크 : 송신기 한개의 4 X 4 혼합 행렬

〈그림 3-8〉 그림 CO-MIMO 채널 구성도

3.4 MIMO 응용

공간 다중화기술은 수신기를 매우 복잡하게 만든다. 따라서 일반적으로 OFDM이나 OFDMA변조와 결합된다.

여기서 다중경로 채널에 의해 생기는 문제가 효과적으로 처리된다.

- IEEE 802.16e표준은 MIMO-OFDMA기술을 수용하고 있다. IEEE 802.11n 표준은 2009년 10월에 공개되었는데 MIMO-OFDM기술을 권고하고 있다.
- MIMO는 3GPP와3GPP2 표준의 이동전화에 적용할 계획이다.
- 3GPP에 있어서 HSPA+와 LTE 표준이 MIMO기술을 고려하고 있다.
- MIMO 기술은 유선통신시스템에서도 사용될 수 있다.
- ITU-TG.9963은 전력선통신시스템에 관한 표준으로 다중신호전송을 위해 MIMO 기술을 권고하고 있다.

3.5 MIMO 채널의 모델

MIMO 시스템에 있어서, 송신기는 다중송신안테나에 의해 다중 스트림을 송신한다. 이 송신 스트림들은 Nt 송신안테나와 Nr 수신안테나간에 있는 모든 NtNr 결오를 구성하는 행렬 채널로 입력된다. 그 다음에 수신기는 다중신호안테나에 의해 수신된 신호 벡터를 얻고 원천 정보에서 수신된 신호벡터를 복호한다.

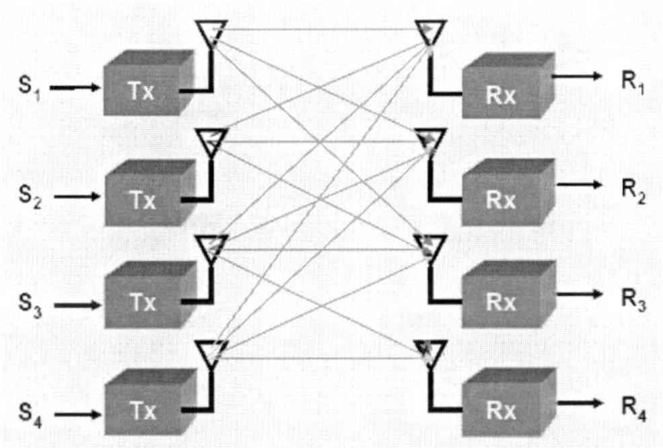

〈그림 3-9〉 MIMO 시스템 채널 구성도(H 4 X 4)

협대역 평탄 페이딩 MIMO 시스템은 다음과 같이 모델화된다.

$$y = H_x + n$$

여기서 y와 x 는 송수신 벡터이며 H와 n은 각각 채널행렬과 잡음 벡터이다.

정보이론에서, MIMO의 채널용량은 송수신기가 모두 순시 채널 정보를 가지고 있다고 할 때 다음과 같이 나타낸다.

$$C_{\text{perfect-CSI}} = E\left[\max_{\mathbf{Q};\,\text{tr}(\mathbf{Q})\le 1} \log_2 \det\left(\mathbf{I}+\rho\mathbf{HQH}^H\right)\right] = E\left[\log_2 \det\left(\mathbf{I}+\rho\mathbf{DSD}\right)\right] \tag{3.12}$$

여기서 ( )H 는 Hermitian 교환이고 ρ 는 송신전력과 잡음전력간의 비이다. (송신 SNR). 최적 신호 공분산 $Q = VSV^H$은 채널 행렬 $UDV^H = H$의 단독값과 최적 대각전력 행렬 $S = diag(s_1,\cdots,s_{\min}(N_t, N_r),0,\cdots,0)$의 역분해에 의해 얻어진다. 최적 전력 분배는 다음과 같이 얻어진다.

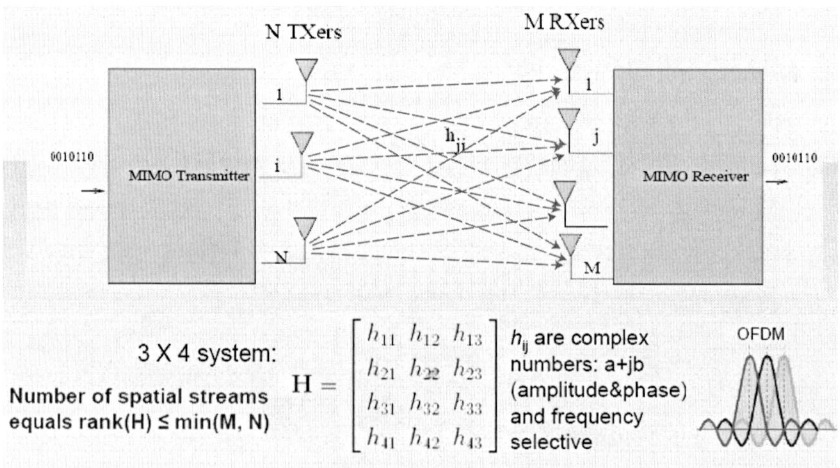

〈그림 3-10〉 MIMO시스템 채널 행렬

$$s_i = \left(\mu - \frac{1}{pd_i^2}\right)^+, \qquad \text{for } i = 1,\cdots,\min(N_t, N_r) \tag{3.13}$$

여기서 $d_1,\cdots,d_{\min(N_t,N_r)}$은 D, $(\bullet)^+$가 0인 대각요소이다. μ는 $s_1+\cdots+s_{\min(N_t,N_r)} = N_t$와 같이 얻어진다.

만일 송신기가 통계적 채널 정보만을 가지고 있다면, 엘고딕 채널용량은 신호공분산 Q가 평균상호정보에 관하여 최적화 될 때에만 감소될 것이다.

$$C_{\text{statistical-CSI}} = \max_{\mathbf{Q}} E\left[\log_2 \det\left(\mathbf{I}+\rho\mathbf{HQH}^H\right)\right]. \tag{3.14}$$

만일 송신기가 채널정보가 없다면 최악의 경우하에서 채널용량을 최대화하기 위해 신호공분산 Q를 선택할 수 있다.

이것은 $Q = 1/N_t I$ 임을 의미하며 따라서 채널용량은 다음과 같이 된다.

$$C_{\text{no-CSI}} = E\left[\log_2 \det\left(\mathbf{I} + \frac{\rho}{N_t}\mathbf{H}\mathbf{H}^H\right)\right]. \tag{3.15}$$

채널의 통계특성에 따라 엘고딕 용량은 SISO 시스템보다 큰 $\min(N_t, N_r)$ 배 이하가 된다.

찾아보기

(T)

(Y)

(ㄱ)

(ㄴ)

(ㄷ)

(ㄹ)

(ㅈ)

(ㅊ)

(ㅋ)

(ㅌ)

저자약력

성 명	홍 완 표(충남홍성출생(1955), 호: 진현 목산, 본관: 남양) seoulhong@paran.com		
소 속	한세대학교 IT학부 정보통신공학전공		
사무실 주소	경기도 군포시 당정동 604(FAX :031-450-5340)		
자택 주소	서울시 서초구 방배동 528-68		
연락처	사무실	031-450-5340	자택	02-583-7890
	이동전화	011-380-0685	E-mail	wphong@hansei.ac.kr

• 학력

기 간	학교명	전공분야	학 위
'83.09.~'91.02.	서울과학기술대학교	전자공학과	공학사
'91.03.~'93.08.	연세대학교 공학대학원	전자공학과	공학석사
'96.02.~'99.08.	광운대학교 대학원	전자공학과	공학박사
'06.02.~'09.02.	순복음대학원 대학교	목회학과	목회학석사

논문	100여편이상 (20편이상 국제학술발표)

저서	인공위성과 위성통신, 무선통신공학이론과실무, 응용위성통신시스템, 전파감시기술, 지극히작은자에게 등 수권

연구프로젝트 연구책임자	정보통신부 등 국책, 삼성전자(주), SK텔레콤, KT파워텔 등 대기업, 한국엔지니어링진흥협회, 수산업중앙회 등 공공기관 수십건

• 주요경력

<table>
<tr><th>기 간</th><th colspan="2">소 속</th></tr>
<tr><td>‘84.04.~‘97.12</td><td colspan="2">정보통신부 통신정책실, 정보화기획실, 정보통신지원국, 전파방송관리국 (통신사무관)</td></tr>
<tr><td>‘87.08.~‘89.08</td><td colspan="2">BTMC(Bell Telephone Manufacturing Co) Defense & Aerospace Dept.</td></tr>
<tr><td>‘97.12.~‘99.11</td><td colspan="2">삼성전자(주) 위성사업T/F, 통신사업부 전송영업 그룹장</td></tr>
<tr><td>‘95.08.~‘02.02</td><td>광운대학교</td><td>전자공학과 강사, 연구전담교수</td></tr>
<tr><td>‘02.02.~현재</td><td colspan="2">한세대학교 IT학부 교수</td></tr>
<tr><td>‘99.12.~‘02.02</td><td colspan="2">한국정보통신기술사협회</td></tr>
<tr><td>‘90. 08</td><td colspan="2">국가기술자격 기술사(정보통신) 취득</td></tr>
<tr><td>‘94. 08</td><td colspan="2">기술지도사 자격 취득</td></tr>
<tr><td></td><td colspan="2">순복음대학원대학교, 총회목회대학원 교수(PT)</td></tr>
<tr><td rowspan="19">기 타</td><td>정보통신기술사협</td><td>회장</td></tr>
<tr><td>한국직능단체총연합회</td><td>부회장</td></tr>
<tr><td>한국정보통신감리협회</td><td>부회장</td></tr>
<tr><td>한국어정보학회</td><td>부회장</td></tr>
<tr><td>한국전자통신학회</td><td>서울지부장</td></tr>
<tr><td>한국항행학회</td><td>이사</td></tr>
<tr><td>행정자치부 정부청사설계 및 세종시설계</td><td>심의위원</td></tr>
<tr><td>방송통신위원회 국가지도통신</td><td>자문위원</td></tr>
<tr><td>소방방재청</td><td>자문위원</td></tr>
<tr><td>서울시정보화</td><td>추진위원</td></tr>
<tr><td>건설기술</td><td>심의의원</td></tr>
<tr><td>토지공사</td><td>자문위원</td></tr>
<tr><td>한국농수산물공사</td><td>자문위원,</td></tr>
<tr><td>SH공사, 한국엔지니어링협회, 송파구
미래비젼전략위원 등</td><td>정부, 공공기관 및
산업계자문 및 심의위원</td></tr>
<tr><td>순복음선교교회 담임목사</td><td></td></tr>
<tr><td>여의도순복음교회 로고스교수선교회</td><td></td></tr>
<tr><td>정보통신분과위원장</td><td></td></tr>
<tr><td>전국대학교수선교연합회 이사</td><td></td></tr>
<tr><td colspan="2">정보통신기술사, 정보통신기사, 무선설비기사, 전파통신산업기사, 을종선박통신사, 기술지도사, 신지식인(정보통신)</td></tr>
</table>

<table>
<tr><td rowspan="2">성 명</td><td>국 문</td><td>나 극 환</td><td rowspan="2">직위</td><td rowspan="2">교수</td></tr>
<tr><td>영 문</td><td>La, Keuk - Hwan</td></tr>
<tr><td rowspan="2">주 소</td><td>자 택</td><td colspan="3">경기도 군포시 산본동 1146 솔거아파트
730동 1402호(전화 : 919-8066)</td></tr>
<tr><td>직 장</td><td colspan="3">서울시 노원구 월계동 광운길 26 광운대학교
전자공학과(전화 : 940-5117, FAX : 917-7175)</td></tr>
</table>

• 학 력

<table>
<tr><th>연도(부터~까지)</th><th>학 력</th><th>전 공</th><th>학 위</th></tr>
<tr><td>1969. 03.~1973. 02</td><td>연세대학교</td><td>전자공학</td><td>공학사</td></tr>
<tr><td>1975. 03.~1977. 02</td><td>연세대학교 대학원</td><td>전자공학</td><td>공학석사</td></tr>
<tr><td>1978. 01.~1981. 07</td><td>프랑스 ENSEEIHT</td><td>전자공학</td><td>공학박사</td></tr>
<tr><td>최종학위논문제목</td><td colspan="3">"Etude et Realisation de Dispositif a Couplage Inter-Grilles a Effect de Champ"</td></tr>
</table>

• 경 력

연도(부터~까지)	기 관	직 위(직명)	비 고
1977. 01.~1977. 12	아주대학교	전자과 전임조교	
1981. 09.~1986. 12	광운대학교 전자공학과	조교수/부교수	
1987. 01.~1988. 01	미국 COMSAT 연구소	객원 연구원	
1994. 09.~1997. 08	광운대학교	연구처장	교 수
1997. 09.~2006. 06	광운대학교 전자공학과	교수	
2006. 07.~현재	광운대학교 전자정보공과대학	학장	교 수

• 주요과제수행업적(최근 5년간)

과제명	주요내용	연구 기간	과제수행 당시 소속기관	역할 (과제책임자 또는 연구원)	과제비 지급기관	비 고
Ka대역 탑재체 통합 시뮬레이터 구축방안 연구	Ka대역 탑재체 통합 시뮬레이터 구축방안 연구	2003년 ~2004년	광운대학교	연구책임자	한국전자 통신연구원	
전파 간섭 및 전파경로에 따른 위성체 영향분석 용역	전파 간섭 및 전파경로에 따른 위성체 영향분석	2003년 ~2004년	광운대학교	연구책임자	한국항공 우주연구원	
KAI-저 위상잡음 PLL DRO의 설계 제작 연구	PLL DRO의 설계 제작	2003년 ~2004년	광운대학교	연구책임자	한국항공우주 산업(주)	
저 위상잡음 특성을 갖는 초정밀 X밴드 PLDRO의 설계 및 제작	초정밀 X밴드 PLDRO의 설계, 제작	2004년 ~2004년	광운대학교	연구책임자	한국표준과학 연구원	
배관을 통한 data신호전송 송수신 시스템 개발	배관을 통해 data신호 송수신이 가능한 시스템	2003년 ~2005년	광운대학교	연구책임자	(주)삼천리	
차세대 고속데이터 전송용 L/S 밴드 변복조 방안 비교연구	차세대 고속데이터 전송용 L/S 밴드 변복조 방안 비교	2005년 ~2005년	광운대학교	연구책임자	한국항공우주 연구원	
초정밀 디지털 가변 감쇄기 설계에 관한 연구	디지털 가변감쇄기 설계	2005년 ~2005년	광운대학교	연구책임자	한국표준과학 연구원	
초정밀 광대역 신호검출기 설계에 관한 연구	정밀한 광대역 신호 검출기 설계	2006년 ~2006년	광운대학교	연구책임자	한국표준과학 연구원	
다자간양방향무전기	n : n Full Duplex 무전기 개발	2005년 ~2007년	광운대학교	연구책임자	서울특별시	
배관망을 이용한 통신모듈 개발	배관망을 이용하여 통신모듈 개발	2006년 ~2007년	광운대학교	연구책임자	(주)누리텔레콤	
송신신호를 이용한 입출력 정재파비 측정모듈 설계	송신신호를 이용하여 입출력 정재파비 측정모듈 설계	2007년 ~2007년	광운대학교	연구책임자	한국표준과학 연구원	
철강배관의 손상 진단 및 미세결함 검출을 위한 와전류 자동검사시스템 개발	철강배관의 손상, 미세결함을 검출하는 자동검사시스템	2007년 ~2008년	광운대학교	연구책임자	한국과학재단	

정가 15,000원

무선통신 기본원리

2011년 12월 20일 초판 인쇄
2011년 12월 28일 초판 발행
저 자 : 홍완표 · 나극환
발행자 : 우명찬 · 송 준
발행처 : 홍릉과학출판사
주 소 : 서울시 강북구 인수동 455-60
142-885
등 록 : 1976년 10월 21일 제5-66호
전 화 : (02) 999-2274~5, 903-7037
팩 스 : (02) 905-6729
e-mail: hongpub@hongpub.co.kr
http://www.hongpub.co.kr
ISBN: 978-89-7283-989-7

저자와의
협의하에
인지생략